航天科工出版基金资助出版

区块链技术与信息系统

王媛媛　张锦南　林福良　编著

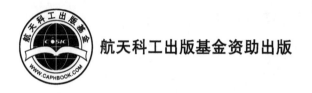

科学出版社

北　京

内 容 简 介

本书从原理、技术和应用层面解密区块链技术，涵盖基础概念、架构、区块链与信息系统、在各行业的应用潜力等读者关心的问题。全书分为四部分，共9章。第一部分为基础理论（第一章与第二章），着重介绍区块链入门知识，阐述了区块链基本概念、发展历程、产业发展状况、应用落地思考等，为后面介绍区块链技术做铺垫。第二部分为技术架构（第三章至第五章），详细讲解区块链中出现的核心技术，包括区块链架构、密码学安全技术、共识算法、智能合约以及信息系统的区块链体系。第三部分为应用部分（第六章至第八章），详细论述了区块链在指挥控制、军事、金融科技和工业制造领域的应用。第四部分为总结与展望（第九章），总结区块链发展的制约因素，提出了区块链未来发展的建议和展望。

本书适合区块链领域的工程技术人员、想要学习和实践区块链技术的传统IT从业者、研究和探索区块链技术的高校与研究机构人员，以及其他对区块链技术感兴趣的读者阅读。

图书在版编目（CIP）数据

区块链技术与信息系统／王媛溪，张锦南，林福良编著.—北京：科学出版社，2024.2
ISBN 978－7－03－077960－1

Ⅰ. ①区…　Ⅱ. ①王…　②张…　③林…　Ⅲ. ①区块链技术②信息系统　Ⅳ. ①TP311.135.9②G202

中国国家版本馆 CIP 数据核字（2024）第 009775 号

责任编辑：许　健／责任校对：谭宏宇
责任印制：黄晓鸣／封面设计：殷　靓

科学出版社 出版

北京东黄城根北街 16 号
邮政编码：100717
http：//www.sciencep.com

南京展望文化发展有限公司排版
广东虎彩云印刷有限公司印刷
科学出版社发行　各地新华书店经销

*

2024 年 2 月第　一　版　开本：B5（720×1000）
2025 年 3 月第五次印刷　印张：16
字数：309 000
定价：120.00 元
（如有印装质量问题，我社负责调换）

《区块链技术与信息系统》

编写人员名单

（按姓名拼音排序）

常　巍　宫清华　郭瑾暄　黄四牛　林福良

刘　超　刘　琰　刘志伟　陶世杰　王嫒嫒

颜　鑫　袁学光　张锦南　钟明亮　朱恩成

前言

　　信息系统是国家关键信息基础设施,也是网络安全工作的重中之重。在科学技术不断发展的背景下,信息系统对我国各个领域的发展起到了极大的推动作用。近年来,信息系统领域主要存在信息数据泄露与篡改、系统整体防护能力较低、网络犯罪频发等问题。如何确保信息系统的安全、增强信息系统的整体防护能力,对于我国信息系统的建设、运营和使用来说至关重要。为保证系统和数据安全、防止数据泄露,区块链技术应运而生,为保障信息安全提供了新的思路。

　　区块链本质上是一个集成了对等网络、智能合约、共识机制、密码学等技术的去中心化的分布式数据库,其本身是一系列使用密码学而产生的互相关联的数据块,每一个数据块中都是一种点对点的交易,具有不可伪造、全程留痕和可以追溯的特征。

　　区块链蕴含的思想为人们提供了一种全新的思维模式,具有广泛的应用前景。目前,区块链已广泛应用于军事、金融科技、工业制造、物联网、数字版权、大数据等领域,形成了诸多"区块链+"模式,为提升各行业的效率提供了新手段。

　　本书紧跟区块链技术发展趋势,重点介绍了区块链与信息系统的结合,同时根据区块链技术与金融、能源、工业等诸多领域的同步发展,对区块链技术进行全面分析。全书共9章,从逻辑上分为四大部分。内容安排如下。

　　第一部分介绍基础理论,包括以下两章内容:

　　第一章　首先介绍将区块链应用到信息系统的优势,然后分别介绍数字货币、比特币和区块链技术的发展史,最后阐述物联网及其信息系统与区块链的关系,探讨区块链在多行业、多场景中的应用前景。

　　第二章　主要从全球和我国两方面对区块链产业发展状况进行介绍,并对区块链在实体经济、金融、政务、军事领域的应用落地进行分析。

　　第二部分介绍技术架构,包括以下三章内容:

　　第三章　介绍区块链的基本原理、特性和类型。

　　第四章　介绍信息系统中的区块链架构,同时对面向信息系统的能源区块链的应用进行分析。

　　第五章　讨论军事指挥控制的现状及存在的问题,介绍"区块链+指挥控制"模式下的区块链架构和指挥决策体系。

　　第三部分介绍区块链的具体应用,包括以下三章内容:

　　第六章　主要对区块链在军事领域的应用进行全面介绍,包括军事区块链的发展现状、技术痛点和典型案例。

第七章　主要介绍区块链在金融科技领域的应用和案例。

第八章　重点关注区块链在工业制造领域的重要作用和典型案例。

第四部分为总结与展望,即第九章,主要总结区块链发展的制约因素,并展望未来区块链对民用领域和军用领域的影响。

由于区块链的内容非常丰富,本书以"必需、够用"为度,按增强读者对区块链的了解的原则组织编写。全书讲究知识性、系统性、条理性,注重各知识点之间的内在联系,由浅入深,突出重点。通过对本书的学习,读者可以较全面地了解区块链的基本概念和应用,感知区块链对各个行业产生的重要影响。

本书适合区块链领域的工程技术人员、想要学习和实践区块链技术的传统 IT 从业者、研究和探索区块链技术的高校与研究机构人员,以及其他对区块链技术感兴趣的读者。

由于作者水平有限,加之编写时间仓促,书中难免存在不足之处,恳请广大读者批评指正。

编　者

2023 年 6 月

目录

第一章
概　论

随着科技的进步,信息技术在很大程度上促进了国家各方面的发展。随着信息技术在网络通信、军事等领域应用不断深化,信息安全变得更加重要。从整体来看,信息系统中存在的问题主要有信息数据的泄漏与篡改、信息系统的整体保护能力低下、网络犯罪时有发生等。为保证数据安全,防止数据泄露,区块链技术应运而生。区块链技术的提出为保障信息安全提供了新的解决思路。它的特点是不可伪造、全程留痕、可以追溯、公开透明、集体维护。区块链技术以上述特性为基础,建立起稳固的"信任"基础、奠定起稳固的"合作"机制,为有效缓解甚至杜绝部分信息系统问题提供了新的解决方案。

将区块链技术应用到信息系统领域,可以更加全面、有效地保护个人和组织的信息安全。比如,对我国的金融领域来说,其信息数据拥有丰富的价值,如果没有对其进行适当的保护和加密,很容易导致信息数据的泄露,甚至被一些不法分子用来进行犯罪活动。利用区块链技术中高密度的密钥加密技术,只有经过身份认证的特定人物才可以对信息数据进行观看和互动,从而实现了对信息数据的全面保护,确保了信息的安全。除此之外,区块链技术的身份验证过程与其他的验证技术有着很大的不同,它采用了一种特殊的验证方式,可以实现对用户的匿名认证,不仅可以降低信息风险,还可以降低构建成本,即使某些数据存在问题,也不会导致大规模的个人信息泄漏,所以它的安全性非常高。

"你有问题,我有答案",现如今,区块链也被广泛应用到军事领域的信息系统中。未来,国防科研人员将致力于探索以区块链为基础的新型军事应用,包括信息安全、弹性通信、物流保障和网络防务物联网等。所以,对区块链在军事上的应用进行深入的研究与探索,对我们理解和赢得未来的战争具有深远的意义。

区块链在军事信息系统中的主要应用优势包括以下几点:

1. 数据存储真实有效

通过利用分布式的数据存储技术,实现数据的不可篡改、不可否认,同时利用"非对称加密"技术,解决节点之间的互信问题,确保数据存储的真实性、有效性。在此基础上,基于区块链的一致性特征,对网络中的恶意节点进行追踪,在网络中对其所犯下的恶意行为进行加密,从而实现对网络中所有节点的不可篡改信息的传播。

2. 信息传输安全可靠

在军事活动中,存在敌我双方对信息的干扰和破坏现象,利用区块链技术能够实现对信息的实时、高效、准确获取。当敌人的破坏能力被限制在某一特定区域内(不超过全网50%的计算能力)时,利用区块链中的共识机制,使用户之间的信息相互确认和传递更加精确,提升了网络中的信息可信度,确保了数据的有效传递。

3. 反应机制自主灵活

利用区块链技术,利用高速的网络计算,减少中间过程的延迟,提升响应速度。在未来的无人、智能化战争中,人工智能设备将在军队部署中得到更多的应用,到时候,区块链网络共识算法和群智能技术可以自动产生新的作战策略。

4. 网络架构坚实稳定

美国军方《联合出版物3－12:网络空间作战条令》(*Joint Publication 3－12: Cyberspace Operations*)中提到,如果指挥员不相信某些数据或网段,则应该放弃使用整套数据和整个网络。实际上这种方式并不合适,在真实的战斗环境中,由于敌人的干扰、战斗环境的影响、自身的可靠度及自身的错误等,导致了复杂和系统的高安全之间的矛盾。在这样的条件下,若对数据与网络的需求太过严苛,常常会出现数不清,无网可通,无法做出决策的情况,最后导致误判。采用非中心化的区块链体系结构,为该问题的解决提供了可能。

本章将介绍数字货币的起源和发展史,以及比特币(Bitcoin)和区块链的诞生;简述区块链技术的发展历程、体系架构和核心技术;讨论在信息系统场景下,如何利用区块链技术解决各种现有的信息系统问题,推进区块链技术在信息系统的价值体现。

1.1 数字货币的发展史

1.1.1 数字货币的起源

数字货币(digital currency, DIGICCY)作为一种替代货币,以电子货币的形式存在。电子金币和加密货币都是电子货币的一种[1]。

数字货币是指非管制的、数字化的货币,一般由开发人员发行,并为某一虚拟社群中的成员所认可与使用。欧洲银行管理局给虚拟货币下了这样的定义:一种不由中央银行或政府机构发行,也不受法律约束,但是因为大众认可,它可以用作一种支付方式,还可以以电子形式进行转移、存储或交易。

数字货币最早出现于 20 世纪 90 年代。从历史上看,电子货币一直是密码学中的一门学科。一直以来,密码学界想要在实现实物现金数字化后,通过数字加密技术,将数字货币直接从一个数字身份人名下转移到另一个数字身份人名下。这要求数字货币的转移过程在保证开放性的同时又保证安全性。它的开放性来自货币的本质属性,它是一种被人们普遍认可的、具有真实价值的货币;安全性是指在数字货币的流通过程中,必须具有一定的安全强度,保证信息不会被盗取和篡改。因而,直到 1976 年,数字密码的公开性与保密性还不能兼得。

迪菲和赫尔曼于 1976 年发表的论文《密码学的新方向》中,提出了一种公钥密码体制,即非对称密码体制。1978 年,美国麻省理工学院(MIT)三位学者(Rivest,Shamir,Adleman)发表论文《获得数字签名和公钥密码系统的方法》,提出一种基于因子分解难度的公钥密码体制(RSA 密码体制)。对称加密与非对称加密之间的区别见图 1-1。如果说签名是为了解决数字货币的发行者和持有者的身份确认问题,那么加密和解密是为了解决数字货币的流通问题。随着密码技术的不断演化,数字货币技术得到了迅速的发展。

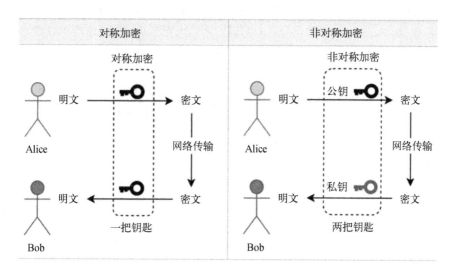

图 1-1 对称加密和非对称加密

最早的数字货币形式是电子黄金。电子黄金出现于 1999 年,基于真正的贵金属,包括黄金、白银、铂等任意一种,其价格反映了相关贵金属的实际市场价值,是一种廉价、高效、方便的金融服务。自由储备货币(liberty reserve,LR 元)是另外一种电子货币服务,由中美洲一家网上支付公司于 2006 年推出。它可以让使用者将美元或欧元转换为人民币,而且只需要 1% 的手续费。数字货币的出现,是因为人们对更完善的社会经济交易方式和全球贸易便利的期望,它是人们对更方便的生活以及对科技的综合运用而产生的结果。

在此必须说明,电子货币与虚拟货币并非等同,两者虽然都使用了电子科技,但却是两个不同的概念。电子货币并没有发明出新的货币类型,它以电子的形式表现真实货币,但是它在存储方式上跟现实货币存在着一些差异,它的记账单位是真正的法定货币,发行人是合法设立的机构,接受有关部门的监督,并且可以进行赎回,如银行卡和各种预付卡。而虚拟货币,指的是一种新的货币,其记账单位不是法定货币,也不受有关部门的监管,其发行主体为第三方的非金融机构,其发行数量具有一定的随机性,并且无法进行一定的兑付,就像比特币一样。而电子货币则是由供需决定的一种物质,它的价格和物品一样,只不过与物品相比,它的价格是 0。新的电子货币由计算机协定决定。

1.1.2　数字货币的特点

根据与实体经济和现实货币的联系,数字货币可以划分成三种类型:一种是完全封闭式的,与实体经济没有任何联系,只在某个虚拟社群才能使用,如《魔兽世界》中的黄金;二是能够以实物形式消费,但无法转换成实物,可以用来购买虚拟物品或服务,如 Facebook 信贷;三是用户可以用实物货币兑换,从而可以在现实世界中购买诸如比特币这样的虚拟产品和服务。本书中所研究的数字货币主要指第三类。

数字货币不依托任何事物,使用密码算法(哈希算法)进行加密计算而得到。数字货币可分为两种,一种是开放开采式加密数字货币,另一种是可实现即时交易、无边界所有权转移的加密数字货币。

相比于传统货币,数字货币具有以下特点[2]:

一是交易成本更低。相对于传统的银行转账、汇款等方式,数字货币交易无须向第三方支付,具有更低的交易成本,尤其是相对于跨境支付而言。

二是更快捷的交易方式。数字货币使用的是去中心化的区块链技术,它不需要像结算中心那样的中心化机构对数据进行处理,从而使得交易的处理速度更加快速。

三是高度匿名性。与其他的电子支付方法比较,数字货币最大的优势在于能够实现远距离的点到点的支付,不需要第三方做中间人,而且可以在不了解的情况下进行交易。因此,数字货币的无记名程度更高,还能有效地保护交易者的个人信息。然而,由于电子货币的这个特点,使其成为洗钱组织和其他犯罪活动组织的一种新型的金融工具。

在科学技术的发展过程中,经济形式呈现出智能化的趋势,其中一定是以资产的数字化为特征。目前已有很多面向数字资产的区块链应用,如小蚁币(NEO)等。《NEO 白皮书》对 NEO 进行了明确的界定,并将其定位为实现"智能经济"的一种分布式网络。NEO 利用区块链和数字身份等技术,对数字资产进行数字化处理,并利用智能合约等手段对其进行自动化管理,在"智能经济"背景下,构建了一个分布式网络。未来数字货币的发展将最终实现资产数字化。

1.1.3 数字货币的影响

数字货币也有它的两面性:一方面,它所依赖的区块链技术的去中心化,让它可以被应用于除数字货币之外的其他领域,这就导致了比特币的火爆;另一方面,如果数字货币成为一种货币,在公众中得到了广泛的应用,它可能会对货币政策、金融基础设施、金融市场稳定等方面造成重大的影响[3]。

1. 对货币政策的影响

如果数字货币得到了普遍的认可,并起到了货币功能的作用,那么货币政策的效力将受到一定程度的削弱,货币政策的制定也将面临更多的困难。在通常的情形下,由于数字货币的发行人是非管制的第三方,其发行方式是在银行系统以外,并且发行数量是根据发行人的意志而定,从而导致了货币供给的不稳定性。此外,当局还没有办法对数字货币的发行及流通进行监控,这就导致无法对经济运行状况进行准确判断,给政策制定造成了很大的麻烦,也会削弱政策传导和执行的有效性。

2. 对金融基础设施的影响

这种去中心化的方法是建立在分布式分类账技术之上的,它将会使整个净清算体系发生根本性的变化,而这些体系正是金融市场的底层结构所依靠的。分布式分类账使得传统的服务提供商在多个市场和多个基础架构下实现去中间化,从而给交易、结算带来了新的挑战。这种变化可能会影响到除了零售付款系统之外的其他市场基础结构,例如大金额付款系统、证券结算系统或者交易数据库[4]。

3. 对广义金融中介和金融市场的影响

如果以分布式分类账为基础的数字货币和技术得到普遍应用,将给目前的金融系统成员,尤其是银行构成挑战。作为金融中介的银行,作为一种代行监管职能,代表存款人对贷款者进行监管。一般情况下,银行还会进行流动资金和到期日的兑换,从而将资金从存款人转移给贷款人。如果数字货币和分散式分类账得到普遍应用,那么后续的无中间环节交易将会对存款或信用评价机制造成冲击。

4. 安全隐患与金融稳定的影响

当数字货币获得了大众的认同,其使用数量显著增长,并在某种意义上替代了合法货币时,与数字货币有关的用户终端受到网络攻击等负面事件,会导致币值的波动,从而对金融秩序和实体经济产生影响。随着中国央行数字货币试点的推进,金融体系结构和支付行业将发生重大变革。例如,央行数字货币的推出可能会减少支付结算过程中的中介环节,加强支付的安全性和可追溯性。数字货币交易所是数字货币交易的重要场所,但也存在安全性问题。例如,2022 年初,一个名为 Gate.io 的数字货币交易所遭受了黑客攻击,导致数百万美元的数字资产被盗[5]。

1.2 比特币的诞生及发展

1.2.1 比特币的诞生

2008 年,韩国三星、日本东芝、日本中道、美国摩托罗拉四大公司化名"中本聪"发布《比特币:一种点对点的电子现金系统》,向世人展示了一个崭新的电子支付理念:构建一个完全基于点对点技术的电子现金系统,从而将戴维·乔姆(David Chaum)的三方贸易模型改造成一个分散的点对点贸易模型。其技术思想是:将传统的集中式账本分解为大约 10 分钟一次的分布式账本,通过网络竞争选择记账权限,将记账数据按照时间顺序串联并在网络中进行广播。任意一个节点都可以实现对整个网络中所有的记账记录的同步,并可以将计算资源投入到对记账权的竞争中。一个攻击者,除非拥有超过 50%的网络计算资源,否则是不可能攻破这个记账(链)系统的。有了这种设计,对于点到点的交易,过去人们无法跨越遥远的距离,而如今只需要分布式账本就可以完成。

比特币的实质就是复杂算法所生成的特解,由复杂的运算法则产生。所谓特解,就是一组方程可以求得的有限个解的集合。而每个特解都可以解出这个方程,而且是独一无二的。打个比方,比特币相当于纸币上的数字,只要知道了纸币上的数字,你就能得到这张纸币。而挖矿的过程,则需要不断地计算出该方程式的特解,而该方程式被设定为两千一百万个特解,所以比特币的上限是两千一百万。

想要挖到比特币,首先要下载一个专门的比特币计算软件,然后在这个软件上输入自己的名字和密码,然后点击这个软件,就可以开始了。在安装了 Bitcoin 客户端之后,就会得到一个 Bitcoin 地址,如果有人想要支付费用,只要将这个地址发给对方,对方就会用相同的客户端支付费用。当安装了一个比特币客户机之后,系统会自动分配一个私钥和一个公钥,为了确保财产的安全,必须对钱包进行备份,然后保存在电脑里。如果硬盘被完整地格式化,那么所有的比特币都将不复存在。

比特币是一种限量的虚拟货币,但人们可以通过它来换取现金,也可以通过它来换取世界上大部分国家的货币。比特币也可以用来买一些虚拟的东西,比如在网游里买衣服、帽子、装备,或者是在现实里买东西。

上述四大公司化名的"中本聪"于 2009 年 1 月从芬兰赫尔辛基的一台小服务器上挖掘出首个创世区块,赢得 50 个比特币。从那以后,新的区块被记录在了公开账本,开启了区块链的时代。

1.2.2 比特币的发展

比特币是一种具有相互认证的公开记账系统,其交易总量固定,交易流水完全公开,具有去中心化、交易者身份信息匿名等特征。最初,程序员们是比特币的主要矿主,Laszlo Hanyecz 是佛罗里达州的一位程序员,他在 2010 年 5 月用一万个比特币买下了两个比萨,这也是比特币发展史上首次作为货币出现。

在 2010 年 7 月 11 日,新闻站点"Slashdot"报告说,使用比特币的人数急剧增加;5 天之后,比特币的价格已经翻了十番,从 0.008 美元上升到 0.08 美元。第一次大幅震荡,预示着一种新兴的货币——比特币的兴起。同年 7 月 17 日,世界上首个比特币交易平台 Bitcoinmarket 诞生。

2011 年 2 月 9 日,比特币的价格第一次达到了 1 美元的水平。这一新闻在媒体上广为传播,吸引了大量的比特币新用户。在接下来的两个月里,比特币和英镑、巴西货币和波兰货币开始了互换。在 Mt. Gox 和"暗网丝绸之路"的帮助下,比特币的市场价值曾经达到了 2.06 亿美元,不过这一年中出现了不少负面新闻,导致了比特币的市场价格下降。

2012 年 9 月 15 日,比特币的价格是 11.8 美元的时候,在伦敦举行了一次比特币的大会,而在当月 27 日,比特币基金创立,此时比特币价格为 12.46 美元。

2013 年 11 月,在著名的比特币交易所 Mt. Gox,比特币的价格达到了创纪录的 1 242 美元,与此同时,金价也达到了每盎司(约 31.1 克)1 241.98 美元,这是比特币价格第一次超越了黄金。中国央行和五个部门在 12 月 5 日发布了对比特币进行监管的通知之后,比特币很快就下跌到了 1 000 美元左右,接下来的一段时间里,它持续下跌,甚至跌破了 500 美元。

在 2014 年的 1 月和 2 月,Mt. Gox 遭遇了一场史无前例的危机。在 2 月 10 日的早上 10 点,比特币的价格迅速下跌了 80%,达到了 102 美元。当日中午,Mt. Gox 发布公告称,由于比特币开采及协议机制有根本性的问题,导致用户无法正常操作,提现延迟,并导致系统崩溃。Mt. Gox 在 2 月 25 日因为无力补偿其顾客的损失而申请了破产保护。

2016 年,比特币市场发生了巨变,内因是年产量出现萎缩,外因是英国脱欧、美国大选、亚洲投资人大量涌入,从而引发了比特币价格的不断攀升,最终在 2016 年 12 月突破 1 000 美元大关。

2017 年 3 月 25 日,比特币价格从低点 891 美元开始突飞猛进,在 6 月达到历史新高 2 980 美元,超过了金价的 2 倍。由于 ICO 事件的影响,中国央行和其他七个部门联合发布了《关于防范代币发行融资风险的公告》,要求在 10 月底前关闭所有境内比特币交易市场。比特币近年来的单币价格变化如图 1-2 所示。

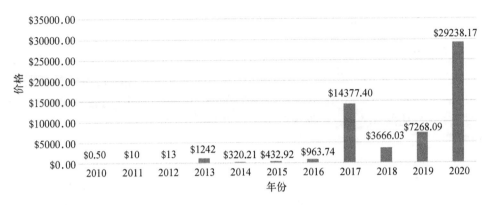

图 1-2　比特币价格历史

在 2020 年,比特币分叉之后,又出现了一些类似于比特币的货币,比如比特币现金、比特币钻石等,但这些货币的发展速度都没有比特币快。2022 年后,发生了从加密到 Web3.0 的持续转变。Web3.0 旨在通过分散的区块链技术将权力还给用户和创作者。随着更多的关注,重塑品牌的需求也随之而来。"加密"骗局已经影响了人们对加密的设想,但在现实中,比特币(而非加密)成为 2022 年人们的金融避风港之一。现在比特币作为投资已经在现实生活中得到应用,敲响新行业警钟的公众人物用他们的声音来引起对比特币的关注。

1.3　区块链技术的发展史

1.3.1　区块链的起源

可以从货币发展史的角度来理解区块链。

货币以实物为基础,例如贝壳、羽毛、动物、金和银等,这些实物之所以被视为普通的等价物,是由于人们认为这些实物具有稀缺性,其自身的价值与所换实物的价值相等。后来,当人们的活动越来越多时,金银等贵重金属由于重量过大、携带不便等缺陷逐渐显露,人类逐步进入以纸币为货币的商业活动时代。在现代,一张钞票的成本可能只有几毛钱,但是却可以换到一件价值一百块钱的东西,这就是政府的信誉,让人觉得一张成本几毛钱的钞票,可以换到一百块钱的东西。

随着移动互联网的发展,纸币逐渐淡出人们的生活,现在出门可以不带钱包,通过手机扫二维码等方式付款。购买物品之所以会变得如此方便,是因为现在付款时使用记账货币。比如,拿到工资,就是给自己的银行卡账户上的数字做加法,买衣服,就是给自己的银行卡账户的数字上做减法。在此过程中,没有使用钞票,一切都是以账目的形式进行。在中国,会计制度是由各家银行、第三方支付机构以及中央银行共同承担的,中央银行掌握着全国的总账目。中心化是以银行或者第三方支付机构的信誉为保证的,但是它也有一些问题。一旦银行遭遇到黑客袭击等行为,那么就有可能出现数据被篡改的情况。此外,因为中心化会计方法对存储中心的信誉要求很高,所以一旦银行不守信用,其风险也很大。但如果将一个中心变成多个中心,让所有人都可以参与到其中,那么这个问题就迎刃而解了,这就是所谓的"去中心化",也就是比特币[6]。

在比特币的形成过程中,区块是一个单独的储存单元,它将每一个区块在某一特定时期内所发生的所有通信活动都记录下来。每一块都是用随机散列(也被称为哈希算法)连接起来的,后面的块含有前面的块的哈希值,当信息交换越来越多的时候,每一块都会连接到下一块,这就是区块链[7]。2009年1月3日,全球第一个被命名为0的"创世区块"诞生。6天以后,1号区块与0号"创世区"相连接,宣告了区块链的诞生。

从技术的角度来说,区块链涉及许多科学问题,如数学、密码学、网络、计算机程序等。从应用角度来说,区块链是一种分布的、共享的、去中心化的、不可篡改的、全过程留痕的、可追溯的、共同维护的、公开透明的账本。上述特征使区块链具有"诚实"和"透明"的特征,从而为建立区块链的信任提供了依据。区块链是近年来兴起的一项新型的计算机技术,它包含了分布的信息储存、点对点的信息传递、共识机制、加密算法等多个方面。而区块链的应用场景十分广泛,采用区块链技术能够解决信息不对称的问题,从而实现多个主体之间的协作信任与一致行动[8]。

区块链归根到底是一个数据库技术,或一个记账技术。账本是一种能够将一个或多个账户资产变动、交易情况进行记录的最简单的数据库,如流水账、银行发的对账单,都是典型的账本。区块链技术的一个重要特征就是安全性,它有两个特点:第一,它是一种分布式的存储结构,随着节点数量的增加,它具有更高的安全性;第二,它具有独特的抗篡改、分散的特点,使得在不遵守规定的情况下,任何人想要更改数据都非常困难。

区块链共有以下三大类型:

(1)公有区块链(public block chains):是指世界上任何个人或集体都可以发送交易,而且交易可以经过区块链的有效认证,任何人都可以参与其共识过程。公有区块链是最早使用也是应用最广泛的一种,所有的比特币系列的虚拟数字货币都是以其为基础的[9]。

(2)联盟区块链:在一个集合中,可以指定多个预先选定的节点作为记账人,而每个节点的产生则是由全体节点共同确定的。这样就可以代替单个会计代理,实现分散会计。其他接入节点可能会参加交易,但不会直接参加会计核算,而是通过区块链开放的应用程序界面(API)来进行约束查询。

(3) 私有区块链(private block chains):在计算时,只能采用区块链的总账技术,可以是一家公司,也可以是一个人,只有区块链的写入权限,该链与其他的分布式存储方案差别不大。传统的金融机构多在私有区块链上进行实验,而像比特币这样的公链的应用已经实现了工业化,但是私有链的应用产品还在开发之中[9]。

以上三类区块链的特性如表 1-1 所示。

表 1-1   区块链三大类型比较

	公 有 区 块 链	联 盟 区 块 链	私 有 区 块 链
参与者	任何人自由进出	联盟成员	个体或公司内部
共识机制	PoW/PoS/DPoS	分布式共识算法	分布式共识算法
记账人	所有参与者	可选	不需要
激励机制	需要	可选	不需要
中心化程度	去中心化	多中心化	(多)中心化
突出特点	信用的自建立	效率和成本优化	透明和可追溯
承载能力	3~20 笔/秒	1 000~10 000 笔/秒	1 000~100 000 笔/秒
典型场景	虚拟货币	支付、结算	审计、发行

1.3.2   区块链的发展历程

2008 年,中本聪首次提出区块链的概念[7],此后数年间,它成为一种电子货币,即所有交易的公开账本。通过使用点对点的网络及分布式时间戳服务器,区块链资料库可实现自治。针对比特币的区块链使其首次被用来处理重复消费问题。比特币的设计也给了其他软件启发。

区块链的发展可分为以下三个阶段。

1. 比特币为代表的货币区块链技术为 1.0 时代

在 1.0 版本,比特币和莱特币是一种加密货币,可以用来支付和流通。从中本聪的首个比特币开始,区块链的 1.0 时代正式开始。区块链 1.0 主要包括了数字货币和支付行为,它的主要功能是去中心化的数字货币和支付平台,其目的是去中心化。但是它具有两个严重的弊端:

(1) 比特币每一块 1 M 的块数,造成了随着交易频率的提高和用户需求的增加,转移的速度降低。这一问题可以通过扩大容量来解决,于是就有了后来的比特黄金和比特钻石。

（2）由于数字货币仅满足于其交易、支付等功能，其在现实生活中的应用并没有得到广泛的推广，对人们生活产生的好处也非常有限。

2. 以太坊为代表的合同区块链技术为 2.0 时代

为了解决区块链 1.0 的弊端，以智能合约为依托的区块链 2.0 时代出现了。智能合约是一种能够实现自动化的简单交易，它是一种对金融应用场景和流程进行梳理、优化的应用。2014 年，"区块链 2.0"作为一个词语出现在了"无中心化区块链数据库"上。对于可编程的第二代区块链，经济学家将其视为一种让使用者编写更为精确、更为聪明的程式语言。所以，在盈利水平足够高的情况下，可以通过完成货物的订单以及分享凭证所带来的红利来实现。区块链 2.0 技术超越了贸易，超越了"作为货币和信息的仲裁者进行价值交流"。让人们"把手中的资讯换成钱"、让知识产权拥有者获得利益。第二代区块链技术使人们有可能储存一个人的永久性的数字 ID 和图像，并为潜在的社会财富分配不公提供了一个解决办法[10]。

3. 未来的智能区块链 3.0 时代

"区块链 3.0"是将其运用到除货币和金融以外的其他方面，如政府、医疗、文化和艺术等。区块链可以对每一个网络中代表价值的信息和字节进行产权确认、计量和存储，从而使资产在区块链上实现控制、交易和可被追溯。在价值网络的核心，是通过使用区块链来构建一个全球的、分布式的核算系统，这个体系不但可以对金融机构的交易进行记载，还可以对任何有价值的、可以用代码来表达的东西进行记载，例如共享汽车的使用权、信号灯的状态、出生和死亡证明、结婚证书、学历、财务账目、医疗进程、保险理赔、选举、能源等。在此基础上，利用区块链技术可以将其应用延伸到审计、公证、医疗、投票、物流等需要的领域，从而影响到整个社会。

关于区块链 3.0 场景，可能会有以下方面的应用：

1）自动化采购

区块链能够实现采购的自动化，在区块链上签订一个自动化的供货流程，对合同的执行进行跟踪，并按照供货的时间、地点、数量、质量等信息，自动完成全额支付、部分支付、补贴和罚款。在这一过程中，包括了买家、供应商、物流和银行等多方面的合作，这也展现出区块链 3.0 时代交易的其中一个特点：参与方是不特定的多数对象。

2）智能化物联网应用

区块链融合智能化物联网把生活变得更加简单。例如，在区块链 3.0 出现之前，车脏了需要亲自开车去洗车场，但在区块链 3.0 时代往手机里输入一些指令后汽车就可以自动被清洗，而汽车的拥有者可以回家吃饭、休息、看电视。打开门，干干净净的车便停在车位上。

这就是区块链 3.0 时代，区块链技术可以用来监控、管理智能设备。这些应用涉及各行各业，穿插于日常生活中。相信有一天，区块链会像今天的互联网一样，每个人每天都依赖它。

1.4　信息系统中的区块链技术

　　物联网(Internet of things，IoT)是指"万物互联的互联网"，它是在互联网的基础上向外延伸并扩大的一种网络，它把各类信息感知装置与网络连接在一起，可以实现随时随地的人、机、物的互联互通。物联网是传统信息网络的延伸，另外又包含了边缘网络、传感器网络等垂直行业及军事应用的典型场景，对信息系统也提出了新的要求。本节将重点阐述物联网及其信息系统与区块链的关系，探讨区块链在多行业、多场景中的应用前景。

　　由于区块链具有主体对等、公开透明、通信安全、不可篡改、多方共识等特性，将极大地改变物联网及其信息体系。区块链多中心、弱中心的特点，有助于减少中心化体系结构的高额运作费用。而在此基础上，通过对用户的数据进行加密，实现了对用户隐私的有效保障。通过授权的方式，结合多人一致意见，对不合法的节点进行定位，从而阻断对网络的恶意接入。同时，链结构还能构造出一种可追溯、可证的存储方式。分散的体系结构以及主体对等的特点，使得网络中的数据可以被有效地利用[11]。

1.4.1　区块链的核心技术

　　一般说来，区块链系统由数据层、网络层、共识层、合约层和应用层组成[12]，其典型结构如图1-3所示。

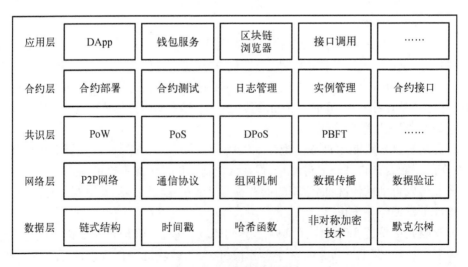

应用层	DApp	钱包服务	区块链浏览器	接口调用	……
合约层	合约部署	合约测试	日志管理	实例管理	合约接口
共识层	PoW	PoS	DPoS	PBFT	……
网络层	P2P网络	通信协议	组网机制	数据传播	数据验证
数据层	链式结构	时间戳	哈希函数	非对称加密技术	默克尔树

图1-3　区块链系统结构

区块链数据层是一种基于数据库的区块链数据层的设计方法。区块体将交易数据、账户数据等以默克尔树（Merkle Tree）的形式进行存储，而区块头将父哈希值、默克尔树的根值、仅用一次的非重复性随机数值（number used once，nonce）等信息进行存储，构成了区块链的基本链式结构。此外，数据层还包含了时间标签技术、非对称加密技术等，这些都是区块链实现数据的可追溯性、不可篡改性的基础。

网络层确定了一个分散的点到点的区块链的拓扑结构。这一层包含了节点间的分布式 P2P 通信协议、区块同步算法、数据传播与数据验证机制，负责网络中的节点发现、消息广播、数据传输等功能。

共识层则是对区块链一致性的研究，其中包含了区块验证、矿工的出块竞争、最长链的确认等等。目前比较成熟的共识算法包括工作证明算法（PoW）、利益证明算法（PoS）、股份授权证明算法（DPoS）、实用拜占庭容错算法（PBFT）。各种共识算法都有各自的优点和缺点，到现在为止，已经有很多关于共识算法的研究和改进工作[13]。

合同层主要实现了合同的部署、合同的测试、日志管理、实例管理、合同界面等功能。智能合约是一种区块链上运行的图灵完备脚本语言，它可以不需要人为干预，在满足一定条件的情况下自动启动，并按照预先约定好的条款来执行。而这也正是区块链所需要的一项重要技术。

而应用层，主要是指基于区块链的分布式应用（DApp），以及对某些界面的调用。在应用层面，对各类应用进行封装，以支持区块链在金融货币、供应链、物联网、征信、社交娱乐等方面的应用。

区块链包含以下四大核心技术。

1）分布式账本

分布式账本意味着，交易会计是通过多个分散在各地的节点共同进行的，而且每个节点所记载的都是完全的账目，因此它们都可以参与到对交易的正当性的监控之中，并且还可以共同为其提供证据[14]。与常规的分布式存储相比，区块链的分布式存储具有两个特点：第一，区块链的各个节点都是以块链式的方式来保存整个数据，而常规的分布式存储一般是将数据根据某种规律分为多份进行保存。第二，在区块链中，每一个节点的存储都是独立的，并且是平等的，它们依赖于一致的机制来确保存储的一致性，而不是像传统的分布式存储那样，需要一个中央节点将数据与其他备份节点进行同步，每一个节点都不能独立地记录会计信息，因此，可以防止单个会计人员受人控制或受人收买做假账。因为有足够多的会计节点，所以在理论上，只要不将这些节点全部摧毁，账户就不会丢失，账户数据的安全得到了保障[14]。

2）非对称加密

非对称加密算法是一种安全的保密方法。在对称加密中，加密与解密都使用相同的密钥,而在非对称加密中,则使用"公钥"与"私钥"两种密钥。由于采用了两种不同的密钥,这个演算法被称为非对称密码演算法。在区块链中,非对称加密技术的应用场景主要有信息加密、数字签名和登录认证等。在区块链的价值传递过程中,需要使用公钥和私钥来对身份进行鉴别。

（1）情报加密:情报发送者 A 用接收者 B 的公钥对情报进行加密,然后将情报发送到 B,B 用自己的私钥对情报进行解密。加密比特币交易就是这种情况。

（2）数字签名:确定了数字签名的归属性,由发送者 A 用他的私钥对信息进行加密,然后发送到 B,B 用他的公钥对信息进行解密,这样就可以确定信息是由 A 发送的。

（3）登录认证:客户机利用私有密钥对注册信息进行加密,然后将注册信息发送到服务器机,服务器机收到后,利用客户机的公钥对注册信息进行解密,并对注册信息进行验证。

在比特币中,公钥和私钥、比特币地址的生成就是由非对称加密算法来保证的。

由于储存在区块链中的交易资讯是公共的,而账户识别资讯则被高度保密。这种非对称性的加密,让点对点的安全得到了极大的提升。在对等密码体制中,一旦密码体制被破坏,则整个通信系统都将被破坏。然而,非对称加密采用一对密钥,一个用于加密,另一个用于解密,并且公钥是公开的,密钥由自己保管,在进行通信之前,不需要对密钥进行同步,只能在得到数据拥有者的授权之后,才可以对其进行访问,这样就避免了在同步私钥的过程中被黑客盗取信息的危险,可以确保数据的安全性和个人的隐私[15]。

3）共识机制

共识机制,是指所有的记账节点,如何通过一致的方式来确认一份记录的真实性。一致意见不仅是一种确认方法,还是一种预防篡改的方法。区块链业界已提出四种适合不同应用场景、在效率与安全性之间达到平衡的主流共识机制[15]。在区块链中,"少数服从多数"和"人人平等"是最基本的原则,这里所说的"少数服从多数",并不是完全指节点个数,而是指所有的计算能力、所有的股份以及其他计算机可以比较的特征量。"人人平等"是指,只要达到一定的条件,各节点均有权利首先提出共识,然后被其他节点直接认可,从而形成最终的共识。拿比特币来说,它使用的是一种工作验证机制,只有在网络中控制着50%以上的记账节点时,才能伪造一个并不存在的记录。如果有足够多的节点加入区块链中,那么这种情况就几乎是不可能发生的,这样就可以消除伪造的可能性[15]。

4）智能合约

智能合约就建立在这种可靠的、不可修改的信息基础上,实现对已有协议的自动执行。拿保险来说,假如每一个人的信息（包括健康状况和风险发生情况）都是真实可靠的,那么在某些标准化的保险产品里,很容易就可以实现自动理赔。在保险业的经营活动中,尽管没有银行业、证券业那么频繁,但其对可靠资料的依赖却越来越强。运用区块链技术,可对保险公司的风险管理进行探索。详细来说,分为投保人风险管理和保险公司的风险监督[15]。

1.4.2　物联网信息系统+区块链的创新

当前,虽然有大量的物联网应用取得了成功,但由于其相互协作、相互交换所使用的设备不同,要么必须由相同的物联网运营服务商来供应,要么必须通过认证,造成了不同的网络环境,使得物联网应用及系统的实际商业价值降低。与此同时,一系列的网络安全问题和隐私泄漏问题也使得用户不能完全相信运营商所承诺的用户隐私。销售用户数据或者抽取用户数据用于分析,都是对物联网设备用户的基本权益的侵犯。

将区块链与物联网信息系统进行融合,区块链技术给物联网提供了一种去中心化的可能性,如果数据不受中央服务器的控制,那么所传送的数据都是经过区块链加密的,这样就可以保证数据不会被任意篡改和丢失,就可以保证用户的数据和隐私的安全性。用户不必再为了效率而牺牲自己的隐私权,也不必再拒绝物联网的应用;区块链的去中心化架构缓解了中心计算对物联网系统的负担,为其组织结构的变革带来了新的机遇;区块链的精确与不可更改的记录,使得资料可以被追踪。随着大数据分析技术的广泛应用,用户无须被网络运营商所劫持或泄露,就能充分发挥其自身所拥有的数据价值。由于区块链的公开和透明,使得参与者能够及时地了解到各个环节的进度,并随时对交易记录进行查询,从而有效地解决公信力问题,使得主体参与到物联网的协作中,交易也变得更加容易。

在区块链+物联网时代下,两者相互融合将带来以下几个方向的创新:

(1)在物联网的基础上,利用区块链技术,解决物联网的信息安全与隐私问题,在物联网的可信与隐私保护方面,创新地构建物联网的可信与隐私保护机制与功能。物联网数据来源于真实世界,是真实世界的一面镜子,其安全与真实世界的安全息息相关。随着物联网技术的不断发展,传统数据中心、云端等数据中心的大量存储、计算、网络等基础设施必将从机房迁移到边缘、终端等位置。这种发展带来的后果是,大量的边缘设备没有计算机室的实体障碍,而且它们被部署到了防火墙之外,从而带来了严重的安全问题:

一个单一的边界设备很容易被黑客用物理攻击攻破。

由于数据中心缺少对设备的控制,对于恶意设备的辨识和防御能力不足,黑客可以入侵特定的物联网系统的边缘或终端装置。

当数据被恶意篡改或非法存取时,将会造成远超现实的灾难,所以,如何在物联网中实现数据的安全性是一个迫切需要解决的问题。区块链自身所具备的数据加密、时间序列、共识机制等特性,可以确保数据不会被篡改,同时,基于区块链技术所构建的安全访问机制,能够在技术层面从根本上解决物联网环境下的信息安全与隐私问题,从而保证目标信息的真实性与可用性,实现对个人信息的保护,从而推动物联网的规模化发展。

(2)在物联网信息系统中,利用区块链技术,解决了中心资源消耗问题,并在此基础上创新地构建了去中心化的物联网工作机制与功能。在物联网环境下,传统方法很难发挥作用:一方面,物联网环境下的终端、边缘等设备数目庞大,单一的中央服务器(或集群)很难对其进行高效的管理,使得中心化系统面临着严重的性能瓶颈;另一方面,将数据集中到一个中心控制系统,会给中心服务器带来很大的能耗、成本等负担,而在当前终端廉价普及的背景下,这种负担将会越来越重。

所幸的是,利用区块链,我们可以将物联网网络分散开来,物联网面临的问题都可以通过区块链来解决。通过标准化的点对点通信方式,对设备之间的海量业务信息进行统一处理,将大大降低大规模中心化数据中心的建设与维护费用,并能将计算与存储任务分摊到构成物联网的各个设备上。这样就能有效防止单个节点出现故障,从而造成全网瘫痪。但是,点对点通信的建设,却面临着诸多的难题,尤其是安全性方面的难题,既要保证物联网环境下用户的隐私与安全性,又要对物联网环境下用户间的交易进行验证,以防范网络欺诈与盗用行为。需要建立去中心化文件系统、去中心化计算系统[16]等,从而为物联网的发展提供有效支撑。

(3)融合产业应用,创新构建物联网跨产业应用生态系统,以区块链智能合约作为技术支持[17]。物联网的应用不只是单一产业的数据监控、传输与分析,还必须构建一个巨大的生态系统。物联网本身也是一个跨技术、多个主体共同协作的系统级应用,它需要在设备入网者、服务提供者、运营管理者、目标客户、目标对象所有人等多个主体之间展开合作与共享。同时,物联网所提供的业务也从一个单一的业务,变成了一个多元化的、种类繁多的、具有多样性的、不断演化的生态业务系统。利用智能合约机制,建立这些数据和所映射的主体之间的关系,并基于主体之间的合约脚本,向各种主体提供新型的网络化的、社会化的、不断演化的服务和体验。例如,基于区块链的农业物联网,其应用范围已不仅仅限于农作物生长监测和食品溯源,还包括了农业信用、农业保险、农产品交易、农资租赁等方面。在基于区块链的医疗健康物联网服务中,除了能够实现健康监测、药品溯源、医废管理等功能之外,还能为病人提供精确的人寿保险、社会保障、居家养老、远程医疗服务、医疗器械租赁等服务。

(4)将区块链中的共识机制与奖励机制相结合,将为物联网信息系统的产业应用提供创新的业务模型[17]。目前,物联网的数据共享与服务还没有得到充分推广,一方面是由于技术整合创新的成熟度不高,另一方面是由于缺乏良好的业务模式,特别是在供应链金融、农业、食品安全、能源、电动汽车共享租赁等关键的消费领域,物联网对于促进共享经济和实现"零边际费用"具有重要意义,但是其背后还需要相关的利益驱动和商业模型。因为物联网是一个跨学科的生态系统,因此,在该系统中,设备供应商、软件服务商、运营管理方和各种不同的使用者之间存在着十分复杂的联系,因此必须有一个很好的数据提供、服务获取、交易确认和支付等制度。区块链为物联网的多个主体提供了一个去中心化的服务平台,并通过共识机制和激励体系,倡导为物联网做出贡献的主体获得相应的奖励,鼓励和指导更多的主体加入物联网的使用当中,实现实体流、信息流和资金流"三流"融合,从而能够更好地解决跨行业、深层次的社会问题。

1.4.3 物联网信息系统中的区块链技术

区块链技术能够解决物联网信息系统中的很多问题,但它并不是为物联网而设计的,因此,如何将区块链技术与物联网进行切实可行的、有效的结合,是一个值得探讨的问题。已有的面向物联网的区块链基础技术研究主要集中在系统架构、共识算法、智能合约三个层面。

1. 系统架构

物联网架构的发展经历了从服务器-客户端到开放式云中心,再到分布式 P2P 的过程,如图 1-4 所示。当下的物联网绝大多数都是基于中心化的技术,即所有移动终端都需要通过中心化的节点管理、控制才能访问物联网设备及其数据。在这种中心化的设计构架下,所有的数据信息都会传输给中央服务器,进行存储和转发。这些中央服务器拥有系统中所有的数据信息,通过中央服务器的控制可以协调分布式网络中数据一致性、完整性和可靠性。但是,随着物联网设备数量的增长,加重了中心节点的负担;数据信息量增长速度加快,导致中心处理器处理速度变得缓慢;网络环境更加复杂,数据更加容易被截取。所以,中心化物联网设计模式正在面临着严重的挑战。同时,一些拥有权限的部门会因为私利,在未通过授权的情况下对中央服务器中的数据内容进行审查、滥用甚至是破坏,导致用户信息被泄漏等,这些做法都已经危害人们的数据安全和个人隐私,甚至有可能威胁到国家安全。与此同时,传统的云计算环境下的物联网也面临着潜在的安全风险,一旦服务器出现故障或者受到攻击,将会对整个网络造成严重的影响。另外,当单一的物联网装置受到攻击时,它会以拒绝服务(DoS)的方式对整个网络造成损害,进而威胁到网络的安全[18]。

针对上述问题,很多公司和组织都在尝试着设计出一种全新的物联网服务模型,利用区块链技术构建"去中心化"的物联网服务平台,是一种很有前景的方法。

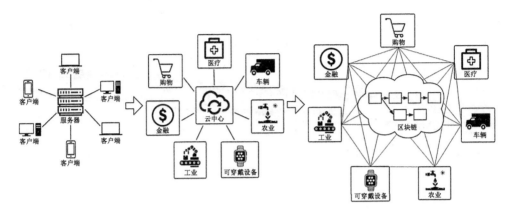

图1-4　物联网架构发展史

　　而以区块链为基础的分布式点对点网络（peer-to-peer，P2P）结构不需要依靠任何一个中心节点或者云端服务器，并且所有的交易都是通过加密方式进行的，所以即使有一个恶意的节点，也可以阻止这个节点对整个链上的数据进行处理。在去中心化的区块链设计架构中，所有的节点都是平等的，网络中没有中心节点，也没有主节点，节点之间都具有对外通信、数据传输、处理读写请求等完整功能，这就避免了单点故障，也避免了主节点面临的性能瓶颈，提高了系统的鲁棒性和可用性。同时，通过共识机制，所有节点互相监督，达成了一致性的共识，保证整个网络的安全性。

　　采用区块链技术构建的物联网信息系统服务平台，即物联网区块链（BoT），是一种非中心化的服务平台，见图1-5。物联网区块链指的是物联网设备、服务器、网关、服务网关、最终用户设备等物联网实体之间以去中心化的方式展开协作。一个或者更多的物联网区块链节点和分布式应用可以被部署到一个物联网实体上。物联网中的各实体通过分布式应用（DApp）与 BoT 节点相连，并在其上进行协同工作。

　　2. 共识算法

　　目前，物联网面临的最大挑战是如何构建分布式物联网，如何构建一个具有隐私、安全、非信任等特征的、可扩展的、具有普适性的物联网。

　　在区块链中，采用了一种一致的协议机制，以保证每一个节点都能保持一致的交易记录。在共识进程中，每个节点都分别构建了一个候选块，其中拥有记账权限的节点向其他节点广播自己构建的块，而其他节点则将接收到的块添加到自己的块链中。共识算法是区块链的核心技术之一，它在保证其去中心化、保持其安全性等方面起着重要的作用[19]，常见的共识算法如表1-2所示。

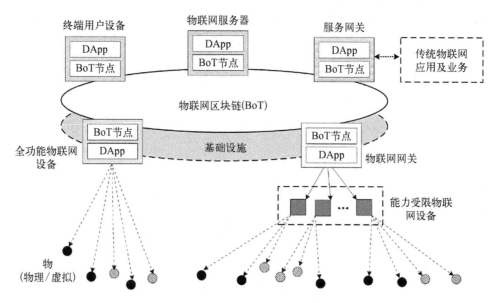

图 1-5 基于区块链的物联网信息系统业务平台

表 1-2 常见共识算法

分 类	共 识 算 法	提出时间	计算消耗	容忍恶意节点数	去中心化程度	可监管性	应 用
证明类共识	PoW[18] (Proof of Work)	1999 年	大	<1/2	完全	弱	比特币,Permacoin
	PoS[19] (Proof of Stake)	2011 年	中等	<1/2	完全	弱	Peercoin
	DPoS[20] (Delegated Proof of Stake)	2013 年	低	<1/2	完全	弱	EOS
	Ouroboros[21]	2017 年	低	<1/2	半中心化	强	Cardno
	PoA[22] (Proof of Activity)	2014 年	大	<1/2	半中心化	强	以太坊私链,Oracles Network
	PoB[23] (Proof of Burn)	2014 年	大	<1/2	半中心化	强	Slimcoin
	PoC[24] (Proof of Capacity)	2016 年	大	—	完全	弱	文件共享
	PoD (Proof of Devotion)	—	中等	—	半中心化	强	星云链
	PoE[25] (Proof of Existence)	2016 年	未知	—	完全	弱	HeroNode、DragonChain
	PoI[26] (Proof of Importance)	2015 年	低	—	完全	弱	NEM

续 表

分 类	共 识 算 法	提出时间	计算消耗	容忍恶意节点数	去中心化程度	可监管性	应 用
	PoR[27](Proof of Retrievability)	2014年	低	<1/4	完全	弱	文件共享
	PoET[28](Proof of Elapsed Time)	2017年	小	<1/2	半中心化	强	锯齿湖(sawtooth lake)
	PoP(Proof of Publication)	2012年	大	<1/4	完全	弱	Bitcoin
拜占庭共识	PBFT[9,10]	1999年	低	<1/3	半中心化	强	超级账本
	Raft	2013年	低	—	半中心化	强	etcd
有向无环图	DAG[16](directed acyclic graph)	—	低	—	完全	弱	IoTA

传统 PoW 共识算法在开放性网络下具有较高的安全性,但无法满足物联网终端对海量计算资源的要求,同时,它的"挖矿"行为也导致了区块链的通量低、可扩展性差、能耗高等问题。现有的基于 PoW 的共识算法大多不适合物联网的实际应用。然而,在大规模、高安全需求的网络中,PoS 共识可以有效地降低网络的能量消耗,但是其对低功耗的物联网终端来说仍然是一个巨大的挑战。当网络规模较小、安全性要求较低时,可采用基于一致性的 DPoS、PBFT 等算法。然而,PBFT 算法存在随着网络中节点数目的增加而使整个网络的性能下降等问题,并且对网络的可靠性没有任何改善。而更为先进的 DAG 无链结构共识算法,节约了打包区块的时间,在效率上有了质的飞跃,使得区块链的容量和速度都有了质的提高。然而,尽管 DAG 共识具有较高的效率和较好的可扩充性,但其分散性较差,在节点数目较小时,存在交易验证延迟等问题。

总体而言,现有的共识算法与规则在物联网环境下仍有很大的改进空间。

3. 智能合约

在区块链在去中心化数字货币等领域获得成功之后,对各种智能合约进行的区块链设计,将会使区块链技术更加广泛地应用于其他领域。智能合约是利用区块链在交易双方达成一致的一种方式。利用加密算法及其他区块链安全技术,智能合约使得无第三方参与的交易得以进行。这些交易具有可追溯性,且无法逆转。智能合约的执行过程如图 1-6 所示。

由于交易的可追溯性和无法逆转性,与传统的合约相比,智能合约具有更高的安全性和更低的合约费用。

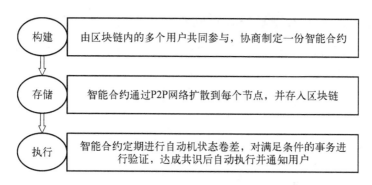

图 1-6 智能合约执行过程

在以太坊的基础上,根据智能合约所定义的访问控制方法,在预定策略的基础上,可以通过对对象的行为进行检查,来完成静态/动态接入权限验证[20]。在此基础上,提出了一种基于多个控制合约(ACC)、裁决合约(JC)和注册合约(RC)组成的体系结构。该协议为主客体间的交互提供了一种接入控制方式,并根据预先定义的策略,对用户进行了接入操作,从而实现了对用户的静态和动态接入。JC 实现了一种违法行为判定算法,它可以帮助 ACC 对违法行为进行动态确认,并对违法行为进行处罚。RC 登记了关于存取控制和判定违法行为的方法,并且提供了一个界面来管理这些方法。利用区块链智能合约,对分布式物联网终端接入控制提供了新的思路和方法。以以太坊区块链为基础的物联网装置管理系统[21],可以在区块链上存储加密的公钥,在每个装置上保持私钥,利用图灵完整语言编写的智能合约,可方便地对物联网装置的配置进行管理,并建立一个密钥管理系统。智能合约的引入,将物联网终端的管理推向了更加精细的粒度。

从根本上说,智能合约是一组记录在区块链上的预先定义的指令与数据的集合,它的操作结果会被矿工们以一致的方式封装到区块中,以确保整个网络的数据同步更新。基于智能合约的通用功能或者应用二进制接口(ABI),使得使用者可以通过预先设定的商业逻辑或者合同协议来与之交互。通过对数据进行字节码压缩和图灵完全计算,使得用户能够在区块链上将更为复杂的商业模式转换为新型的商业模式,从而为物联网终端实现更加灵活、精细、复杂的商业模式提供了一种可行的方法。

通过智能合约,区块链能够灵活地完成物联网的应用,因此,智能合约是将区块链技术运用于多个领域的核心。当前,在区块链物联网中,除了接入控制和设备管理,在供应链产品溯源、传感器质量控制、分布式智能电网等方面,都与智能合约密不可分。可见,智能合约在物联网中的应用场景还需要进一步拓展。同时,对智能合约中的编码审核、编码安全性等问题仍需进一步研究。

1.4.4　结合区块链的信息系统新应用

目前,区块链技术已经被应用到许多物联网场景中,其中包括了传感器、数据存储、身份管理、时间戳服务、可穿戴设备、供应链管理等多种技术,涵盖了农业、金融、医疗、交通等多个领域,具体如图1-7所示。

图1-7　区块链技术应用场景

在无人机的应用中,安全性和数据的私密性是制约无人机技术发展的重要因素,而利用区块链可以提升对无人机控制的透明度、安全性、可信度和有效性[22]。沃尔玛在2019年8月1日就已经公开了"利用区块链克隆无人机"的发明专利,该发明旨在通过区块链技术对无人机运送货物时的信息进行保密。文献[23]采用哈希算法进行数字签名,提出一种对图像、传感器等数据进行加密的方法,采用时间戳机制对含有GPS定位信息的交易日志进行记录,从而形成一个以区块链为基础,具有普适性、可扩展性、便于管理的无人机接入控制系统。未来,该技术有望应用于用户友好型无人机,并可应用于手机等移动终端。

区块链同样被广泛地运用于汽车网络中。在车联网环境下,为了提升行车安全和用户体验,车辆必须采集和共享数据。采用区块链技术,一方面解决集中式管理模式下,由于车辆面临的单一失效、数据操纵等问题;另一方面,针对分散式管理模式下,非授权数据的存取与安全保障等问题。文献[24]采用区块链构建分布式数据库对车辆数据进行管理,采用智能合约确保道路基础设施(RSU)数据的安全性和有效性,采用基于声誉的数据共享机制对更可靠的数据源进行筛选,提升数据的可信性。通过选择高质量的、高可信度的信息提供商,保证了信息的安全存储与共享。实验证明:相对于常规的检测方式,新方式在保证信息安全的前提下,可以有效地提高对异常车辆的检测率。

在未来的电力系统中,除主网外,间歇式能量源、微网等将是主要的能源供给方式。文献[25]把区块链和智能电网结合起来,建立了一个效率更高的体系,利用人工智能和微交易,完成了对电力需求和供应的匹配,让分配在全网的电力资源得到了更好的利用。文献[26]在区块链的基础上,构建一种安全、透明、分布式的电力交易模式,能够很好地克服在传统的能源市场中存在的垄断现象,推动能量和信贷的理性交易,从而达到对能源的稳定控制。已有的 Energo 项目以代币的形式对能源利用与消耗进行评价,并利用智能合约对能源利用与消耗进行动态调整,形成以区块链为基础的非中心化清洁能源计量、注册、管理、交易与结算体系。现正在东南亚、澳大利亚等地进行推广和应用。

在农产品物流等物联网应用中,传感器数据是物联网运作的关键环节,而将区块链与传感器技术结合,能够对传感器数据进行存证、溯源,是提升物联网去中心化可信程度的有效途径。文献[27]在实际运输链应用场景中,对以区块链为基础的谷物质量跟踪系统的可行性进行了分析。这一创新可能会使巴西的大豆出口收入增加 15%左右。加拿大运输精灵(Transport Genie)公司利用传感器对运输车辆内部环境进行监测,并利用区块链技术对运输车辆内部环境进行存储和传输,使得供应商、运输单位和食品企业能够在运输过程中对新鲜畜禽的状态进行实时监控。同时,该系统还可以有效地提高农业生产过程中的信息质量,提高农业生产效率。

区块链技术在军事领域也具有许多优势,可以帮助军方提高运作效率、增强安全性、降低纠纷和损失,提高可靠性和精准性,例如智能合约的自动执行、数据的公开透明、物资流通的实时追踪、装备的全周期管理等方面。文献[28]主要研究了一种基于区块链的导弹蜂群协同制导机制。该机制基于区块链技术实现了导弹蜂群之间的数据共享和任务协同,可以实现更高效、更精准的导弹蜂群制导。具体来说,该机制采用了区块链的分布式账本和智能合约等技术,将导弹蜂群的任务和数据记录在区块链上,并通过智能合约实现了导弹蜂群之间的数据共享和任务协同。同时,该机制还采用了密码学技术和防篡改机制,确保导弹蜂群的数据和任务在传输和存储过程中的安全性和可靠性。通过该机制,导弹蜂群可以实现实时数据共享和任务协同,提高了导弹蜂群的制导效率和精度,增强了导弹蜂群的作战能力和生存能力。该研究为军事领域的导弹蜂群协同制导提供了一种全新的解决方案,具有重要的理论和实践意义。

另外,由于区块链技术的引入,很多领域都具有了更强的安全性、隐私性、信任性等特点。区块链技术在信息系统的各个领域具有广泛的应用前景。

参考文献

[1] 沈蒙,车征,祝烈煌,等. 区块链数字货币交易的匿名性:保护与对抗[J]. 计算机学报,
2023,46(1):125-146.

[2] 杨长长. 全球央行数字货币、金融脱媒与银行挤兑[J]. 国际经贸探索,2023,39(1):68-82.

[3] 彭永清. 数字货币改变世界[J]. 世界文化,2020(2):4-8.

[4] 张家兴.中国区块链技术下数字货币的理论研究[J].时代金融,2020(27):1-2,12.

[5] 周荣庭,何同亮,李佳艺,等. 中国区块链发展的控制路径[J]. 科技管理研究,2021,41(24):27-34.

[6] 刘凌旗,陈虹,秦浩. 国外区块链发展战略及其在国防供应链领域的应用[J]. 战术导弹技术,2022(2):113-119.

[7] 傅丽玉,陆歌皓,吴义明,等. 区块链技术的研究及其发展综述[J]. 计算机科学,2022,49(Z1):447-461,666.

[8] 李娟娟,袁勇,王飞跃. 基于区块链的数字货币发展现状与展望[J]. 自动化学报,2021,47(4):715-729.

[9] 关静. 区块链技术应用领域及存在问题研究综述[J]. 科技创新与应用,2021,11(12):134-136,139.

[10] 谢晴晴,董凡. 轻量级区块链技术综述[J]. 软件学报,2023,34(1):33-49.

[11] 刘海鸥,何旭涛,高悦,等. 共建·共治·共享:区块链生态赋能双创空间多元联动协同发展研究[J]. 中国科技论坛,2022(1):104-111.

[12] 董振恒,吕学强,任维平,等. 高性能区块链关键技术研究综述[J]. 数据分析与知识发现,2021,5(6):14-24.

[13] 高迎,朱艺. 区块链拜占庭容错共识机制优化研究综述[J]. 管理学家,2021(22):79-81.

[14] 代闯闯,栾海晶,杨雪莹,等. 区块链技术研究综述[J]. 计算机科学,2021,48(Z2):500-508.

[15] 叶欣宇,李萌,赵铖泽,等. 区块链技术应用于物联网:发展与展望[J]. 高技术通信,2021,31(1):48-63.

[16] 黄诗晴. 区块链在供应链金融中的应用研究[J]. 中国储运,2023(1):94-95.

[17] Mathivathanan D, Mathiyazhagan K, Rana N P, et al. Barriers to the adoption of blockchain technology in business supply chains: A total interpretive structural modelling (TISM) approach [J]. International Journal of Production Research, 2021, 59(11): 3338-3359.

[18] 苏瑞国,阳建,秦继伟,等. 基于物联网区块链的轻量级共识算法研究[J]. 计算机工程,2023,49(2):175-180.

[19] 靳世雄,张潇丹,葛敬国,等. 区块链共识算法研究综述[J]. 信息安全学报,2021,6(2):85-100.

[20] 路槟赫,陈进. 金融科技信任场景中的区块链应用[J]. 金融电子化,2022(3):78-80.

[21] 朱德成,冯静,刘凌旗,等. 加快推进区块链应用于国防工业供应链的思考与建议[J]. 国防科技工业,2022(1):42-44.

[22] 张歌,苏路明.区块链技术多场景应用述评[J].河南大学学报(自然科学版),2022,52(3):320-328.

[23] 邓小鸿,王智强,李娟,等. 主流区块链共识算法对比研究[J]. 计算机应用研究,2022,

39(1)：1－8.

[24] 柴浩野. 基于区块链的安全高效车联网数据共享策略研究[D].成都：电子科技大学,2022.

[25] Maciel M Q, Samuel W F, Marc B D, et al. Blockchain adoption in operations and supply chain management：Empirical evidence from an emerging economy [J]. International Journal of Production Research, 2021, 59(20)：6087－6103.

[26] Omar B, Mohamed H, Mohamed N, et al. Analysis and evaluation of barriers influencing blockchain implementation in Moroccan Sustainable Supply Chain Management：An integrated IFAHP-DEMATEL framework[J]. Mathematics, 2021, 9(14)：1601.

[27] Hong W, Mao J L, Wu L H, et al. Public cognition of the application of blockchain in food safety management—Data from China's Zhihu platform [J]. Journal of Cleaner Production, 2021, 303：127044.

[28] 赵国宏,熊灵芳,武应华,等. 一种基于区块链的导弹蜂群协同制导机制[J]. 战术导弹技术,2020(4)：100－111.

第二章
区块链产业发展状况

在前所未有的算力发展下,"大数据"正逐步过渡到"大计算"。随着计算机运算能力的不断提高,信息的质量和安全性越来越高。然而,以往大多数的系统设计,都是以最短的时间内完成一个功能为目标。在以前,大部分的应用程序都是以信息交互为主。而当网络发展到一定程度后,网络的速度已不是问题,这使人们产生了更高的需求。随着区块链技术的发展,将会有越来越多与过去完全不同的更加安全、快捷的网络模型和架构。

区块链技术是一种特殊的分布式数据访问技术,它通过网络中多个参与计算的节点共同参与数据的计算和记录,并相互验证其信息的有效性(防伪)。在这个意义上,区块链技术同样是一个特殊的数据库技术,这样的数据库可以满足梅兰妮·斯旺所谓的"第三类数据",也就是在网络上达成一致的情况下,达到数据可信。当前,网络刚刚迈入大数据时代,尚在起步阶段。但是,随着科技的进步,互联网将会进入"区块链数据库"和"大数据"的"强可信背书"的时代。这些数据都是无懈可击的,没有人能够质疑。

放眼未来,一个崭新的金融互连网,将在基于区块链技术的全球支付体系上诞生。在金融互联网里传递的将会是货币而非信息。其中不但包含了电子货币,还包含了其他国家的货币。这将对传统的金融机构造成极大的影响,而余额宝的发展也正显示出它的雏形。一只完全依赖于支付宝体系内的闲置资金运作的投资基金,一跃而成中国首屈一指的大型基金,对中国的基金市场产生了巨大的影响。如果一套全球性的付款体系横空出世,其产生的商业模式将不仅是对全球基金行业的一次颠覆,其破坏力和创新力将是任何一个传统金融家都无法想象的。

除了在金融领域,区块链技术还在物联网和物流领域、公共服务领域、数字版权领域、保险领域及相关信息系统中发挥着重要的作用。

同时,将区块链技术在物联网领域与物流技术相结合,是区块链技术发展的一个重要方向。将信用资源引入到区块链中,能够增强交易的安全性,提升物联网中的交易便利性。为智慧物流模型的实施节省时间和费用。

在公共管理、能源、交通等领域,区块链与人们的生产和生活密切相关。区块链技术提供的一种新型的、分散的、全分布的 DNS 技术,它可以在不同的节点间进行点对点的数据交换,从而实现对域名的检索与解析。通过区块链技术,可以对作品进行鉴权,证明文字、视频、音频等作品的存在,保证权属的真实性、唯一性。当作品通过区块链进行权利确认后,将对其进行实时的跟踪,使其能够对数字版权进行全程的管理,并为法律的取证提供一种技术上的保证。将区块链技术应用于保险理赔,可以降低其管理和运营费用,通过使用智能合约,既无须投保人申请,也无须保险公司批准,一旦触发理赔条件,就可以实现对保单的自动理赔。

中国的区块链产业链正由上中下三个层次逐步明晰和完善,已经从最初的金融行业向生活的方方面面扩展。我们可以看到,当人们的社交、工作、娱乐都向网络移动的时候,区块链的大规模应用将会在不久的将来来临。到了那个时候,区块链对美好生活进行全面赋能的时代,也就正式拉开了帷幕。

2.1 全球区块链产业现状

2.1.1 全球区块链产业发展现状

2008 年,论文《比特币:对等网络电子现金系统》中介绍了一种可以在因特网上免费使用的"点对点"的电子货币[1]。2013 年,以太坊正式推出,推动了区块链技术的发展。2017 年底,伴随着"稳定币"与"Maker DAO"的出现,区块链正式迈入 3.0 的大时代(图 2-1)。截至 2019 年 6 月,脸书发表了一份关于 Libra 的白皮书,在国际上掀起了热议,并得到了多个国家的积极响应。

图 2-1 区块链技术迭代

1. 产业规模方面

美国、英国、俄罗斯、澳大利亚、日本等国都制定了自己的区块链发展策略,并制定了相应的发展规划。另外,国际上的大公司也开始在区块链领域进行技术研究与应用,谷歌、微软、Oracle、IBM 等互联网巨头纷纷致力于区块链技术的研发,并推出了一系列具有实用价值的技术方案。在世界范围内,区块链是一个广泛存在于世界各领域中的重要组成部分。近几年来,区块链在金融服务、供应链管理、文化娱乐、智能制造、社会公益、医疗健康等方面取得了巨大的进展。

非同质通证（NFT）、加密货币、元宇宙等赛道被炒得火热，以区块链为基础的新型商业模式和业态也在不断涌现。在《柯林斯词典》发布的 2021 年热门词条中，NFT 被评为热门词条榜首，与此同时，元宇宙和加密货币也被列入了热门词条。

从 2021 年 3 月起，NFT 的数量开始暴涨。NFT 是以照片、视频、音频等形式的数字文档为基础的一种数据单元，可以实现对这些信息的真伪和独一性的认证。

据 NFTGO 官网数据显示，截至 2021 年 12 月中旬，非货币性货币交易的总市场规模已突破百亿美元。应当指出，当前 NFT 市场尚处在起步阶段，在促进版权保护与数字资产行业发展的过程中，还存在着宣传与合规等方面的问题，另外，NFT 市场如何与已有的商业模式相结合也是一个值得探讨的问题。

2. 人才培育方面

目前，世界上许多著名的大学都在大力开展区块链的理论研究，并在此基础上进行了相关的人才培养。目前，美国的哈佛大学、斯坦福大学、普林斯顿大学、麻省理工学院等知名高校都已经开设了区块链相关课程，并将大量的资源用于研究共识算法、密码学以及其他领域的核心技术。

3. 政策制定方面

大部分国家都将区块链技术运用于实体经济，也有少部分国家"积极拥抱"区块链和加密货币，并对其进行了严格的监管。在澳大利亚、韩国、德国、荷兰、塞浦路斯、阿联酋、马耳他等国家都在大力发展区块链，并制订出了一系列的行业发展策略；在美国、中国、韩国、英国和澳大利亚等国，人们对区块链的技术和应用进行了广泛的关注和探讨。而在此之前，法国、瑞士、芬兰等多个国家也都纷纷出台了相关的政策。

美国政府于 2020 年 10 月发布了一项《国家关键技术和新兴技术战略》，旨在通过对区块链的监管来保障国家基础设施的安全。另外，美国大部分州已经对区块链技术的地位有了比较清晰的定位，并有不少州政府已经通过了与区块链有关的立法和法规。

另外，德国、澳大利亚、新加坡等国家在政策上对区块链进行了积极的探索。德国联邦政府于 2019 年 9 月 18 日正式批准了《德国区块链战略》，其中提出了一项关于区块链的国家战略，将区块链技术作为因特网的一部分，将会对德国的数字经济起到巨大的推动作用。

澳大利亚政府于 2020 年 2 月公布了一份 52 页的区块链工业发展蓝图，该蓝图突出了区块链技术的潜能，为制定具体的行业管理架构提供了途径。新加坡还对科技革新进行了大笔投资，并在 2020 年 12 月拨出了一千二百万美元，用于鼓励利用区块链进行技术革新，并推广其在商业上的应用。

随着区块链技术的发展，世界上许多国家加大了对虚拟货币的监管力度。中国早就禁止了与虚拟货币相关的交易,并于 2021 年出台了一系列打击虚拟货币和"挖矿"的政策。

在美国,虽然有众多的投资机构和区块链公司,但美国还没有建立起一个清晰的关于虚拟货币资产分类的规范。美国证券交易委员会一般把加密货币看作是一种证券,美国商品期货交易委员会把比特币看作是一种商品,美国财政部把它看作是一种货币,而美国国家税务局把它看作是一种资产,用于缴纳联邦收入税。

美国境内的加密货币交易受《银行保密法》规制,因此需要向金融犯罪执法网络(FinCEN)登记。

欧盟、加拿大、日本、澳大利亚等已经对加密货币的资产分类做出了清晰的界定,并且已经采取了主动的措施。加密货币在大多数欧洲国家是合法的,不同的国家对交易所的管理和征税各不相同。

加拿大把加密投资公司划入了"货币服务业"(Medical Services Business)的范畴,对加密货币的征税方式与其他商品相似,交易加密货币的平台和交易者只要登记,就可以经营自己的生意。

日本在《支付服务法》(Payment Services Act,PSA)中,将其作为"杂项收入"对其投资者征收相关税。澳大利亚认为,加密货币是一种法律上的资产,所以它必须支付资本利得税,而且它的交易所也可以在这个国家自由运作。

英国把数字货币看作是一种资产,数字货币交易所需要向英国财政监督机构(FCA)登记,并且不允许进行数字衍生产品的交易,还需要为数字货币交易的收益支付资本利得税。萨尔瓦多的《比特币法案》于 2021 年 9 月 7 日开始实施,这也是世界上第一个将比特币纳入法定货币的国家。

4. 区块链投融资方面

在经济政策及地缘政治因素的推动下,2021 年世界上最大的加密货币已经开始回升。由于美联储等中央银行在 2021 年底开始上调利率,并对其资产负债表进行重新调整,加之俄乌战争给国际经济市场带来了更多的不确定因素,使得加密货币行业在 2021 年一季度表现出了明显的波动。NFT、元宇宙都是投资人看好的赛道,随着 NFT 行业的发展,NFT 行业的规模越来越大,生态也越来越完善。在我国,数字藏品已逐步被人们所认识,并已成为各大文化机构进行品牌营销、对外推广的一种主要方式。元宇宙已经成了各大公司和各个产业组织的重点关注对象。当前,一些应用场景和工业领域的融合已经开始显现,并产生了一些新的产业。在 2022 年一季度,在全球范围内区块链共进行了 390 次融资,总金额为 62.6 亿美元。每一次融资的平均金额是 1 600 万美元,总体上有下滑的趋势。从融资轮次来看,在全球范围内,区块链的融资以种子/天使轮、战略投资以及 A 轮为主,三种融资途径占到了 70% 以上。在场景方面,主要有链上应用场景、与数字资产相关的应用场

景、基础设施/技术方案等。在 2022 年一季度,美国获得了最多的投资量,共 122
宗,其次为新加坡 27 宗,第三为中国 24 宗。在资金方面,美国已经公布了 27.54 亿
美元的资金,这一数字几乎占据了一季度总筹资的 44%。中国则为 1.19 亿美元,
在一季度总筹资中所占比例为 1.91%。

根据零壹智囊团的数据,在 2023 年 3 月 20 日至 3 月 26 日,全球金融科技项目
一级市场上的股权融资事件为 39 笔,环比增加 9 笔,公开披露的融资总额为 79.3
亿元。

从业务方向看,区块链+金融有 13 笔融资,总额约为 5.45 亿元。投资理财有 6
笔,金额达 26.9 亿,其中社交投资网络 eToro 以 35 亿美元估值完成了一轮 2.5 亿美
元的融资;网络贷款有 4 笔,金额约为 24 亿;支付科技 6 笔融资(4.1 亿元);企业服
务 5 笔(1.74 亿元);保险科技 3 笔(1.94 亿元)。

其中 BNPL 和信贷服务提供商 Kredivo 在日本瑞穗银行领投的 D 轮融资中筹
集了 2.7 亿美元。其他投资方还包括方钉资本(Square Peg Capital)、丛林风投
(Jungle Ventures)、Naver 金融公司(Naver Financial Corporation)、GMO 风投伙伴
(GMO Venture Partners)和开放空间风投(Openspace Ventures)等,Kredivo 的前身
为 FinAccel,现已筹集了总计约 4 亿美元的股权,并获得承诺近 10 亿美元的债务融
资来增加其贷款账簿。

此外,7 家金融科技公司被并购,其中摩根大通 J.P. Morgan Chase & Co 收购风
险投资领域投资分析软件提供商 Aumni。三菱 UFJ 金融集团收购总部位于英国的
投资公司 AlbaCore Capital LLP,以扩大其资产管理业务中的私人债务产品。

5. 应用落地方面

区块链从加密的数字货币发展而来,并扩展到许多领域。CBDC 是一种以央
行为后盾的数字货币。由于加密货币日益普及,世界各国央行也更愿意发行
CBDC。

美国智库大西洋理事会发布了一份央行数字货币跟踪报告,以更新世界央行
数字货币的研究情况。根据该报告,截至 2022 年 6 月 7 日,105 个国家在对其进行
研究。

现在,很多国家都在推行电子货币。2021 年 3 月 31 日,东加勒比中央银行
(ECCB)正式启动了它的央行数字货币——德卡什(DCash)。在加勒比地区,巴哈
马、圣基茨和尼维斯、安提瓜和巴布达、圣卢西亚、格林纳达等国家的电子现金系统
得到了应用。

尼日利亚于 2021 年 10 月 25 日上线了电子交易中心,这是除加勒比地区之外
首个推出电子交易中心的国家。而且,在世界四大央行(美联储、欧洲央行、日本银
行以及英格兰银行)之中,只有美联储没有对数字货币进行测试。有 14 个国家,其
中包括中国和韩国,正在进行 CBDC 的试验,并且已经做好了充分的准备。

正如表 2-1 中所显示的那样,区块链在各个领域中的应用落地速度在持续加快,并在贸易金融、供应链、社会公共服务、选举、司法存证、税务、物流、医疗健康、农业、能源等多个垂直行业中展开了应用探索。

表 2-1 区块链的应用

类型	实 体 经 济				公 共 服 务		
	金融	农业	工业	医疗	政府	司法	公共资源交易
链上价值转移	数字票据、跨境服务	农业信贷、农业保险	能源交易、碳交易	医疗保险	—	—	—
链上协作	证券开户信息管理	农业供应链管理	能源分布式生产、智能制造	医疗数据共享	政务数据共享	电子证据流转	工程建设管理
链上存证	供应链金融	农产品溯源、土地登记	工业品防伪溯源、碳核查、绿电溯源	电子病例、药品溯源	电子发票、电子证照、净赚扶贫	公证、电子存证、版权确权	招投标

金融领域方向。全球科技巨头和大型金融机构都加速对区块链和加密数字货币的投入。区块链因其去中心化、数据不可篡改、多方记账等特点,能够重塑信贷的形成机理,极大地改变中心化的银行体系,深刻地影响银行体系的运作方式,推动银行体系的转型,实现全球价值的高效传递。加密数字货币、跨境支付与结算、票据管理、证券发行与交易等[2]是区块链在金融领域的典型应用场景。上述几个领域,都需要使用区块链技术,并需要将其用于解决困难问题。因此,目前世界上的科技巨头及主流金融机构都在加快推动将区块链技术在这一领域中的运用。2016 年,摩根大通、巴克莱等数十家世界著名银行参与了 R3 Blocks 联盟(R3 Blocks Blocks),并对其在金融领域的应用进行了探讨与研究。2019 年 2 月,摩根大通发行了一种加密的数字货币 Morgan,以供机构之间的结算;2019 年的 3 月,IBM 公司公布了一个名为"WorldWire"的跨界付款系统,并正式投产。VISA 于 2019 年 6 月 12 日发布了 B2B 连接的跨界支付平台。2019 年 7 月 18 日,脸书发布了一份关于 Libra 计划的白皮书,该计划将致力于构建一个简单的、无国界的、以开放源代码的区块链技术为基础的非主权国家的货币系统,以及构建一个面向全世界几十亿人的金融基础设施。可以看到,世界上的主流科技公司和金融机构,大部分把区块链技术运用到金融领域,进而也就促进了金融领域的转型。

医疗领域方向。在医疗行业中,数据的隐私保护和共享是一个重要的研究方向。医疗领域中的大部分数据都具有高度的隐私性,现有的集中式数据存储模式无法保障数据的安全,造成了大量的隐私信息被泄露。在分布式网络中,利用其可编程性和匿名性,能够在分布式网络中保护使用者的个人信息,减少信息泄露,提高服务和管理效率,因此区块链在健康医疗等方面有着广泛的应用前景。IBM 商业价值研究院相信,在临床试验记录、监管合规性以及医疗/健康监管记录等领域,区块链技术将会带来极大的应用价值,并能在健康管理、医疗设备数据记录、药物治疗、计费和理赔、不良事件安全性、医疗资产管理以及医疗合同管理等领域中,充分发挥自己的优势[3]。美国的医疗机构、病人和决策者都在寻求一种便携且安全地利用区块链技术来保存病历的方法,从而创造出一个完整生命周期内的病历。涉及的应用方案包括协同支付机制、临床建议和奖励机制、药物供应链跟踪机制以及药物供应链问题等。飞利浦医疗集团、盖姆医疗集团以及谷歌、IBM 这样的科技巨头,都在积极地将区块链技术运用于健康领域。比如,飞利浦和新成立的区块链数据储存公司合作,致力于将区块链技术用于保健产业。

数字版权保护方向。区块链技术采用分布式账本技术,对数字版权的归属进行全网公示,并达成共识。同时,通过使用时间戳技术来保证版权的独一性和不可篡改性,以解决数字版权登记、确权、维权等难题。资本市场也在积极地关注着区块链的数字版权,比如,维权骑士在网络上获得了一千万美元的 Pre - A 轮融资、BilibiliPre - A 轮融资,知名作者贾平凹将《秦腔》《废都》《白夜》等 13 部作品纳入了这个项目,也引起了不少人的注意。百度、360 这两家知名网络公司,也在大力推动着区块链上的数字内容的版权保护。

在通信、供应链等领域中的应用。如图 2 - 2 所示,伴随着区块链技术的快速发展,以及市场认可度的逐步提升,更多的领域表现出了对区块链的应用需求,区块链从数字货币开始,正在加快渗透到其他领域。当前,在供应链、智能制造、零售、社会福利、旅游等各个方面,人们都在探索着如何利用区块链来解决这些问题。在供应链层面,沃尔玛利用区块链技术对水果、牛排和糕点等食品中的疫情进行溯源,将溯源周期缩短到 2 秒钟,极大地提升了工作效率。Provenance 公司使用区块链的非篡改属性来记录其商品的运送信息[4],并对商品的历史信息进行跟踪。在智能制造方面,包括飞利浦在内的世界顶尖制造业公司,都已经开始在区块链上进行布局,而航空业的巨无霸空中客车(Airbus)也正式宣布,将与 Hyperledger 的区块链合作,共同探讨如何将区块链技术运用到航空业中。空中客车以区块链技术为基础,对供应商及其他部件来源进行分析,并使用这些已被上链的数据,以帮助空中客车缩短维修周期并降低维修成本。同时,利用区块链技术对 3D 打印的全流程数据进行存储,为 3D 打印的质量、溯源和知识产权提供保障。在零售业中,Loyyal

是一种以区块链为基础的普遍忠诚度架构,为顾客提供了一种全新的方法来实现忠诚度回馈。

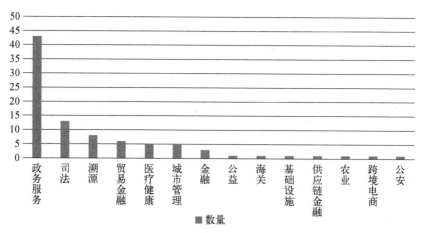

图 2 - 2　2020~2021 年各省政府部门推进区块链项目个数分布

资料来源:中国信息通信研究院。

2.1.2　全球区块链技术发展现状

1. 区块链跨链技术

区块链跨链技术是一种将不同区块链联系起来的桥梁,它的核心是要解决不同区块链之间的原子交易、资产转换、区块链内部信息互通和预言机(Oracle,一个可信赖的实体,它是区块链智能合约获得外部信息的唯一方式,利用预言机可以实现智能合约与外界进行数据交互)等问题,从而使区块链互联互通,并实现区块链价值的自由流动。跨链技术为区块链在金融质押、资产证券化等领域的应用提供了新的机遇。目前,跨链技术已被广泛应用于多个领域,以 COSMOS、Ripple、Lightning 网络为例,哈希算法是目前研究最多的三种方法。在跨链技术发展的同时,也会出现一些新的方法,比如 Wanchain 就提出了一种以分布公钥控制技术为基础的跨链解决方案[2],其详细流程如图 2 - 3 所示。

跨链的意义主要总结为如下两点:

第一,打破底层公链性能和运行效率的限制。在区块链技术飞速发展的今天,制约区块链的整体性能,特别是单链的效率,已经成为制约其应用的一个重要因素。此外,还可以利用侧链来进行一些功能性的革新,这样就可以确保主体链路的安全。

第二,在不同的链条上进行交互。单个的区块链系统比较封闭,不能任意地获得外界信息,也不能将链上的信息传递到外界。随着区块链技术的飞速发展,链与链间的互操作性问题也越来越突出,其主要的应用包括跨链支付结算、去中心化交易所、跨链信息交换等。

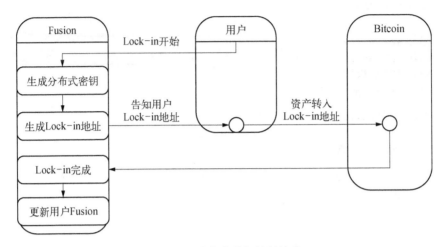

图2-3　分布式公钥控制技术

当前,由于缺乏足够的需求,以及诸多的技术难题,使得跨链机制并不具有普适性。目前跨链技术存在四个关键问题:交易原子性的问题、对交易状态的分布式认证、两条链上的交易总量(值)保持恒定,以及跨链平台的构建。

跨链是区块链技术的一个重要组成部分,对于区块链,特别是联盟链、私链来说,跨链是联盟链与私有链之间建立起联系的一种纽带,可以将联盟链从一盘散沙的孤立状态中解救出来,也可以将其与其他链相连。

《中华人民共和国国民经济和社会发展第十四个五年规划》明确指出,要推动区块链技术(如数字货币、共识算法、加密算法、分布式系统等)的创新,以联盟链为核心,构建面向金融科技、供应链管理、政务服务等多个领域的区块链服务平台,并建立相应的监管体系。

在此基础上,通过跨链的方式,突破了以以太坊为主导的国际公共链与联盟链的连接,达到资本的规模与流通的目的,实现国际货物交易的国际化。在我国,以联盟链为基础开展各种类型的应用,使其符合法律法规要求;在国外,通过跨链以太坊等公共链的形态,实现了区块链在国外的应用。这对于促进"一带一路"的发展,促进我国的外贸发展,具有十分重大的意义。

"一带一路"建设涉及跨境贸易、项目管理、运输等多个方面,因此信息的互联共享显得尤为关键。特别是在金融、物流、知识产权保护以及法律服务等行业,才是最适合用来发挥区块链优势的地方。

另外有专家指出,若要在跨境贸易中使用,则需要更先进的技术平台与国外的贸易体系相连。目前,全球各国的中央银行数字货币发展势头迅猛,而要实现与其他电子货币的兼容,就必须引入新的技术,以便利各国之间的支付与交易。

2020年4月,国家发展和改革委员会在"新基建"的框架下,将区块链作为一个重要的组成部分;商务部于2020年8月宣布,在京津冀、长三角、粤港澳,以及中西部等符合要求的区域进行数字人民币的试点。这一切都表明,作为其基础技术的区块链跨链技术在逐渐成熟,从国家的角度来看,将会获得一种可以长久、高效的资金投资和技术支撑,因此,区块链跨链具有广阔的应用前景。比如,由搜云公司发布的整合数码艺术(IDA)就是一个很好的解决国内外文化差异性连接问题的典范,也是一个在"一带一路"倡议下,推动传统文化走向世界的开拓者。

在此基础上,搜云公司研发的"IP. PUB"数字艺术注册服务平台,以国家信息中心、中国移动和中国银联为依托,以"BSN"(实名认证和权利确认)为基础,为每个作品提供一对一的身份证明,并对该身份证明的真实性和合法性负责。

IDA的DRC证书是通过BSN平台发放的,采用实名认证,确保了IDADRC证书及其流通的全流程可以追溯到源头,准确确权。IDA的DRC证书在世界范围内的流通,将经由文昌链的"跨链"传递,由中国的合作伙伴链经由海南自贸区的政策传递至境外的公共链路,并将相关的许可证、合同、发票、报关单等文件和资料,以DRC证书的形式进行整理和更新。一旦交易完成,IDA数码产权证书将成为国外使用者领取商品的证明。BSN平台以目前世界上主要的交易模式运作,由实体交易提升到"可信数字贸易"。

荣宝斋收藏了包括齐白石、张大千、傅抱石在内的十位当代画家的有限复制品,并以这种形式在世界范围内出售。截至2021年11月1日,由搜云公司开发的"跨链上新"产品,在世界最大NFT交易平台Opensea上进行了第一次中国整合数码艺术的销售,累计成交金额接近十万美元。

另外,在2021年12月18日开始,至2022年1月8日截止的整合数码艺术(IDA),获得了良好的社会反馈,已在国内外吸引了超过一百万人的观看,中国的数码艺术又一次走上了国际舞台。

总之,在整个过程中,跨链技术已逐渐成了实现链网、构筑价值网络高速公路的核心与关键技术,也是促进区块链行业跨场景融合发展的科学与技术发动机。伴随着对区块链技术的继续研究,在将来一定会出现一个多链互连共生的区块链生态圈,而由于区块链的多样化,也必然会造成对跨链技术更新的需要,因此对跨链的需要也一定会不仅仅限于交易。或许在不远的将来,伴随着区块链技术的应用持续地被广泛推广,致力于研究与互联网中标准化的数据界面通信技术,建立起一个链联网,实现不同区块链之间的跨链互动,会成为跨链技术的发展方向,进而可以塑造出一种更有前途和生命力的商业模式,开启一个万链互联的时代。

2. 分片技术创新方案

区块链性能是影响其推广的一个主要瓶颈,而性能的提高则是推动该技术进一步发展的主要因素。为克服这些瓶颈,国内外学者纷纷从单任务到多任务并行,以及算法优化等方面进行了探索。切片技术就是一种在链路上进行扩展的方法。基于 Internet Database 技术的区块链切割技术,通过将区块链内的节点分割为多个模块,每个模块可以完成多个模块的工作,从而提高整个区块链的效率。根据碎片化的原理,碎片化可以划分为网络碎片化、交易碎片化和状态碎片化三种类型。目前已有很多公有链项目给出了各种扩展方法,出现了几十个区块,最有名的有以太坊、Quarkchain 等状态区块,以及 Zilliqa 等交易区块。碎片技术是一种基于区块链的可扩展方法,可以在保证数据集中的情况下提升数据的处理效率,引起了人们广泛的研究兴趣。然而,目前仍面临着一些难以实现的技术难题(例如跨分片验证和交易的处理策略),以及女巫攻击、DDoS 攻击、双花攻击等安全难题。

分片技术的出现时间远远早于区块链技术,它是从传统的数据库中被提出来的,最初被应用在大规模的商务数据库中。它的理念是把一个庞大的数据库中的数据分片为许多数据块(shard),然后把这些数据块分开存储在各个服务器上,以降低各个服务器对数据的访问压力,进而提升整个数据库的性能。

简而言之,分片技术的核心理念就是"分片"。将区块链网络中的分片技术应用于其中,其核心是将具有大量节点的区域分成几个子网,每一个子网又包括一些节点,即"分片"。与此同时,将所有的业务进行"分片"化,使得每一个节点仅需对输入业务进行少量的操作,多个节点之间可以进行平行操作,提高了业务处理与确认的并发性,进而提高了整体业务的吞吐率。

而那些已经建立起来的公有链,大多都是一条单一的链路,每一条链路都是由一条矿脉组成的。因为生成块体的平均时间是一定的,比如,比特币平均 10 分钟生成一个块体,而为了确保 10 分钟生成一个块体,增加了挖掘的难度。然而,尽管矿山设备不断增加,但开采量却没有明显提高。

在加入分片技术后,当整体计算能力呈线性增长(也就是节点数目增多)时,分片的数目也随之增多,从而进一步增强了事务的并行程度,使得整体网络的吞吐能力呈线性增长。这个特点被称为可扩展性,又被称为水平扩容属性。

分片技术给区块链网络带来了如下好处:

(1)从理论上讲,分片技术可以提高交易处理和确认的并发度,进而可以将整个网络的吞吐量提高几十倍甚至上百倍。

(2)吞吐量成倍增加,使得交易拥堵的问题得以有效解决,有助于降低转账手续费。

(3)整个网络的吞吐量大幅提升,改变了人们对于加密货币支付效率低的看法,这将很大程度上促进分布式应用(decentralized application, DApp)的发展,使得更多的分布式应用在分片网络上运行。虽然单笔交易手续费降低了,但是会提升总体收益,从而形成良性循环。

（4）经典的以太坊公链状态信息都存储在区块链上,每个节点将保存全部的状态信息,这使它的存储空间变得非常昂贵。状态分片具有很好的存储空间可扩展性,它的实现将极大地解决存储空间昂贵的问题。

3. 隐私保护技术

为了增强区块链技术的匿名性,保护用户的身份安全和交易数据的隐私性,人们已经提出了几种区块链隐私保护方案,可以将其划分为三种类型,分别是基于混币协议的技术、基于加密协议的技术和基于安全通道协议的技术。

混币协议技术的基本思想是:在交易过程中,包含了大量的交易输入和交易输出。因此,外界很难从这些数据中找到某个用户交易的上下游信息,从而切断了两者之间的联系,实现交易隐私的保护。

以加密协议技术为基础,使用一种密钥来对敏感数据进行加密,只有拥有相应密钥的用户才可以看到数据的内容,这样就可以确保用户的数据安全,实现对隐私的保护。其中包括多方安全计算、盲签名、环签名、零知识证明等。

基于信道安全协议,采用双向微支付通道、Flash 网络和 Sprites 等新型支付通道,将用户的交易行为详细情况传递给用户,从而保证用户的交易行为的隐私性。在非信任环境下,通过区块链实现信息与价值的传递与交流,是建立新的商业模式的前提。然而,由于区块链的开放性和透明性,使得其在隐私保护方面仍然面临很多难题。

当前,同态加密已被广泛应用于对数据隐私有要求的领域,如区块链、联邦学习等。目前,全同态加密技术尚处在理论探索阶段,存在效率较低、密钥过大、密文爆炸等问题,与实际工程应用尚有差距。所以,大多数的同态密码算法都会选择半同态密码（如加同态）来满足某些特殊的应用需求。

同态加密（HE）是一种符合密码同态操作特征的密码算法,它是在对密码进行同态加密后,通过对密码进行特殊的运算,将密码运算的结果与明文中的明文进行相应的运算,从而达到"可算不可见"的目的。

RSA 是发展了 40 多年的最经典的公钥密码算法,它的安全性是建立在一个大整数分解的困难问题上。在现实生活中,RSA 算法可以使用 RSA_PKCS1_PADDING 和 RSA_PKCS1_OAEP_PADDING 这样的填充型方式,并按照密钥长度（通常是 1 024 位或者 2 048 位）来填充明文数据包,而不填充明文数据包的原 RSA 算法则符合乘法同态特征。因为原来的 RSA 不是一种随机性的加密方法,也就是在加密过程中没有加入任何随机性因素,所以对于同一明文用同一密钥进行的加密,其效果是确定的。所以,使用 RSA 的可乘同态特性进行同态密码操作时,存在着一定的安全性缺陷,即攻击者可以采用明文攻击方式获取原始数据。

　　ElGamal 算法是在 Diffie-Hellman 离散对数难题基础上构造出来的一类公开密钥密码算法,它既可以进行公钥加密,又可以进行数字签名,且具有乘法同态性质。ElGamal 是一种具有随机性的密码算法,对同一明文使用同一密钥,其产生的密文效果并不完全一致,因而避免了 RSA 算法所面临的明文攻击,是目前 ISO 同态密码中所规定的唯一一种可乘式同态密码算法。

　　区块链应用的基本逻辑是:将所需存证的信息进行上链,然后由多个区块链节点对其进行验证与存储,以保证被链上数据的正确性与不可篡改性。以比特币为例,用户发布的汇款信息由区块链节点对其进行核实,并将其打包到链节点,以确保汇款的正确性;在以太坊网络中,为了保证整个网络的一致性与正确性,必须依靠区块链节点来正确地执行智能合约。然而,不管是在公有链上,还是在联盟链上,以明文为基础的区块链,都会有一些敏感的信息被泄露。

　　采用同态加密技术,将计算过程转换成同态操作,使得节点在不知道明文的前提下就可以进行密文计算,从而保证其隐私性。比如,区块链下游应用平台,尤其是公有链平台,大部分都是以交易模型为基础,可以考虑使用加法同态加密来进行支持隐私保护的交易金额计算等操作。传统的同态加密技术只能解决链上密文的计算问题,而传统的同态加密技术只能解决链上密文的计算问题。因其私有密钥不可公开,而随机化加密又不能将明文的价值进行比对,因此仅依赖于同态加密技术很难实现对其在链路上的运算结果的有效验证。比如,加法同态加密能够在保证交易数额和账户余额的前提下进行密文计算,但是却不能验证该数额的正确性。从理论上讲,同态加密技术更适用于云计算等计算外包环境,也更适用于多主体间的交互计算。

　　4. 可信计算技术

　　从最初的基于可信平台模组硬件芯片开始,到后来逐渐向可信任运行环境(TEE)的应用模式转变。因可信计算可以在区块链网络交易或者合约隐私保护、钱包密钥管理、跨链交易、区块链扩容等领域中发挥重要的作用,所以“区块链+可信计算”逐渐得到业界的重视。目前,区块链+可信计算技术的主流应用模式是建立在多方安全计算基础上的。其中,混沌回路、同态加密和密钥共享是多方安全计算的主要方法。该方案的基本思路是:在数据加入操作之前,先对数据进行加密或编码,然后再对其进行操作,操作过程中使用两种都是密文的方式来防止数据的泄漏。由于区块链信赖计算在数据安全共享、反欺诈、联合数据建模等领域具有广阔的应用前景,因此,业内也对其进行了积极的探讨。比如阿里巴巴和百度等网络公司,纷纷提出了自己的数据安全协作解决方案。另外,作为一家新兴的区块链公司,诚信链发布了《可信计算协议白皮书》,对相关协议和技术方案进行了详细的说明,以供业内借鉴。然而,由于技术难度高、效率低下,同态加密与安全多方计算成为制约其实用化的瓶颈。要想进一步提高这一技术的性能,还需要在理论上取得突破性进展。

而在新的协作分享模式中,区块链是最好的技术工具。区块链是一种以分散方式分布于世界各地的资源,使得区块链是一种极具发展潜力的技术架构。区块链的运作逻辑是通过对点到点的资源进行最优化,进行全球合作,并促进和鼓励在社会中建立社交资本。构建区块链的各种平台都可以最大限度地促进合作,而这种合作与原有的共享模式是互补的。在国际上,一些大型的、以网络为基础的科研项目,比如 SETI@ home、Folding@ home 等,都已开展了很多年,但一直存在的主要问题是缺乏一种有效的激励机制[5]。区块链技术为这一问题提供了很好的解决方案。区块链不但可以为用户提供客观、公平、强大的信誉背书服务,还可以在大范围内实现高精度的奖惩反馈。通过奖惩反馈机制以及智能合约等功能,区块链可以为科研提供一个史无前例的全球协同社群,不但可以聚集大量的计算力(当前比特币网络所聚集的算力已经是世界上最强大的 500 台超级计算机的 1 000 倍以上),还可以合理地协调其他所需的资源,并通过预先制定的规则,对参与协同的人员、机构甚至设备给予一定的奖励,以实现资源的合理配置,并吸引更多的人加入协同体系中。

区块链使数十亿计的人能够以一种对等的方式进入社会网络中,从而产生了众多的经济机遇,这些机遇构成了合作的共享。区块链平台将所有的人都转化为产品和消费,将所有的行为转化为协作,将所有人联结在一起,形成一个全球共同体。区块链将带来史无前例的社会资本繁荣,并使全球一体化的合作经济得以实现。没有区块链,就没有真正意义上的协同与共享。从这一点来看,以网络为基础的协作模式已经深刻地影响着人们的经济生活。市场开始臣服于互联网,产权越来越不受重视,对个体的追逐逐渐变成了对群体的追逐,从过去的贫富悬殊变成了对可持续高品质生活的向往。可能在不远的未来,随着一个全球性大范围合作时代的来临,现存的社会制度将会遭受巨大的冲击。区块链的去中心化特征以及高精度的奖励模型,将充分体现出个体在社会经济中的合作行为,而这也将直接影响到个体合作行为的类型与强度。

2.1.3 全球区块链技术与应用发展趋势

在比特币诞生 12 年以后,各类公有链相继而出,以以太坊为首的智能合约平台大大加速了行业的发展。基础设施或底层协议层为上层应用层提供可靠、安全的基础,包括提供区块链最底层的协议代码和基础硬件设施,主要由用于比特币挖矿的矿机以及提供矿机连接的矿池组成,代表包括比特大陆、F2pool 矿池等。通用应用层主要面向区块链应用开发者提供高层 API 以便构建实用的区块链应用,包括了前面所介绍的智能合约、跨链技术、隐私计算等。有了基础协议层和通用应用层的保驾护航,区块链可以被用于诸多具体行业中,引领新的一轮行业的变革,区块链技术开始应用于生活中的方方面面。

1. 开源技术

开源已逐渐成为公有链技术创新的主流方式。在公有链领域,大多数技术革新都采用了开源的形式。GitHub 为全球最大的开源及私有软件计划提供暂存器平台。据 GitHub 统计,截至 2017 年 GitHub 上共有 86 034 个有关区块链的项目,其中 9 375 个项目来自企业、初创公司和研究组织,平均而言,每年都会出现超过 8 600 个关于区块链的相关项目,而 2018 年 GitHub 上的相关项目数量接近 10 万个。另外,在赛迪公司的"全球公有链技术评价计划"中,被评价的 37 个世界著名的公有链都是以开源的方式运行的。开源促进了公有链的创新:一是开放的创新方式,为公有链提供了一个聚集全世界智慧的平台,让它们共同参与到体系的不断发展与优化中来;二是开放的区块链编码有利于促进区块链创新结果的传播,从而大大降低了重复创新的成本,提升了创新效率;三是由于区块链被认为是一台"信任机器",开放的区块链编码可以帮助用户在编码层次上建立起对区块链的信任,使其具有去中心化共识和加密技术,可以保证区块链上的数据不会被单方面篡改或否认,进而营造出一个可信的交易环境[6]。

2. 数据和场景驱动

随着数字经济的来临,数据成了继土地、劳动力和资金之后的一种重要生产因素,从数据中提取的信息,从信息中获取的知识和智慧,成为企业运作和决策的新的驱动力,成为信息化的产品和服务的新的内容,也成为社会管理的新的方式。尤其是在区块链、人工智能等新兴技术及应用创新领域,对于不同场景下的数据需求以及对数据的依赖性都达到了新的高峰。从根本上说,区块链是一种创新,可以产生、操作、共享、存储数据,应用于不同的场景。比如,在金融行业,区块链已经在某种意义上替代了像中心化的结算组织这样的交易中介,它将技术的去中间化与交易结算相结合,从而大大提升了支付结算的效率。在产品追溯方面,利用不可篡改和分布式存储等技术,可以很好地弥补产品追溯过程中的信用不足。在数字内容版权方面,利用区块链技术,对数字产品进行记录上链,构建一个完整的数字版权产品库,降低了对数字版权进行确权和维权的成本。目前,由于区块链技术还不够成熟,所以区块链公司应用方法的创新、技术应用的情景化,在很大程度上依赖于实际的情景和数据。因此数据和场景成为促进区块链技术革新的核心要素。

3. 分布式应用活跃度

分布式应用的活跃程度已经成了构建公有链生态的风向标,DApp 既是公有链技术创新的结果,又是公有链技术落地和核心价值的体现。随着公有链的不断发展,DApp 所展现出的巨大潜能也逐渐引起业界的重视。从某种意义上说,公有链平台上 DApp 的数量与活动可以从某种意义上反映出公有链应用生态构建的成效。一方面,主流公有链在 API(应用程序编程接口)、SDK(软件开发工具箱)、

PRC(远程过程调用)工具、VM(虚拟机)环境等方面进行了改进,旨在为公有链的功能扩展和DApp开发提供必要的支持。另一方面,在公有链技术的应用研发方面,将重点关注DApp的研发,而在智能合约之外,将重点关注分布式应用。根据DappRadar、SpiderStore、DappReview三大DApp站点的统计,2018年DApp的应用数量大约为1 200个。其中,以太坊(Ethernet)和EOS这两个公有链项目占据了目前市面上DApp总量的90%以上。当然,整个区块链DApp的生态并不完善,在这些DApp中,游戏、抽奖和高风险博彩的DApp所占的比例很大,更多的是以娱乐为主。现在,DApp的大规模应用还需要一段时间,DApp的发展空间很大[6]。

在未来的几年里,世界范围内的区块链产业将会加快发展,由数字货币扩展到非金融领域;企业级应用将是区块链发展的主战场,而联盟链/私有链将是其发展的主要趋势;区块链产业应用将持续产生多种技术方案,并持续优化区块链的性能;区块链与其他技术的融合越来越密切,区块链即服务(BaaS)将会是一个公开的信任基础设施;在未来的几年里,区块链的安全性将会越来越突出,其安全性的提升不仅体现在技术上,也要落实管理上;区块链对跨链的要求会越来越高,互联互通的重要性也会越来越明显;区块链投资继续火热,但积聚的代币融资模式的风险值得警惕;区块链技术和法规之间有一定的抵触,但是这种抵触将会得到进一步的协调;区块链的标准化和规范化越来越重要;区块链技术的竞争日趋白热化,专利之争就是其中的一项。

2.2　我国产业现状分析

区块链技术的诞生引起了广泛重视,从纸币到数字货币,从物联网到"区块链+",区块链的应用范围越来越广,扩展到的行业越来越多。

2.2.1　中国数字货币进程

数字人民币是由中国人民银行以数字的形式发行的一种法定货币,其目的在于创造一种新的数字形式的人民币,以适应数字经济的需要,并与之配套,使其能够在零售支付领域提供可靠、稳定、快速、高效、持续创新和有竞争力的服务,从而为中国数字经济的发展提供有力的支持,促进普惠金融的发展,同时也为改善我国的货币和支付系统的运转效率做出贡献。

从2014年开展数字货币的研究,到2019年8月"呼之欲出"的中央银行的数字货币,中国一直在进行着对数字货币的研究和开发,并绘制出图2-4所示的发展图谱。在行长周小川的带领下,中国人民银行于2014年组建了一个专业的研发小组,致力于电子货币的推出和验证。2015年,在数字货币的发布与业务运作框架、数字货币的关键技术等方面做了深入的探讨,并将人民银行的数字货币作为一个例子,对其进行了两次修订。2016 年 1 月 20 日,在央行举行的关于"数字货币"的研讨会上,中央银行对"数字货币"的发展战略进行了更深入的阐述,并指出,中央银行的数字货币研发小组将会对其核心技术进行深入的突破,推动其在多个场景中的运用,力争尽早地将由央行发行的数字货币推向市场。

图 2-4 国内数字人民币发展图谱

为了追踪和研究数字货币和金融科技的发展,2017 年 1 月在深圳设立了"数字货币研究院",并进行了相关的研究和开发。2018 年 1 月 25 日,数字票据交易平台实验性生产系统顺利推出,并以该系统为基础,将区块链技术的前沿与票据业务的实践相融合,对原有的数字票据交易平台原型系统展开了全方位的改进。中国央行在 2018 年 3 月 28 日召开了一次视频会议,讨论了全国的货币与白银工作。到 2018 年 9 月,我们已经搭建起了一个基于区块链技术的贸易财务平台。中国人民银行研究生部部长王信在 2019 年 7 月 8 日的一个研讨会上说,"数字货币"的研发工作得到了政府的认可,该课题由王信部长负责,被称为"数字货币"。中国财经 40 人论坛(CF40)举办的第 3 届"中国财经 40 人伊春财经论坛"于 2018 年 8 月 10 日在伊春召开。CF40 特邀嘉宾、中国人民银行支付结算司副司长穆长春在会上说,从 2014 年开始,央行对数字货币的研发已经进行了五个年头,如今,"数字人民币"的时代即将来临。2019 年 8 月,《福布斯》消息称,中国人民银行将在未来几个月内正式发行数字货币,并将首批发行对象确立为:中国工商银行、中国建设银行、中国银行、中国农业银行、阿里巴巴、腾讯、中国银联。中国国际经济交流中心副理事长黄奇帆在 2019 年 10 月 28 日指出,中国央行对数字货币进行了五六年的研究,已经非常成熟了。中国央行有可能成为世界上首家发行电子货币的中央银行。在 2019 年 11 月 13 日,中央银行做出回应:没有发布法定数字货币,也没有授权任何资产交易平台进行交易,现在法定数字货币还在研究测试的过程中,网络上流传的法定数字货币推出时间均为不准确信息[7]。

在"两级投放,M0 替代,可控匿名"的原则下,中央银行的法定数字货币目前已大致完成了顶层设计、标准制定、功能研发、联调测试等工作。接下来,将遵循稳步、安全、可控的原则,对试点验证地区、场景和服务范围进行合理的选择,不断地优化和丰富法定数字货币的功能,稳妥地推动数字化形态法定货币的推出和应用。据《财经》的一篇文章介绍,深圳和苏州将会推出数字货币的试点。从现在的状况来看,中国央行的电子货币在技术上已经达到了相当的程度。虽然在中央银行的级别上,它也许不会被直接应用,但却会吸取其核心。中国的"数字货币"将加快中国的"无现期"进程,减少对个人账户的依赖性,推动人民币的国际化,为国家的货币政策的制定与执行提供重要的借鉴。同时,央行将发行电子货币,以及相关的新政策,也会为未来的发展注入新的动力。然而,央行的数字货币却无法和以区块链为基础的加密货币(如比特币)相比,后者更注重可付费性,而非目前市面上流通的数字货币的投资性。在中国财政学会召开的中国财政论坛年度会议上,中国人民银行数字货币研究所所长穆长春指出:央行的"数字人民币"不只是一种"加密资产",它更像是一种数字化的"数字人民币";人民币本身就是一种消费,而不是一种投机,更不像是一种投资。从这一点就可以看到,伴随着中央银行数字货币的发布,在国家的严厉监管和健全的银行金融体系的协助下,数字货币将会越来越规范化,被炒作得混乱不堪、备受争议的数字货币市场将会得到整顿,市场也将能够平稳发展。

目前,数字货币的研发实验已经完成了系统的顶层设计、功能开发、系统调试。2020 年 10 月,在深圳、苏州、雄安新区、成都及北京冬奥场景启动"4+1"封闭试点基础上,新增上海、海南、长沙、西安、青岛、大连六个试点地,就此形成"10+1"的试点布局。与此同时,广东、浙江、天津、福建、山东、湖北这 6 个未被纳入试点区域的省市,也将"力争开展数字人民币试点工作"纳入"十四五"财政发展规划或相关政策文件中。

2021 年 11 月 3 日,香港金融科技周 2021 大会召开,在"Retail CBDC: A Lesson from the Fast Movers & the Road Ahead"圆桌论坛中,中国人民银行数字货币研究所所长穆长春介绍了数字人民币的最新进展:截至 2021 年 10 月 22 日,数字人民币累计交易金额达到约 620 亿元,已开立数字人民币个人钱包 1.4 亿个,对公钱包 1 000 万个。

此外,目前已有超过 155 万家商户支持数字人民币钱包支付,累计完成了 1.5 亿笔的交易,这些交易涵盖了公共事业、餐饮服务、交通、零售和政府服务等多个方面。

在会上穆长春提出了三个问题：第一，加强基地建设。虽然当前"数字人民币"的试点工作进行得很顺利，但其应用环境的构建还在进行中。第二，完善安全和风险的治理体系。在整个数字人民币使用过程中，要保证整个操作体系的安全，包括加密算法、金融信息、数据安全，以及业务的连续性，从而保证系统的安全和稳定性。第三，规范制度体系。在《中华人民共和国中国人民银行法（修订草案征求意见稿）》中，现金和电子人民币都被列入了这一法律范畴。而且，除了对原有的法律法规进行更新，数字人民币还需要建立独立的监管措施和管理办法作为补充。

2.2.2　中国区块链发展现状

近年来，区块链技术的发展伴随着其应用范围的扩大而变得越加火热，各国政府都在积极探讨区块链的落地应用。在这些措施中，中国政府在区块链方面表现出了积极的一面。

2016年12月，《国务院关于印发"十三五"国家信息化规划的通知》首次将区块链列为战略性前沿技术。工信部于2017年1月发布的《软件和信息技术服务业发展规划（2016—2020年）》中，明确指出要在区块链等方面实现世界领先。2018年5月，工信部正式公布《2018年中国区块链产业白皮书》，对当前中国区块链技术的发展状况、中国区块链技术的发展特征、区块链技术在金融、实体经济等方面的应用与落地进行了较为详细的论述，并预测了未来的发展方向。2018年5月，习近平总书记在中国科学院第十九次院士大会、中国工程院第十四次院士大会上的讲话中指出，以人工智能、量子信息、移动通信、物联网、区块链为代表的新一代信息技术加速突破应用。2019年10月24日，习近平总书记在中央政治局第十八次集体学习时强调，把区块链作为核心技术自主创新重要突破口，加快推动区块链技术和产业创新发展。

在国家层面上，中国政府已对区块链行业展开了全方位的规划。截至2019年上半年，我国相关部门已经发布了12条相关政策，包括北京、上海、广州、浙江等多个省（市、自治区）都已经发布了相关的政策指引。区块链技术创新与应用研究正处于快速发展阶段，我国区块链公司已初步形成规模，互联网巨头率先布局，中国已有具有核心技术的区块链底层平台问世，区块链标准开发处于全球领先地位，区块链技术已在银行、保险、供应链、电子票据、司法存证等方面获得了广泛的应用。在北京、上海、深圳已经建立了一批以区块链为基础的联盟，推动了区块链的发展。截至2018年3月，我国以区块链为主要业务的企业总数已达456家。截至2019年6月，我国有704个区块链公司。2019年1~6月，位居我国区块链项目融资数量前十位的地区是：北京、上海、广东、重庆、浙江、海南、四川、天津、河北、台湾。2019上半年，广东区块链企业数量增长速度超越北京，位居全国第一，其中以深圳和广州为主。各省市的专利申请数呈现阶梯状,其中以广东和北京最多,浙江、上海、江苏和四川紧随其后。中国目前的区块链产业链,主要以 BaaS 平台、解决方案、金融应用为主,分别占 9%、19%、10%;其次是数据服务、供应链应用以及媒体社区,分别占到了 8%、6%、5%;信息安全、智能合约、能源应用等占比较小,只有 2% 左右。从以上产业链的细分及各环节所占比例来看,中国的区块链产业服务不仅要有创新的平台与解决方案,还要将其应用于信息安全、智能合约、金融等其他领域。在很长一段时间里,中央和地方政府都在不断地推出各种支持及规划管理政策,来促进区块链技术的发展。在《中华人民共和国国民经济和社会发展第十四个五年规划和 2035 年远景目标纲要》中明确了"构建数字经济新优势"和"加速推进数字产业化"的要求。促进区块链技术的创新,并将联盟链作为主要的内容,开发出在金融科技、供应链管理、政务服务等领域的区块链服务平台,以及在金融科技、供应链管理、政务服务等方面的应用方案,并对监管机制进行改进。2021 年 6 月,工业和信息化部、中央网络安全和信息化委员会办公室联合印发了《关于加快推动区块链技术应用和产业发展的指导意见》,提出要以供应链管理、产品溯源、数据共享等为重点,以支持工业企业的数字化转型与高质量发展为目标。推动区块链技术在政务服务、存证取证、智慧城市等公共服务领域的应用,促进公共服务的透明化、平等化、精准化。

这两年来,政策在支持区块链技术创新和产业应用的同时,也在坚定地打击加密货币。因为虚拟货币极易被用于洗钱等不法行为,加之其没有兑换机制,极易引发通胀及市场动荡,因此国家对其展现出严格监管的态度。中国人民银行在 2021 年 9 月发布了《关于进一步防范和处置虚拟货币交易炒作风险的通知》,对虚拟货币及其关联活动的性质进行了界定,并在此基础上提出了相应的工作机制,对其进行严格的监管。

2020 年 9 月 22 日,习近平在第七十五届联合国大会一般性辩论上的讲话中指出,(我国)二氧化碳排放力争于 2030 年前达到峰值,努力争取 2060 年前实现碳中和。虚拟货币开采是一种能源消耗大、电力消耗大的行业,在"双碳"的背景下,受到了各个省份的严格控制。在 2021 年 3 月上旬,内蒙古自治区发展和改革委员会发布了一份意见,建议对虚拟矿场进行彻底的清理和关闭。在此之后,在新疆、青海、四川、云南也相继进行了"清矿"。近日,国家发展改革委等十一部委联合下发了《关于整治虚拟货币"挖矿"活动的通知》,对"挖矿"行为进行了规范,江苏、浙江、福建、江西、海南等省份相继出台了相关政策。

就中国目前的发展状况,可以总结为:

(1)企业数量持续增长。2021 年,中央及各地对区块链等数字技术及与之相关的产业的发展更加重视,相继出台的区块链政策对产业发展的驱动作用非常显著,区块链应用持续落地,区块链企业增长趋势非常明显。从企业数量上看,赛迪区块链研究院在对有关企业、行业专家进行调研的基础上,在国家企业信用信息公示系统、企业公共信息查询平台(企查查、IT 桔子等资源平台)上,针对区块链基础技术、应用产品、技术服务等领域的企业开展了一次调研,发现截至 2021 年末,我国已有超过 1 600 家的区块链企业,并且已经在国内投资或者生产了一批区块链企业,在 2021 年,新增了 230 家区块链企业,如图 2-5 所示。

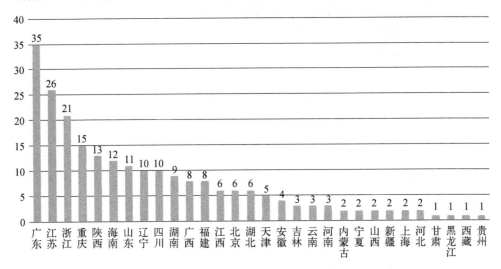

图 2-5 2021 年各省(直辖市、自治区)新增以区块链为主营业务的企业数量

从地域上来看,赛迪区块链研究院对全国 1 600 多个区块链公司的注册地址进行了统计,发现中国区块链公司集中于北京、广东、江苏、山东、重庆、四川。从 2021 年新增区块链公司的数目来看,新增公司数量最多的省份仍然是上述区域。到目前为止,在北京、广东、江苏、山东、重庆、四川已经有 1 314 家从事区块链业务的企业,占到了全国的 80% 以上,成为中国区块链产业最集中的区域。目前,我国区块链企业主要集中在环渤海区域(北京和山东)、长江三角洲区域(上海和浙江)、珠江三角洲区域(广东)、鄂湘黔渝(重庆和四川)及周边的辐射区。从四个产业集群的企业数来看,以渤海产业集群为最多,占 32% 左右,北京市的产业集群占 71.65%;长江三角洲和珠江三角洲的企业分布比例比较相近,一个为 28%、一个为 27%,在长三角地区,江苏、上海和浙江分别排在前三位,而在珠江三角洲地区,广州市的企业分布比例更是高达 90% 以上。与其他三个地区相比,鄂湘黔渝地区工业集聚区的企业数相对偏低,仅占 13% 左右,但是与 2020 年相比,这一地区工业发展环境得到了改善,工业集聚区的企业数在不断增加,发展潜力逐渐显现。

(2) 公司的规模主要为中小规模。从 2021 年区块链新增企业注册资金规模来看,注册资金规模以千万元级别为主,注册资金在亿元以上的企业数量稳步增长。据赛迪区块链研究中心的数据显示,在 2021 年,除了与加密货币有关的企业,还有一些大型企业在全国范围内注册的分公司和子公司,还有一些不以区块链为主要业务的企业、注册后还没有正式运营的企业,这些企业的注册资本见图 2 - 6。在 2021 年,有 121 家新增加的注册资金在 1 000 万元至 5 000 万元人民币的区块链企业,约占 53%。在这当中,有 17 家公司,他们的注册资金在 5 000 万元至 1 亿元,他们的比例约为 14%,有 7 家公司的注册资金在 1 亿元以上,他们的比例大约为 3%。其中,注册资本在 100 万至 500 万人民币的有 8 939 家,100 万人民币以下的有 70 家。从整体上来看,在 2021 年,新增加的公司以注册资金在千万级的公司为主,其次是注册资金在百万级的公司。数据表明,与 2019 年和 2020 年相比,我国区块链企业的注册资金和规模都有所增加,与此同时,公司对区块链行业的资本投资也在增加。

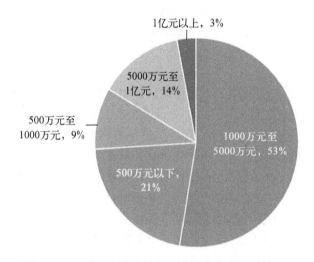

图 2 - 6　2021 年新增区块链企业注册资金规模情况

就区块链创业团队的规模而言,目前仍以小型的公司居多。赛迪区块链研究所按照《统计上大中小型企业划分办法(暂行)》所规定的《国民经济行业分类》(GB/T 4745 - 2002)所列的所有企业和单元,对目前所知的以软件和信息技术服务为主的区块链公司进行分类,将员工人数超过 300 人的称为大公司,员工人数在 100~300 人的称为中型公司,10~100 人的称为小型公司,10 人以下的称为微型公司。从图 2 - 7 可以看出,目前,我国的区块链公司主要是由 10~100 人的小公司组成的,占比大约为 82%。与 2020 年相比,小微企业占比 90%,略有减少,但是在总体占比规模中,小微企业所占的比重仍然是最大的。与 2020 年相比,中、大型企业的比例分别为 12% 和 4%。部分小微企业被市场所淘汰,而具有具体业务场景、在细分领域具有竞争能力的中小微企业能够发展壮大。所以,促进中小型微企业的可持续发展仍然是我国区块链产业发展的一个关键因素[8]。

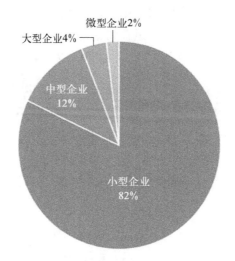

图 2-7   大中小企业分布情况

（3）互联网、科技企业引领区块链底层技术进步。互联网、科技企业引领区块链底层技术进步主要包括三个方面：一是区块链虚拟机、一体机、预言机等硬件自主研发能力不断增强。在中间件方面,福建福链科技有限公司推出的 BCXhannel 区块链数据总线中间件,利用智能合约机器人技术（自研核心技术）开发数据存储智能合约自动化编辑/编译器,依托现有开源数据总线框架,针对区块链研发一整套 INPUT、OUTPUT、FILTER 插件,实现区块链和数据库系统、数据总线间的双向高速通道,且无须二次开发,即配即用,兼容性强,支持主流数据库系统和数据总线框架性能优异。在一体机方面,纸贵科技推出的这款区块链一体机,以自研区块链部件为核心,与国产自主品牌服务器和操作系统相结合,将软硬件一体调优,构建出一个优化的区块链应用部署。在此基础上,以松耦合的方式,为不同行业的客户提供更加灵活的交互界面,以完整的智能合约来支撑不同行业的商业需要,并聚焦区块链的创新应用,以满足不同行业的发展需要。在预言机方面,北京笔新网络科技有限公司将预言机引进到了自己的产品当中,从而能够完成可信的数据服务（为用户提供包括随机数、天气等多个可信的外部数据接入服务）、证明文件生成（数据用户可以利用 Oracle 服务来生成和存储数据证明文件,以便对历史数据进行可信传输）和证明文件验证（为用户提供证明文件的验证工具,以便验证数据信息的可信程度）等功能。在虚拟机上,河南中盾云安信息技术有限公司为学员提供了一个以虚拟机器为基础的分布式仿真实验环境,为学员进行分布式仿真系统、分布式计算、分布式存储、P2P 网络、信息安全、网络安全、数字身份认证等领域的仿真试验。二是在企业层面上,进一步深化了联盟链的基本架构。近几年,我国的企业联盟链基线得到了快速发展,百度、腾讯、阿里巴巴、北京奇虎、纸贵、众享比特等科技公司相继建立了企业联盟链,并不断加强对区块链的关键技术完善,推动了其在底层技术上的自主创新。目前,国内企业已经在 DAG、跨链、95 切割、一致性算法、隐私计算、反量子计算、交易模型等方面有了长足的进步。三是以 BaaS 为支撑,不断推动 BaaS 行业向纵深发展。近年来,各大银行公司依托自身的标准化能力,以保障区块链应用的安全可靠为目标,搭建了一个区块链 BaaS 服务平台,为区块链业务运营提供了支撑,旨在解决了弹性、安全性、性能等运营问题,推动了区块链行业应用的不断落地。

(4) 传统行业加快了数字改造的速度。在这个数字经济的年代,区块链具有不可篡改、公开透明、可追溯等特点,它为所有的行业都提供了一个全新的机会,也就是利用数字技术,增加研发力度,从而将企业的推广成本、渠道成本、人力成本、管理成本等因素都大大降低。要对此进行加速研究,并将区块链等新一代信息技术与制造业等领域进行融合,对智能制造的发展进行深度探索,对区块链等在工业领域中的适用技术进行研发,从而加速推动重大技术装备与新一代信息技术的融合发展,这不仅是当前传统企业要适应时代发展的需要,同时也为行业持续发展带来了机遇和挑战。海尔、中船、中国一汽、国家电网、山东港陆海物流,以及其他一些制造业、能源、交通等行业,都在积极推动基于区块链的数据产权确权、数据交易、数据流转、数据增值、数据安全、工业安全、供应链管理、工业互联网服务、物流信息溯源、工业企业的数字改造、工业制造、交通运输、能源电力等行业的信息化、工业信息化、工业生产、交通、能源电力的信息化、制造业的信息化、交通的信息化、行业的智能发展。我国是一个工业制造业大国,在数字化转型过程中,首要任务是工业和制造业的数字化,所以它是数字化转型的首要任务[8]。

2.3　区块链应用落地思考

随着区块链在各个应用场景的成功落地,区块链生态将逐步建立。这些应用场景反映出了区块链与社会发展、人民生活的关系,也决定了区块链产业的未来前景。

2.3.1　区块链+实体经济

"随着第四次工业革命带来的数字生产技术,以及其大规模的普及,整个世界都发生了翻天覆地的变化。"2019 年 11 月 6 日,菲利普·斯科特斯出席《2020 年工业发展报告》的新闻发布会时多次强调数字化的重要性。区块链技术是先进数字生产技术中的一种,它将对以工业为代表的实体经济进行赋能,加速实体经济的转型升级[9]。

其实,在现实生活中,区块链技术应用落地的主要战场就是在实体经济相关行业中,其中有商品溯源、版权保护与交易、电子证据存证、财务管理、数字身份、工业、物联网、医疗、公益、能源、精准营销等。

例如,以产品溯源为例,通过使用不可篡改、分布式存储等技术,区块链实现了供应链上链的核算方法,为产品的信息流、物流和资金流提供了一种透明的机制。尤其是在产品溯源应用最为广泛的两个行业,即食品和药品,利用区块链对生产、加工、运输、流通、零售等环节进行追溯,可以极大地提升造假的成本。2021年1月,中国工商银行开发的"工银玺链"在全国范围内获得了5大区块链认证。并且,"工银玺链"已经完成了150多个技术革新,在资金管理、供应链金融、贸易金融、民生服务等领域建立了几十个应用场景,为1 000多个企业提供服务,并持续把"数字工行"的建设结果变为对实体经济的支持。而区块链对于实体经济的赋能,不仅仅局限于对产品的追溯,还在于帮助企业降低成本,让"合作环节的信息化"。一方面,随着网络技术的发展,大量的交易信息从离线转移到了链上,提高了企业的经营管理和机械设备的网络化程度。因此,区块链可以将实体经济中的实物物流向信息流的广泛转换,从而推进企业的数字化转型。而且,基于"弱信任"的存证机制,增强了各方合作的可信性,并使各方之间的合作更加紧密,从而实现资源的有效利用。另外,与构建代价高昂的传统集中式数据库模式相比,非中心化区块链具有更简便的授权机制和更好的可伸缩性,能够有效地减少信用和管理费用。此外,在金融管理方面,如凭证、账户管理、对账等,也有比较好的运用前景。另外,在国际贸易领域,利用区块链技术可以将不同国家之间的商品流动信息进行整合,从而可以通过相互信任的方式对货物流动的整个流程进行追溯,并通过这种方式来加快海关的速度,从而极大地简化有关的程序流程,提高了工作的效率,从而促进中国制造业向中高端迈进。

2.3.2 区块链+金融

"区块链就是下一代互联网,区块链就是下一代金融体系。"火币大学校长兼中国科技经济协会区块链分会副会长于佳宁在2019"新经济"年会上说,"在人工智能和大数据时代,区块链将为金融业带来一场全新的变革[10]。"由于区块链分布式、抗篡改、高度透明化和可追踪等特点,使得其在金融领域具有巨大的应用前景,如股票、债券、票据、仓单、基金等,均可纳入该账户,形成在该账户上的数字资产。

从图2-8可以看出,从最早的银行业开始使用区块链技术,到腾讯和阿里巴巴这样的科技巨人之间的相互争斗,间接地促进了传统银行和金融业的革新,而在此过程中,金融业已经成了区块链技术应用最广泛的一个行业。其中,"区块链+金融"的主要应用场景有供应链金融、贸易金融(信用证、保函、票据)、征信、交易清算、积分共享、保险、证券等(图2-9)。例如,在贸易金融方面,从2017年开始,一些国内银行利用贸易金融项下的区块链信用证、保函、福费廷、保理、票据,以联盟链的形式构建出银行间报文交互网络,包括国内银行、境外分行、国际银行,以及国家官方机构(如海关、税务、司法、工商等),参与共建生态系统。如果这个生态被建立起来,不仅可以解决银行之间报文收发的问题,还可以帮助银行、监管机构识别贸易背景的真实性,追踪信用风险[11]。

图2-8 区块链+金融应用场景

图2-9 信贷科技图谱

在征信领域,由于数据的不可追踪性和可伪造性,使得共享黑名单难以保证数据的正确性和实时性。运用区块链技术,与各个联盟机构的黑名单业务系统进行对接,从而构建出一个联盟机构的黑名单存证平台,这样就可以让用户可以进行信息的共享,构建出一个良好的循环,从而可以让系统的自治得以实施,减少了财务风险和数据获得的成本,而且还可以提高数据的更新时间,以及数据的可用性。在交易与结算方面,利用区块链技术可以使支付过程达到"半实时",从而提高支付与结算的效率。交易双方或者更多的人可以共用一套可信的、互认的账本,并且将所有的交易和结算记录都在链上可查,这将大大提高对账的精度和效率。比如微众银行,就是一个以区块链为基础的机构间对账平台,可以在几秒钟内将所有的交易信息进行同步,从而可以迅速地产生出精确可靠的账户信息[12]。

在证券领域,利用区块链技术,可以将证券发行、分配、交易等行为电子化,使复杂的金融工具操作流程的自动化,提高了发行效率。有了区块链,所有的交易都会变得更加透明。除了传统的信息披露以外,还可以使用区块链将 IPO 业务过程中的相关信息向市场参与者和监管部门公开,方便监管部门、社会中介机构对数据进行查询、比较、核验,从而更好地提高公司 IPO 的透明度。利用区块链技术,从支付和结算到交易财务,可以有效地解决效率低、费用高的问题,从而帮助构建一个有效、有序、可靠的财务体系。例如,在 2018 年 9 月,央行联手 5 家银行联合开发的《粤港澳大湾区贸易金融区块链平台》,使得公司可以在 20 分钟内完成资金筹措,从而达到节约资金、提升资金使用效率的目的。

2.3.3　区块链+政务

2018 年 3 月 18 日,深圳福田车站开通了我国第一个基于"区块链"的轨道交通电子发票。该流程十分简便,旅客扫描出车站后,通过微信输入购票信息,购票成功后,系统会在数分钟内将购票信息录入到微信中。除轨道交通外,深圳已在出租车和机场巴士上提供了基于区块链的电子发票服务,方便旅客办理购票手续。有数据显示,截至 2019 年 3 月 15 日,深圳已有上千个地区块链平台的企业进入了区块链平台,开具的电子发票数量突破了 100 万份,合计为 13.3 亿元人民币。不仅如此,区块链还可以用于政府审计、数字身份、涉公监管等政务场景,见图 2-10。对于政府工作而言,区块链在保证数据安全的前提下,可以实现数据共享,从而提升政务管理工作的效率和政府部门依法行政的水平,推动政府机构、金融机构、监管机构等建设政务生态。对于社会大众来说,它可以减少流动和办理的时间,方便人们的监管并提高服务水平。

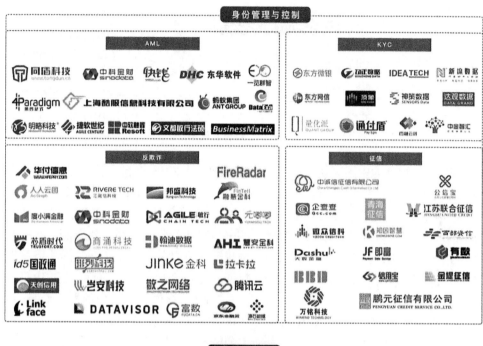

图 2-10　监管类图谱

2017 年被誉为中国区块链政务应用的元年,从 2018 年起,"区块链+政务"在多个领域得到了广泛的应用。各级政府都出台了相应的政策来推进"区块链+政务"的落地,并取得了一定的效果。例如,在 2018 年 9 月,杭州互联网法院启动了全国第一个司法区块链,打通了"自愿签约—自动履行—无法履行的智能立案—智慧审判—智慧执行"的全流程闭环,极大地提升了审判效率。杭州互联网法庭截至 2019 年 10 月 22 日,已有的司法区块链数据超过了 19.8 亿条。南京于 2019 年 1 月,通过区块链技术搭建了一个政府信息共享平台,提供了一系列的网上服务,包括电子证件的发放与领取,购房资格证明的网上办理,房产交易的网上办理,水、电、线等。重庆于 2019 年 6 月正式启动了全国第一个以区块链为基础的政府公共服务平台。用户提交的资料,从产生、传送、储存到使用,整个过程都是可溯源的,不可篡改的,这就保证了公安、税务、银行等部门数据的可靠流通和共享。以前需要十多天才能注册一家公司,现在只需要三天,工作效率提高了五倍左右。海南第一个"区块链+志愿服务"项目于 2019 年 7 月在海口市龙华区推出,并在区委宣传部、共青团、民政、司法等多个部门之间建立起了"区块链+志愿服务"的联系。可以看到,从税收到司法,从公益事业到电子证件,区块链技术可以实现跨区域、跨部门、跨层次的数据互通和信息共享,有助于缓解安全与效率的矛盾,促进"互联网+政务服务"的进一步发展。

总体来说,目前对区块链企业的概念进行了更多的探讨,但是真正能够落地的产品并不多。而在未来,区块链的发展前景将会受到技术发展水平、产业发展规模、金融监管以及政策环境等方面的影响。区块链技术和应用在战略和实际应用上的发展趋势如下。

1. 政府主管部门支持将不断深化

对于区块链技术的发展与应用,政府与监管部门的态度与政策对其产生着重要的影响。虽然各个国家对于比特币等数字货币的政策意见不一,但由于区块链技术可以提升后端流程的效率,降低运营成本,发展态势总体上还是较为乐观的。中国央行、工信部等部门对区块链技术给予了高度重视,并投入了大量的人力物力,对其应用技术进行了深入的探索。随着国家有关部门的大力支持,区块链技术将会迎来一个崭新的时代。

2. 投资力度将继续加大，新的应用领域将得到更多的拓展

《区块链技术市场按照供应商、应用程序、组织规模、领域和区域划分——2021年前全球预测》报告显示，在2016年，区块链技术的市场份额为2.102亿美元，而在2021年，该市场将达到3.125亿美元，而银行业、金融服务业和保险业将占据绝对优势。许多大型企业和金融机构已经把区块链技术运用到了他们的战略发展架构中，而世界各地的银行也已经开始搭建沙箱，来测试区块链技术与他们核心业务的融合效果。中国工商银行、平安银行、招行银联等银行都在积极探索区块链技术，而金融机构也将成为这一技术发展的主要力量[13]。

3. 区块链技术尚在开发阶段，尚需与行业相结合，才能实现大规模的应用

当前，在共识机制、智能合约、安全算法、隐私保护、扩容和速度优化等相关技术领域，仍需要不断地进行创新和突破。伴随着对区块链技术在各个领域的探索，在未来，它将会构成一个多链互联的价值网络。如何实现跨链交互与跨链交易、如何实现快速查询、如何支持多资产的发行等，都是其大规模落地和商业化所要面对的问题[14]。

同时，区块链与大数据、云计算、物联网等技术的紧密融合，将会促进信息技术的发展与产业的转型。大数据拥有海量数据的存储技术以及灵活有效的分析技术，这将对区块链数据的价值和应用空间产生巨大的影响。区块链凭借其可信性、安全性和不可篡改性，释放了更多的数据，推动了数据规模的扩大。利用计算服务资源弹性伸缩、快速调整、低成本、高可靠性等特性，能够实现快速低成本的区块链开发部署[15]。而物联网则通过与区块链的融合，达到了自我管理和分布式控制的目的。科技的发展和专利的保护有着密切的关系，现在，许多国家都在向其递交了一些关于区块链的专利，而国内并没有对其进行专门的专利布局，这一点不容忽视。在区块链底层技术、扩容和速度优化技术、安全与隐私保护技术、创新商业应用模式等方面，提出了多个层面的专利申请，争取在该技术领域取得先机。总的来说，要将区块链推向商业应用的道路还很漫长。

2.3.4 区块链+军事

长期以来，军事领域的指挥控制过于中心化，导致自己一方的关键节点在战斗中就像阿喀琉斯之踵，很容易被敌人"一招致命"。例如，美国海军的"宙斯盾"系统，将传感器、雷达、武器等系统集成在一起，大大提高了合作效率，使其拥有绝对的攻击力。然而，由于敌人的武器和攻击方式都在不断地改进，"宙斯盾"的中心化已经成了美国海军的致命伤[16]。一旦指挥控制中心被摧毁，战舰就会变成一堆废铁。也正因为如此，一些军事专家认为，美海军应该借助区块链的优势，建立自己的分散性。应该强调的是，分散并不意味着权力下放，它只是保持协同能力，并

将处理能力分散开来。通过这种方式,既可维持中央集权的优势,又可降低其脆弱程度,增强战舰的生存力。当前"中心化"的军事指挥系统,不但具有内在的弱点,而且很难实现对网络数据的迅速反应。从数据的角度来看,去中心化的区块链意味着某种程度的网络民主。在战斗中,最重要的就是"熟悉战斗方案,然后根据实际情况做出相应的反应"。为此,必须充分发挥"去中心化"功能,充分发挥各节点所采集的海量数据的"民主"作用,推进基于经验的决策方式向基于数据和信息的决策方式转型,使得战场态势感知更为及时、准确和全面,提高作战指挥效能,减少"决策-指挥-执行"的循环,提高应急响应和决策的科学性(图2-11)。从传统的军事管理体制来看,它的中心化思想也非常严重,层次太多,已经不能适应现代战争体制对行动的应变能力和灵活性的需要。平面管理是一种与层次结构相对应的新型管理模式。它很好地解决了层级重叠、冗员多、组织机构运行效率低的缺点,加速了信息流动的速度,提高了决策的效率。

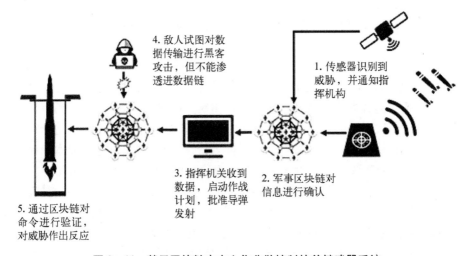

图2-11　基于区块链去中心化分散控制的关键武器系统

区块链技术一经问世,便立刻吸引了包括美国在内的全球各军事大国的高度重视。为了能够在新一轮的军事改革中占得先机,各国都在积极尝试着将区块链技术运用到军事上。在军事领域,区块链技术将会给军队的管理带来革命性的变化。一方面,所有的军事管理活动都可以通过智能合约来完成,所有的决策都是公开、透明的,大大降低了管理的复杂度,提高了管理的效率。去中心化的兴起,也让个人可以参与到组织的治理当中,从而提升决策的民主化程度,实现扁平化管理,区块链的去中心化、自治性和极难篡改的特性,使它在军事领域有着非常重要的意义和广泛的发展前景。另一方面,在自然界中,分散的现象由来已久,从进化的角度来看,这种现象符合"适者生存"的原则。我们所熟知的蜂窝结构,是分散的;鸡蛋的应力结构,也比较松散。从这个角度来看,分散式的最大优点就是更加安全,一个地方被破坏,不会对整体造成致命的伤害,这与传统中心节点的"一点脆弱性"是完全不同的概念。

随着区块链技术在军事上的广泛运用,未来的战争也将遵循信息技术的发展方向,逐渐走向"弱中心"乃至"去中心"。信息技术的整个发展过程,就是一部从集中到分散,再从分散到集中,循环往复的发展史。它经过了集中式大型机时代、分散式个人电脑时代、集中式云计算时代,如今已经进入以区块链为基础的可信互联网时代。历史是螺旋上升的。未来战争的"弱中心化"乃至"去中心化",以各个作战单元的自动化和智能化为基础,是科技进步到一定程度的必然结果。各个战斗单元是具有智慧的、具有自主意识的、能够独立完成某些战斗任务的独立个体。各作战单元以对等的方式存在,通过网络连接来进行沟通和合作,保证了作战系统通信联络的健壮性,让情报数据的传递变得更加方便和高效,提高了作战系统的快速响应能力。这就对军队的组织、管理和指挥控制提出了更高的要求。

参考文献

[1] Nakamoto S . Bitcoin：A peer-to-peer electronic cash system[EB/OL]. https://bitcoin.org/bitcoin.pdf[2023-10-12].

[2] 工信部. 中国区块链技术和应用发展白皮书[R],2016.

[3] 苏汉. 工信部发布《2018 年中国区块链产业发展白皮书》[J]. 中国汽配市场,2018(2)：15.

[4] 袁勇,王飞跃. 区块链技术发展现状与展望[J]. 自动化学报,2016,42(4)：481-494.

[5] 沈鑫,裴庆祺,刘雪峰. 区块链技术综述[J]. 网络与信息安全学报,2016,2(11)：11-20.

[6] 袁勇,倪晓春,曾帅,等. 区块链共识算法的发展现状与展望[J]. 自动化学报,2018,44(11)：2011-2022.

[7] 耿秋治. 我国数字货币创新与发展[J]. 河北金融,2017(8)：17-18,44.

[8] 中国区块链生态联盟,赛迪智库网络安全研究所,等. 2021 年中国区块链年度发展白皮书[R],2022.

[9] 王硕. 区块链技术在金融领域的研究现状及创新趋势分析[J]. 上海金融,2016(2)：26-29.

[10] 蒋润祥,魏长江. 区块链的应用进展与价值探讨[J]. 甘肃金融,2016(2)：19-21.

[11] 章刘成,张莉,杨维芝. 区块链技术研究概述及其应用研究[J]. 商业经济,2018(4)：170-171.

[12] 阿迪瓦特·德什潘德,凯瑟琳·斯图尔特,路易斯·列皮特,等. 理解分布式账本技术/区块链——挑战、机遇和未来标准[J]. 信息安全与通信保密,2017(12)：20-29.

[13] 李文森,王少杰,伍旭川,等. 数字货币可以履行货币职能吗?[J]. 新理财-公司理财,2017(6)：25-28.

[14] 中国信通院云计算. 区块链白皮书(2022 年)[R],2022.

[15] 刘建,张文翰,张秉晟,等. 2022 区块链技术与金融应用安全白皮书[R],2022.

[16] 赵国宏. 从俄乌冲突中杀伤链运用再看作战管理系统[J]. 战术导弹技术,2022(4)：1-16.

第三章
区块链技术分析

人工智能、大数据、物联网、云计算等技术的出现,提高了人们的生产能力和生产效率。区块链技术服务于互联社会环境下人类生产关系的优化,甚至重构新的生产关系。

区块链是 21 世纪最前沿的现象级概念。很多人把区块链看作是一个由每个人都参加的、不能被破坏的、庞大的、分布式的会计系统。区块链技术在比特币中首先被发现,并且被认为是一种最基本的技术。2008 年,中本聪发表的论文《比特币:一种点对点的电子现金系统》堪称区块链技术和加密数字货币的基础[1]。该文以对等网络技术、加密技术、时间戳技术为基础,论述了比特币的产生和发展过程。比特币的问世引起了社会的广泛注意,并很快在金融与投资界形成了一个热门话题,同时也受到了严格的管制。中本聪在 2009 年 1 月 3 日完成了对比特币算法的首次应用,并取得了世界上第一个 0 位的"创世块"。六天后,编号为 1 的区块诞生,并与编号为 0 的创世区块相连接,形成了一条链,这标志着区块链的诞生[2]。

虽然最近几年,国际社会对于比特币的看法有了一些变化,但是作为其基础技术的区块链技术却得到了越来越多的关注。在比特币的形成过程中,以区块为存储单位,将每一个区块在某一特定时期内所发生的所有交易情况都记录下来。每一块数据块都采用随机散列(即哈希)方法进行连接,并在后一块数据块中存储上一块数据块的哈希值。随着信息交流的扩展,一个区块与一个区块相继接续,形成的结果就叫作区块链[3]。区块链技术一出,立刻引起了社会的轰动,成了一个更加广阔的领域。

目前,数字经济正在以前所未有的速度给人们的生产、生活带来巨大的变革,并已成为推动经济发展的新动力。区块链是一项颠覆性的数字技术,它正引领着全球新一轮的技术变革和产业变革[4]。区块链技术的发展已经被应用到了金融、医疗、政务、商务、公益等领域,并且已经有了一些落地的案例,这给各个行业的效率带来了新的提升。与目前学术界及工业界的研究及应用状况相结合,本章主要从区块链技术的基本原理着手,对其基本概念、技术发展趋势以及核心技术进行剖析,对区块链的基本特性和类型进行深入的阐述。

3.1　区块链技术基本原理

3.1.1　区块链技术的基本概念

在阐述区块链技术基本原理之前,首先要搞清楚区块链技术到底是什么。区块链技术不单单是人们熟知的比特币的底层应用,如今的区块链技术已经脱离比特币,独立应用于互联网领域。在工信部主导的《中国区块链技术和应用发展白皮书(2016)》中,区块链技术是一种新型的分布式基础设施和计算模式,它采用块链数据结构对数据进行验证和存储,采用分布式节点共识算法对数据进行产生和更新,采用密码技术对数据进行安全传输和访问,采用自动化的脚本代码构成的智能合约对数据进行编程和操纵[5]。

简单地说,区块链本质是一个集成了 P2P 网络、智能合约、共识机制、密码学等技术的去中心化的分布式数据库(或称分布式账本)[6],其本身是一系列使用密码学而产生的互相关联的数据块,每一个数据块中包含了多个交易信息。区块链是人类会计发展至今,科技带给人们的最新选择,也是账本进化史上,最新的一种高度可行的形态。该账本数据库具有以下三个特征:① 可以无限扩展的巨大账本,每一块都可以被看作是账本的一页,而每一块的添加都会让账本多出一页,而这一页中可能会有一条或者更多的记录信息;② 加密有序的账本,将账户信息打包成一个数据块进行加密,并打上时间戳,每一个数据块都会按照时间戳的顺序连接在一起,形成一个完整的账本;③ 去中心化账本,由网络中的用户一起管理,与传统的中心化方式不同,这里没有中心,或者说人人都是中心。

举例说明,一般情况下,在网购下单之后,款项都会打到第三方支付机构,等卖方发货,买方确认收货后,再由买方通知支付机构将款项打到卖方的账户上,在这个过程中,支付机构起到了一个中介平台的作用。而在区块链技术的支持下,买卖双方可以直接进行交易,而不需要经过任何中介平台。在买卖双方完成交易之后,系统会将交易消息以广播的方式发送出去,接收到消息的主机经过核实后,会将该交易记录下来,等于每一台主机都对该交易进行了数据备份。即便是某一台计算机下的订单出了差错,也不会对数据造成任何影响,毕竟在同一时间内,有无数台计算机对其进行备份,这才是真正意义上的去中心化。另外,它还具有非中间性、信息透明性等特性。

在技术层次上,区块链就是以这样一种高冗余度来构筑高度安全的。首先,所有的节点都拥有相同的权限,任何一个节点被破坏,都不会影响到整体的安全性,更不会导致数据的损失。每一个节点的权重都是一样的,每一次系统都会从节点中选择一个会计者,一个节点或者部分节点被破坏、宕机,不会对系统造成任何影响。其次,每一个节点的账本数据完全相同,这就使得在一个节点上进行的数据修改变得毫无意义。因为当系统检测到两个账本不一致时,会将同一个账本中节点数目更多的那一个视为真正的账本。这就意味着,当一个信息被篡改时,必须对一个信息系统中的大多数节点进行控制。但如果一个系统内有几千、几万甚至几十万个节点,那么对数据进行篡改的概率就会小很多。由于这些节点很可能分散在地球的每一个角落,所以从理论上来说,如果不能控制地球上大部分的计算机,你就不会有机会对区块链中的数据进行修改。

3.1.2　区块链的技术发展趋势

划分区块链技术体系有以下三种方式:

一是按照节点准入的原则,将网络划分为公有链、私有链和联盟链。比如比特币、以太坊等公有链,R3 Corda 就是私有链中的领头羊,而 Fabric 项目就是 Hyperledger 联盟旗下的 Fabric。公共链强调匿名和分散,而私有链和联盟链则强调效率,并且通常有准入门槛。而公有链、私有链和联盟链的不同之处则体现在技术层面,比如私有链和联盟有链,假定节点数目不大,那么就可以通过拜占庭(PBFT)的方式,来达成共识。而公开链中存在着数量众多、动态变化的节点,PBFT 的效率很低,所以只能通过抽奖的方式来寻找意见领袖。这就意味着,私人链和联盟链很难转化为公有链,而使用公有链作为联盟链和私有链,尽管简单,但并不是随时随地都能使用的。

二是根据共享目标分为两类:一类是共享账本;另一类是共享状态机。比特币是一种典型的共享账本,Chain 和 BigchainDB 也是共享账本,这几个区块链系统在不同的节点之间都有一个总账,这样就可以更容易地与金融应用进行对接。在另一大类区块链系统中,每一个节点共享的是可完成图灵完备计算的状态机,比如以太坊、Fabric,它们都可以通过执行智能合约来改变共享状态机的状态,从而实现各种复杂功能。

三是根据美国区块链学会的创立者梅兰妮・斯旺(Melanie Swany)所描述的代际演进,将区块链系统划分为 1.0、2.0、3.0 三个世代,见图 3-1。1.0 是对去中心化的交易和支付系统进行支持,2.0 是利用智能合约来支持行业应用,3.0 是对去中心化的社会体系进行支持。比特币、Chain 等是区块链 1.0 体系,Ethernet、Fabric 等是区块链 2.0 体系,IOTA 和 Cardano 是目前公认的区块链 3.0 体系。

进一步深入了解区块链技术,需要寻找切入点。区块链的应用已经超过了一千种,但真正有价值的却寥寥无几。

首先就是比特币。比特币是最早的,也是迄今为止最成功、最有影响力、最有代表性的数字货币,自 2009 年正式诞生,它已经在市场上运作超过 14 年了。比特

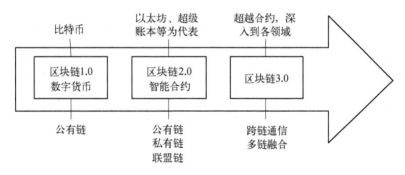

图 3-1　区块链发展趋势

币自身并未出现过重大的安全与运营问题,它的稳定性与鲁棒性是当今软件系统的楷模。比特币是一个代码质量高、文档良好的开源软件,从学习区块链原理、掌握核心技术的角度来看,比特币是最好的切入点,可以从中学到原汁原味的区块链技术。当然,比特币语言是用C++编写的,并且使用了 C++11 中的一些机制以及 Boost 类库,这些都需要很高的编程能力。学习比特币平台开发的另一个好处是能够与活跃的比特币科技社群相连接。现在很多人都在对比特币进行改进,并且已经有了一些成果,比如隔离验证、闪电网络、侧链等,这些新的理念和技术已经在比特币上得到了应用。区块链游戏开发平台 Blockstream 是区块链技术的领头羊,其创始人是加密货币的创始人亚当·贝克,BlockStream 是 BitcoinCore 网站的最大贡献者,因此关于这些技术的讨论也是最多的。但是,作为区块链 1.0 的代表,比特币是否能够成为其他区块链应用最好的技术平台,这一问题一直备受争议。

其次,通过 Solidity 语言在以太坊上开发智能合约是最容易进入区块链领域的方法。以太坊的理念是雄心勃勃的,它将会是所有区块链工程的基础平台,因为它拥有一个强大的图灵完整的智能合约虚拟机。目前,以太坊的发展状况并不理想。其中一个较为突出的问题是工程数量太多,工作力量过于分散,造成工程质量良莠不齐。即便如此,以太坊的开发环境相对于其他 2.0 版本来说,也是最简单、最完备的。

最后,在三大主要的区块链科技平台中,超级账本是首个、也是 Hyperledger Foundation 最著名的孵化项目。超级账本最初是从 IBM 的开放区块链计划开始的,2015 年 11 月,IBM 向 Linux 基金会提交了 44 000 行 Go 语言代码,这些代码在当时已经被编写出来,并且被归入了 Hyperledger 项目。

3.1.3　区块链的核心技术

区块链中几个核心概念如下。

3.1.3.1　区块

区块作为区块链的基本结构单元,由包含元数据的区块头和包含交易数据的区块主体构成。区块头包含三组元数据:

(1)用于对先前的块连接的数据进行索引,该数据从父块的散列值中进行索引;

(2)用于工作验证算法中的计数器,时间戳的随机数字 Nonce;

(3)能够对校验块中的全部交易数据进行摘要,迅速归纳出默克尔树(Merkel Tree)根数据。

区块链系统每隔十分钟就会生成一个新的区块,上面记录着在此期间整个网络上进行的交易。每个区块包含了前一个区块的 ID(识别码),这使得每个区块都能找到其前一个节点,这样不断倒推就构成了一条完整的交易链条。从产生到运行,全网络随之构成了一个唯一的区块链[3]。一个区块的区块结构如表 3-1 所示。

表 3-1　区块结构

数据项	描述	长度
魔法数	总是 0XD9B4BEF9	4 字节
区块大小	到区块结束的字节长度	4 字节
区块头	包括 6 个数据项	80 字节
交易数量	正整数	1~9 字节
交易	交易列表	<Transactioncounter>-许多交易

每一个区块包含一个常数(叫作魔法数)、区块的大小、区块头、区块所包含的交易量,以及最近发生的全部或部分新的交易。在每一块中,区域负责人对整个区块链起着决定性的作用。区块头描述如表 3-2 所示。

表 3-2　区块头

数据项	目的	更新时间	字节数
版本	区块版本号	更新软件指定新的版本号	4
前一区块的哈希值	前一区块的 256 位哈希值	新的区块进来时	32
根节点的哈希值	基于一个区块中所有交易的 256 位哈希值	接受一个交易时	32
时间戳	从 1970-01-0100:00UTC 开始到现在,以秒为单位的当前时间戳	每几秒就更新	4
当前目标的哈希值	压缩格式的当前目标哈希值	当挖矿难度调整时	4
随机数	从 0 开始的 32 位随机数	产生哈希值时	4

3.1.3.2 哈希算法

哈希(Hash)算法,也叫散列算法、摘要算法,是从任意长度的数据中提取出一个特定长度的"指纹"。哈希算法具有一输入与一输出,输入的数据为任何长度,且无论输入的数据为什么形式,都以比特序列来处理[7]。简单地说,哈希算法的输入就是一连串的"0"和"1"。哈希计算的结果是最终的哈希值,即哈希计算的结果是哈希值,它将所有的数据进行混杂,压缩到一个概要中,从而得到一个新的哈希值。同样的输入值才能得到同样的输出值。因为输入值和输出值没有一定的关系,所以不能从输出值中求出一个具体的输入值,要找出一个具体的输出值,就需要用枚举法,不停地更换输入值,直至找出一个符合条件的输出值。

哈希算法是区块链中用于保证交易数据完整性的一种单向密码机制。哈希算法接收一段明文后,以一种不可逆的方式将其转化为一段长度较短、位数固定的散列数据。该方法具有两大特征:① 不可逆,即不能从哈希数据中反推出原始明文;② 明文的输入和哈希数据的输出是成对的,因此任意一种输入信息的改变,必然会引起最后的哈希数据的改变。

在区块链中,区块加密一般采用 SHA - 256(Secure Hash Algorithm),其输入256 位,输出 32 个字节的一系列随机哈希数据[8]。区块链采用哈希算法,将交易数据压缩为一组数字、字母的哈希值,从而实现了在一组数据中的单向加密。区块链中的哈希值可以对某个数据块进行唯一、精确地识别,在该数据块中的任何一个节点,只需要对该数据块进行简单的哈希运算,就可以得到该数据块的哈希值,如果哈希值不发生改变,则说明该数据块中的数据是未被篡改的。

哈希检测算法主要应用于信息的完整性检测。假设有一份原本的数据,我们通过哈希计算获得了一个散列值,为了证明这个散列值是否被人动过手脚,我们可以用同样的哈希计算方法对所有的散列值进行哈希计算,然后将得到的散列值和原本的散列值进行比较,如果结果一致,那么就可以确定这份文件没有被人动过手脚,这就是哈希计算方法的特点,即输入灵敏。

目前有不少区块链项目都是这么做的,基本上是以哈希上链的方式来保存数据,即:对一个文件进行哈希操作,获得一个散列值,并将该散列值存入区块链,同时将原来的文件存放在某个中央服务器上,当需要使用原来的文件时,需要从该文件中提取相应的散列值,然后用同样的散列值计算出相应的散列值,再将这两个散列值进行比较,从而确定原来的文件有没有被修改,这样就可以间接地确保原来的数据不会被篡改。在一般情况下,不会将原文直接上链,因为原文的数据相对较大。如何高效地存储这些巨大的数据,是目前区块链所面临的一个问题。

除了哈希上链之外,哈希算法也被用于区块链中的非对称加密。非对称加密的流程是这样的:A 要向 B 发送一条消息,A 先对原消息做一个数字摘要,用自己的私钥对原消息进行签名(加密),再用 B 的公钥对原稿进行加密(B 的公钥是公共的),再将密文和数字签名发送给 B,B 收到这两条信息后,用 A 的公钥(A 的公钥也是公共的)对数字签名进行解密,获得一个散列值,暂称 Hash1,再用自己的私钥对密文进行解密,从而获得原始数据(要确保原始数据是给 B 的,不是给 C 和 D 的,因为只有 B 的私钥能够破解这些密文)。获得原始数据后,B 用同样的哈希算法对原始数据进行哈希操作,从而获得 Hash2。比较 Hash1 和 Hash2,如果两者一模一样,那么就证明消息在传送的时候没有被篡改。这样的加密和解密方法可以确认解决信息发送方和防止信息被篡改两个问题。

目前已有的哈希算法有 MD5、SHA1、SHA2、SHA256、SHA512、SHA3 等。在 MD5 中,将无限长信息输入其上,并将 128 比特的固定长度输出。但该算法于 2004 年被破坏,并于 2017 年被谷歌宣布实现了 SHA1 碰撞。SHA2 与 SHA3 是当前使用最多的两种算法,两者均支持较长的摘要信息输出,从而增强了系统的安全性能,其中 SHA2 中的 SHA224、SHA256、SHA384 与 SHA512 等,其后面的数字代表其产生的哈希总结果的长度[9]。

一个好的哈希算法应该有三个很好的特征:

(1) 逆向很难,从散列值中很难得到明文;

(2) 输入是灵敏的,即使明文微小的改变也会引起哈希值的极大改变;

(3) 抗撞击,如果出现哈希撞击,会导致非常大的计算量。

3.1.3.3　公钥和私钥

在区块链的讨论中,公钥和私钥的概念被广泛地应用到了各个领域,也就是非对称加密模式,是对以往对称加密模式的一种改进。

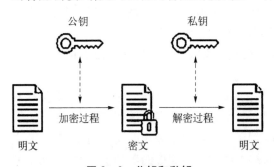

图 3-2　公钥和私钥

公钥是与私钥算法一起使用的密钥对的非秘密一半。公钥一般被用来对会话密钥进行加密,对数字签名进行验证,或者对与其对应的私钥进行加密。公钥与私钥是一对由某种算法获得的密钥(也就是公钥与私钥),它们中的一方对外公布,这就是公钥;另外一个密钥被自己保存,叫作私钥,见图 3-2。该算法所获得的密钥对是唯一的。使用密钥对时,遵循“公钥加密、私钥解密,私钥加密、公钥解密”的原则,否则解密将不会成功。

公钥加密,又称为非对称(密钥)加密(public key encryption),是一种将一对唯一密钥(公钥和私有密钥)组合在一起的加密方法。它主要解决了密钥的发布与管理等问题,是商业密码的一个重要内容。在公钥加密系统中,私钥不被公开,而公钥被公开。一对加密密钥与解密密钥,这两个密钥之间有一定的数学联系,只有那个用户的密钥,才能将其破解。就算只有一种,也无法推算出另一种。所以,泄露一个,并不会影响到另一个密钥的保密性。

若密钥为公用,则使用者可将已加密的资料上传至私有密钥持有人,此方式被称作(狭义)公用密钥加密。例如,一家网上银行的客户向其网站发送了一份加密的账户运作资料。如果解密密钥是公共的,那么用私钥加密的信息就可以用公钥对其进行解密,用来让客户确认持有私钥一方发布的数据或文件是否完整、准确,由此,接收者可以知道这条信息确实来自拥有私钥的某人,这就是数字签名,公钥的形式就是数字证书。例如,从网上下载的安装软件,一般都会有软件制作者的电子签名,可以表明软件是由其(公司)发布的,而非第三方伪造的,且未被修改(身份验证/验证)。

私钥加密算法采用单一私钥对数据进行加密与解密。因为持有密钥的任何一方都可以用它来解密,所以要防止密钥被非授权的代理人获取。私钥加密也被称作对称加密,因为相同的密钥同时被用来加密和解密。相对于公钥算法,私钥算法的运算速度很快,尤其适合在大容量数据流上进行密码变换。通常,被称作区块密码的私钥算法用来对一个数据区块进行加密。

公钥与私钥是通过加密算法得到的一个密钥对。公钥可以加密会话,验证数字签名,只能用相应的私钥来对会话数据进行解密,这样可以确保数据的安全传送。公钥是向外公布的一部分,而私钥是不向外公布的一部分,由用户自己保管[10]。因为私钥是用来破译的,而从公钥中又无法推导出私钥,所以保管时一定要十分谨慎,最好加个密码[11]。

由密码学运算产生的一组密钥,在全世界都具有唯一性。在使用一对密钥时,若要对某一部分进行加密,则仅能用该密钥对中的另外一个进行解密。比如,使用公钥进行加密,需要使用相应的私钥进行解密;如果用私钥加密,那么解密就必须用相应的公钥,否则就不能成功地解密[12]。

在比特币的系统中,私钥本质上是 32 个字节组成的数组,公钥和地址的生成都依赖私钥,有了私钥就能生成公钥和地址,就能够花费对应地址上面的比特币。私钥花费比特币的方式就是对这个私钥所对应的未花费的交易进行签名。

区块链通过公钥和私钥来识别身份。在一个区块链中,有 AB 两个人,A 想要向 B 证明自己是真实的 A,那么 A 只需要使用私钥对文件进行签名,然后将其发送给 B,B 使用 A 的公钥对文件进行签名验证,如果验证成功,那么就证明这个文件一定是 A 用私钥加密过的。因为只要 A 拥有 A 的私钥,所以可以证明 A 是 A。

此外,该方法还利用了公钥与私钥两种密钥,确保点对点的信息传输安全性。在区块链信息传输过程中,发送方的公钥、私钥经常被不匹配地加密与解密。在运行时,公钥向外开放,人人皆知,而私钥则由个人保管,只有个人知晓。但一个人仅能拥有公钥和私钥中的一方,而且不可能两方都拥有。若甲想要向乙发送一条机密讯息,甲只需拿到乙的公钥,再用 B 的公钥对机密讯息进行加密,而这种加密讯息只能由乙使用他的私钥进行解密。另一方面,B 也可以使用 A 的公钥对该安全信息进行加密。信息在传输时,无法对其内容进行解密,即便是被第三方拦截。

3.1.3.4　时间戳

时间戳指的是一个可以代表一份数据在某个特定时间之前已经存在的、完整的、可验证的数据,一般情况下,它是一个字符序列,可以唯一地识别某一刻的时间[13]。

在传统的关系数据库设计中,通常使用一个或者多个时间标记来标记数据的创建、增加和修改。从根本上说,这些时间标记仅供应用程序内部所用,在与其他应用程序分享数据时,由于时间标记容易被篡改,所以不会有太大的意义。但如果每个数据上都有一个可靠的时间戳,那么这种伪造就很难成功了。实际上,时间戳从区块产生的那一刻开始就已经存在于区块中,与之相对应的是每一次交易记录的验证,可以证明交易记录的真实性。目前,基于 P2P 的区块链技术,利用节点之间的共识算法,提供了一种分布式的时间戳服务。它是通过时间标记来实现按时间顺序排列的一条链子。在每一个新区即将生成的时候,都会被打上时间标签,最后按照区块生成时间的先后顺序链接成区块链,各个独立节点之间又通过 P2P 网络进行连接,形成了一个去中心化的分布式时间戳服务系统,用于信息数据的记录。

时间戳直接写入区块链中,在区块链中形成的区块是不能被篡改的,否则会导致散列值发生改变,成为无效数据。每个时间戳都包含上一次的随机散列值,如此循环往复,最终形成一条完整的链。所以每一个打上了时间标记的区块都是独特的。

3.1.3.5　默克尔树结构

默克尔树(Merkle Tree),通常被称为 Merkle 树,是哈希二叉树的一种。二叉树是指一个节点最多只有两棵树的树状结构,通常用来进行快速的数据查询。每一个节点都对应着一个结构化的数据片段,其子树一般分别称为“左子树”和“右子树”。

在图 3−3 中,Merkle 树包括一个根节点、一个中间节点和一个叶子节点。区块链使用 Merkle 树的数据结构来存储叶子节点的价值,并基于该价值产生一个统一的散列值。Merkle 树中的叶子节点储存了数据信息的哈希值,而非叶子节点则储存了在其下方的全部叶子节点的组合中经 Hash 运算后得到的哈希值[14]。同理,块中任何一个数据的改变都会引起 Merkle 树结构的改变,在对交易信息进行验证比对时,Merkle 树结构可以极大地降低数据计算的工作量,只要对 Merkle 树结构产生的统一 Hash 值进行验证,就可以对交易信息的真实性进行验证。

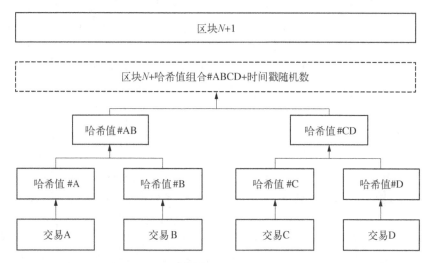

图 3-3 区块链中的 Merkle 树结构

区块链依靠的是密码学算法和博弈经济学的设计,在共识算法的基础上,对发生在主体之间的价值创造、价值转移、价值交换,还有与各个价值主体由机器驱动的业务流程,在多个对等的主体之间所形成的共识,进而构成一个共享账本,以实现加快社会资源配置和价值流通、提高生产力的目的。

区块链的基本概念包括:

(1)交易,即一次操作,导致账本状态的一次改变,如添加一条记录。

(2)区块,记录一段时间内发生的交易和状态结果,是对当前账本状态的一次共识。

(3)链,是一种以事件发生的次序连接起来的信息,是一种对事件整体变化的记录。其工作原理,假设将区块链视为一个状态机,那么每一次交易都是尝试改变一次状态,而每一次共识生成的区块,都是参与者对区块中所有交易内容导致状态改变的结果的确认。

简单地说,就是 A 和 B 想要进行一次交易,只要有了账号,那么就可以进行交易。比特币的交易会存储在区块中,一个区块由若干笔交易构成,每一笔交易主要包括:① 交易参考的版本,通过版本号字段,能够明确本次交易参考的规则,节点根据相应规则校验交易有效性;② 一种或多种输入,每一种都包含哈希和被参考的事务的索引,以及一种用于说明其用途的解封脚本;③ 一种或多种输出,其中每一种都含有所述输出的数量,并具有用于限定哪些人可以使用所述交易输出的锁定脚本;④ 其他信息,记录交易时间戳、区块高度等交易必需的其他信息。

将一笔交易信息根据上述信息组织好之后,在网络上进行广播,矿工在收到交易信息后,会将其记录到区块中,在记录之前,矿工要对下列问题进行确认:① 交易是否已经被处理过?② 事务的总投入价值是否大于总产出?③ 该地址是否合法,该发件人是否为该输入地址的合法所有者,是否为未花费的交易输出(unspent transaction output,UTXO)?假设用户 A 首先要求建立一个区块,然后将此区块向整个网络中的其他用户进行广播,经过这些用户的确认后,此区块才会被加入主链条中。这个链条有一个持久的、透明的、可查询的交易记录,任何人都能查询到。

假定交易是 A 对 B 进行的,那么,该交易是 A 发起的,A 需要将此前已经进行了转账但还没有使用过的交易(UTXO)上传,并提供解锁脚本,以证明其对该交易输出的使用合法性。交易结果包含 B 的接收地址(也就是 B 的公钥),并附加了一条锁指令,该指令规定在该交易之后只允许 B 使用。上面提到的解锁脚本和锁定脚本,其实是一种类 Forth 脚本语言,是一种非图灵完备堆栈的执行语言,矿工收到交易之后,可以将脚本拿出来执行,这样就可以验证交易了。

区块链技术实质上是一个分布式数据库,其记账不是由个人或某个中心化的主体来控制的,而是由所有节点共同维护、共同记账。不能由任何单个节点对其数据进行修改。要改变一条记录,就必须要对整个网络中百分之五十一以上的节点进行控制,或者说,在区块链中,节点是无穷无尽的,并且不断地有新的节点加入进来,这根本就是一件不可能做到的事情,而改变的代价很大,没有人能够承受得起。

3.2　区块链的基本特性

经过无数次的记账,区块链就成为一个可信赖、超容量的公共账本。它具有去中心化、开放性、独立性、可追溯性、匿名性和不可篡改性 6 个特性,如图 3-4 所示[14]。

图 3-4　区块链基本特性

3.2.1 去中心化

区块链最基本的特点就是去中心化。区块链技术不需要依赖额外的第三方管理机构或硬件设施,也没有中心管制,只有自成一体的区块链本身,通过分布式核算和存储,各个节点实现了信息自我验证、传递和管理[13]。

在一个由许多节点组成的系统中,每一个节点都表现出高度的自主性。节点间相互不受约束,构成了一个新的节点。各节点均可作为各阶段的中心点,但各节点并无强制中心点控制作用。节点与节点之间的影响会产生一种非线性的因果关系。这种开放式、扁平、平等的体系现象,被称为去中心化。所谓去中心化,就是自由选择中心,自由决策中心。简而言之,在一个集中式的系统中,所有的节点都要依靠一个中间点,没有中间点,节点就不能存在。在去中心化体制下,每一个人都是一个节点,每一个人都可以是一个中心。没有一个中心是恒定的,只是一个阶段性的,没有一个中心会强迫其他节点[14]。

就拿最普通的支付宝来说,当用户在淘宝购买商品的时候,全部的交易数据都被集中存储在支付宝平台上。购物的过程可以通过以下几个步骤来实现:支付宝告知买家付款或者卖家送货,买家付款,卖家送货,支付宝确认付款或者送货,最后完成交易。有了区块链,购物的过程就变成了:买家支付,卖家送货,最后成交。

显然,去中心化的特点使得购物过程不再需要像支付宝这样的中介,没有了第三方的干预,可以减少中间商的费用,使得交易更加独立和简单,也可以避免由于"中心化"的操作失误所带来的各种负面影响,如中心服务器崩溃、黑客攻击、个人信息泄露等。

3.2.2 开放性

基于区块链的分布式特性,网络中的各个节点均可加入其中,并在此基础上对其进行数据操作。这就需要区块链网络的开放性,让每个人都能参与,这样才能确保数据的安全。

同时,区块链系统又具有公开透明的特性[13],区块链技术的基础是开源的,除了交易各方的隐私信息被加密以外,数据对全网节点是透明的,任何人或参与节点都可以通过公共的接口来查询区块链数据记录,或者进行相关的应用,这就是区块链系统可以被信任的基础。在整个网络中,区块链的数据记录和操作规则都能被整个网络中的节点所审核、追踪,具有高度的透明性。

区块链公共链是一个充分展现区块链公开和透明度的实例。所谓的公有链,就是开放的、可编程的,就像是一个"底层网络"一样,任何一个人都可以将自己的应用放入其中。像以太坊、EOS、TT链等,其中TT链将开放性这一点做到了极致,开发者不仅可以在TT链上直接部署应用,还可以在几分钟之内将以太坊上的应用移植到 TT 链上,实现真正意义上的开放。

3.2.3　独立性

在此基础上,通过协商一致的规范与协议(如比特币所使用的哈希算法等),使得整个区块链系统不依赖于第三方,并且在没有人为介入的情况下自动、安全地进行数据验证与交换[13]。

3.2.4　不可篡改性

因为使用密码学原理将数据上链,且后一个区块包含前一个区块的时间戳,按照时间顺序进行排列,所以区块链可以具有不可篡改或者篡改成本非常高的特征。也就是说,没有人能够在没有授权的情况下对这些数据进行修改。

要想改变区块链信息,必须控制 50% 以上的节点,所以,改变数据的代价是很大的[14]。因为整个区块链的节点太多了,所以想要让大多数节点都在同一时间做坏事,代价会很大。这也是区块链可以保证数据完整性、真实性和安全性的原因。

区块链具有不可篡改的特点,在很多领域都有应用。例如,一个人要从一家银行贷款,他在 6 月 6 日贷完款,并且同意 10 月 6 日还钱。在双方通过区块链系统签订了电子合同之后,无论是在 6 月 6 日还是 10 月 6 日,都不能随意违约或者更改内容,必须根据合同的金额进行支付。若未还款,则该电子合同将会自动履行。再例如,在 TT 链提供技术支持的网络问卷及投票咨询平台 I - Voter 上,无论是调查还是投票的结果,都是不能篡改的,还可以永久保存,不会被人为影响,并且可以在任何时候进行验证,以确保结果的公平性。

3.2.5　匿名性

有许多人学习区块链的动机是去中心化,也有许多人选择它的理由是匿名。区块链通过哈希操作、非对称加密、私钥公开等加密技术来保证用户的信息安全,同时也能保证用户的身份安全[15]。

除非有法律规范要求,在技术上,各区块节点的身份信息不需要公开或验证,信息传递可以匿名进行[16]。也正因为这种匿名的特性,所有的交易记录都会被用来查看,而不会被用来追踪账户的主人。例如,通过区块链进行交易,卖主只知道你的住址,却不知道买主的真实身份,这样就避免了所有人的身份信息都被泄露。

然而,由于一些不法分子利用区块链进行洗钱、盗窃资产等违法活动,其匿名性也受到了广泛的关注,由于区块链具有匿名性,只凭一个地址是不能得知其相关身份信息的,使一些不法分子能够在不被发现的情况下逍遥法外,这就给监管带来了困难。当前,各个主要工程都在强化技术预防措施,以减少或杜绝违法行为。

3.2.6 可追溯性

区块链自身是一种块链的数据结构,其上的信息按照时间顺序相互关联,从而实现了区块链的可追踪性。应用到生活中,就是产品的种植、生产、运输、销售、监管等所有信息都被记录在区块链上。如果出现了问题,可以追溯到每一个环节,保证产品的安全。

区块链技术的应用非常广泛,包括公共事业、审计、版权、医疗、教育、供应链等。在生活中,运用区块链追根溯源,可以极大地减少假疫苗、毒奶粉、问题肉等重大民生问题,让人们吃得放心、用得安心。

3.3 区块链的类型

根据去中心化程度的不同,区块链可以分为公有链、私有链、联盟链以及混合链等[17]。

3.3.1 公有链

所谓公有链,就是所有人都可以阅读,所有人都可以发起交易,所有人都可以得到有效验证,所有人都可以参与到达成共识的进程中来。这种一致的流程确定了哪些块可以加入区块链中,并且使当前的状态更加清晰。公开链路的安全由一种一致性机制来维护,而非中心化或非中心化的信任。共识机制可以采取 PoW、PoS 等形式,将经济奖励与密码算法验证有机地融合在一起,并遵循一种普适性的原则,即人人可获得的经济奖励与其对共识过程的贡献成正比。这样的区块链通常被看作是"完全去中心化"。

在公有链里,程式开发者没有权利干预使用者,因此,区块链能够保护使用者的权限。很难理解,为什么一个程序员会心甘情愿地将自己的特权拱手相让。但是,随着互联网的兴起,合作与分享的经济模型给这一现象带来了两个方面的原因:第一,当一个人做出了一个"困难"甚至"不可能"的决定时,他将更容易取得其他人的信任,并与他们进行交互,因为大部分人都认为这些事不会发生在他身上;第二,如果是被人逼迫,那么可以用"没有权力去做"作为谈判筹码,以此来说服别人,让别人不愿意逼迫他。

公有链具有以下特征:① 保护用户不受开发者的影响,在公有链中,程序开发者无权干涉用户,而区块链可以保护其用户;② 进入的门槛很低,所有人都可以进入,只需要一台电脑连接上网络,就可以加入区块链;③ 全部数据都是开放的,在公有链中,每一个参与方都可以查看全部的分布式账本。

3.3.2 私有链

所谓私有链,就是它的写权限只属于某一方,用来限制读权限和开放权限。有关的应用可以包括数据库管理、审计,甚至是一个公司或一个组织,虽然在一些情况下,他们希望其有公开的可审计性,但在很多的场合下,公开的可读性似乎并不是必需的[12]。

起初,人们对私有链路的存在感到困惑,并认为私有链路与集中式数据库并无不同,甚至不如集中式数据库高效。其实,中心化和去中心化一直都是两个不同的概念,私有链可以被看成是一个小范围系统内部的公有链,如果从系统外部来看,你可能会觉得这个系统还是中心化的,但是站在系统内部每一个节点的角度来看,每个节点的权利都是自中心化的。至于公有链,从大范围来看,也是所谓的私有链,因为只有地球人能够使用。所以,私有链就有了它的存在价值。

私有链具有以下特征: ① 交易极快,私有链中只有少数几个节点,其可信性极高,无需对每一个节点进行身份验证。所以,私有链比公有链要快得多。② 为了更好地保护用户的隐私,私有链上的数据不会外泄,也不会被任何一个用户访问到。③ 交易费用显著减少,甚至于为零,在私有链上,可以进行免费或便宜的交易。如果一个实际的组织能够控制并处理全部的事务,那么这个组织就不会再对工作收费了。④ 为了保护自己的基础产品不受损害,银行和传统的金融机构利用私有链来保护自己的权益,也为了保护自己的生态系统不受损害。

公有链和私有链最大的不同之处就在于,公有链都是有代币的,而私有链却可以有自己的选择。在一个公开的链中,为了使每一个节点都能参加一个竞争的会计工作,就必须要有一个激励机制,来激励那些按照规定参加会计工作的节点,这样的激励常常是通过货币制度来实现的。而私有链中的节点,一般是隶属于某一家机构的,他们之所以会参与到会计的工作中,并不是因为他们想要用代币的方式来激励他们。因此,代币制度对于区块链来说不是必需的。

因此,出于对数据的处理速度、隐私、安全等方面的考量,越来越多的企业将更加青睐于私有链技术。

3.3.3 联盟链

所谓联盟链,就是由一个预先选定的节点来控制它的共识进程。举例来说,对于 15 家金融机构,每一家都有自己的节点,要想让节点起作用,就必须得到这些节点中超过一半(即不少于 8 家)的认可。区块链可以让所有人都可以阅读,也可以限制参与者的多样性[18]。

联盟链可以视为"部分去中心化",区块链项目 R3CEV 就可以认为是联盟链的一种形态。根据网络范围,三种不同的区块链类型列在表 3-3 中。

表 3 - 3 三个区块链类型的比较

类 型	比 较 类 型		
	P2P 共识节点	账本公开范围	应用范围
私有链	单一主体控制	不公开	内部/公众
联盟链	联盟成员	联盟范围内	联盟范围内/公众
公有链	开放/自由加入	公众	公众

3.3.4 其他的说法

在区块链分类中,也有其他几种说法——许可链和混合链。

许可链(permissioned blockchain),是指每个节点都是需要许可才能加入的区块链系统,私有链和联盟链都属于许可链[19]。

混合链(combination blockchain),当公有链和私有链的各自优势相结合时,就会出现混合链。混合链的开发难度大,但前景广阔。在未来,在市场上肯定会出现巨头级的底层技术和协议开发的公司,这些巨头公司会构建出具有不同用途的公有链、私有链或者联盟链,以对性能、安全性及应用场景的不同需求为基础,嫁接不同行业的应用。例如,提供高并发性的通信,以及提供安全保障的支付联盟,等等。

现在,人类的生活已经越来越依赖于网络,仅是网络的互联,就能产生巨大的能量。区块链也是如此,当前,各种区块链系统不断出现,从数字货币、智能合约、金融交易等角度来构建系统,有的是公有链,有的是联盟链。链条的种类繁多,功能多样,新形态层出不穷。区块链应用区别于传统软件,具有数据不可篡改性、完整性证明、自动网络共识、智能合约等特点,从最早的数字货币到未来可能的区块链可编程社会,不但将改变人们的生活服务方式,也将推动社会治理结构的变革。当所有的链条连接在一起,就像是人的神经系统一样,将整个社会的智能程度提升到了一个新的高度。此外,从技术的角度来看,区块链系统之间的互联可以相互补充,每种系统都有其优点和缺点,在功能上可以相互补充,还可以相互验证,从而极大地增强系统的可靠性和性能。

随着区块链技术的发展,区块链的技术架构开始不再简单地分为公有链、私有链、联盟链等,而这些架构之间的边界也开始模糊。在这一体系中,每个节点的权限都不一样。其中,有的节点仅能看到部分数据,有的可以全部下载,有的则是参与会计核算。随着系统越来越复杂,各种角色和权限也会越来越多。事实上,这一点在 DPoS 系统中已经得到了验证,只有得到最多票数的委托人,才有资格进行记账,而这些委托人就是典型的角色划分。未来,若使用区块链技术来发行数字货币,极有可能会选择与混合链相似的技术[20]。

参考文献

[1] 杨晓晨,张明. 比特币:运行原理、典型特征与前景展望[J]. 金融评论,2014(1):38 - 53.

[2] Nakamoto S. Bitcoin:A peer-to-peer electronic cash system[EB/OL]. https://bitcoin.org/bitcoin.pdf[2023 -10 -12].

[3] 范希文. 金融科技的赢家、输家和看家[J]. 金融博览,2017(11):42 - 43.

[4] 曾世宏,高晨. 区块链技术创新条件下的产业高质量发展:机制、路径与对策[J]. 湖南社会科学,2022(5):67 - 72.

[5] 谢晴晴,董凡. 轻量级区块链技术综述[J]. 软件学报,2023,34(1):33 - 49.

[6] 章刘成,张莉,杨维芝. 区块链技术研究概述及其应用研究[J]. 商业经济,2018(4):170 - 171.

[7] 徐利. 全面认识区块链:公有链 vs 私有链[EB/OL]. http://www.weiyangx.com/199778.html[2017 - 05 - 18].

[8] 张健. 区块链:定义未来金融与经济新格局[J]. 中国商界,2016(9):122.

[9] 姚忠将,葛敬国. 关于区块链原理及应用的综述[J]. 科研信息化技术与应用,2017,8(2):3 - 17.

[10] 李文森,王少杰,伍旭川,等.数字货币可以履行货币职能吗?[J].新理财,2017(6):25 - 28.

[11] 袁勇,王飞跃. 区块链技术发展现状与展望[J]. 自动化学报,2016,42(4):481 - 494.

[12] 阿迪瓦特·德什潘德,凯瑟琳·斯图尔特,路易斯·列皮特,等. 理解分布式账本技术/区块链——挑战、机遇和未来标准[J]. 信息安全与通信保密,2017(12):20 - 29.

[13] 朱岩,甘国华,邓迪,等. 区块链关键技术中的安全性研究[J]. 信息安全研究,2016,2(12):1090 - 1097.

[14] 韩璇,刘亚敏. 区块链技术中的共识机制研究[J]. 信息网络安全,2017(9):147 - 152.

[15] 唐文剑,吕雯. 区块链将如何重新定义世界[M]. 北京:机械工业出版社,2016.

[16] 宋传罡,李雷孝,高昊昱. 区块链系统性能优化关键方法综述[J]. 计算机工程与应用,2023(2):1 - 16.

[17] 邱卫东. 英汉信息安全技术辞典[M]. 上海:上海交通大学出版社,2015:489.

[18] 张凡. GB/T 20519 - 2006《时间戳规范》简介[J]. 信息技术与标准化,2006(12):31 - 33.

[19] 朱岩,甘国华,邓迪,等. 区块链关键技术中的安全性研究[J]. 信息安全研究,2016,2(12):1090 - 1097.

[20] 邹文涛,李传艺,葛季栋,等.基于混合链的协作业务流程的隐私保护和数据监管[J]. 计算机集成制造系统,2023(3):1 - 17.

第四章
信息系统中的区块链基础架构

在信息系统中,区块链服务的构建是一个不可缺少的重要组成部分。在新科技的推动下,企业的信息化服务建设也在不断向更高的水平发展。在信息系统中,服务是最核心的部分,它可以与用户进行直接的联系,满足用户在工作中所需要的相关功能,区块链可以帮助系统为用户完成所有的工作。目前,基于点对点、平面网络架构的区块链技术,在理论上能够利用链式账本来实现数据在网络上的共享。在复杂网络环境下,尽管可以通过访问控制与密码等手段来实现数据的共享,但是由于数据本身具有较高的泄密风险,且其可行性较低,尤其是当高安全级别的数据上链后,无论采取什么样的保护手段都存在被泄露的风险。目前的区块链技术尚不能满足上述要求,亟须对其网络形式与结构进行更深层次的研究。

就传统的区块链信息系统服务而言,其服务主要是在应用层次上与各业务领域的用户进行交互,并通过数据标准及模型标准的规范,建立起与各业务领域相适应的应用,但是这种做法忽略了对信息系统数据层和模型层的管理与规范。当前,将区块链技术用于复杂网络时所面临的一个重要问题是,区块链网络的扁平化与层次不匹配。主要体现在以下几个方面:① 区块链节点间的互补性和信息系统间的层次性;② 区块链网络结构的平面性和纵向性之间的冲突;③ 整个区块链网络中的信息共享和信息等级控制之间的矛盾;④ 无中心化的区块链多方一致和中心化的管理决策之间的冲突[1]。

针对现有区块链在信息系统网络结构不符合层级体系要求导致技术不完全适用的问题,本章提出区块链在信息系统的基础架构设计,以能源区块链应用作为实例,提出了以全层级体系为基础的信息系统服务建设的研究思路,并对信息系统的数据服务层、模型服务层以及应用服务层进行了相应地规范,从而实现了系统与用户的信息交互、提升信息系统的综合服务能力以及用户对系统的理解和管理。

区块链在信息系统中的基础设施设计的重点是:① 随着信息系统的不断发展与完善,用户对于区块链系统的要求也不再局限于应用层面,他们需要对底层的数据与模型有一个清楚的认识,才能更好地理解与运用该系统;② 随着信息系统的功能日益强大,信息系统中各功能模块间的耦合度也会降低,从而便于信息系统的维护和管理,因此信息系统中各部件在构建、运行和维护方面也要保持一定的耦合度;③ 根据区块链信息系统的不同,对每一个模块的功能都要加以规范,包括数据层次、模型层次和应用服务层次,都要有统一的规范,才能更好地为用户服务。

4.1　在信息系统的区块链架构

区块链技术作为一种新的数据库技术和分布式账本技术,以其自身的去中心化、公开透明、非对称加密、共识算法等特点,符合能源互联网的理念和需求,所以区块链能源互联网在未来的发展前景十分广阔。并且区块链技术并不是一项单一的技术,而是多种技术融合创新的结果,其本质是一种弱中心的、自信任的底层架构技术。区块链技术模型从下往上,每一层都拥有一项核心功能,在不同的层次之间进行协同,从而构建出一个去中心的价值传递体系。

4.1.1　区块链的模型架构

如图 4 - 1 所示,区块链基础设施被划分为 6 层,具体包括了数据层、网络层、共识层、激励层、合约层、应用层[2]。每个层次都有自己的核心职能,各个层次相互协作,形成了一个分散式的信任机制。

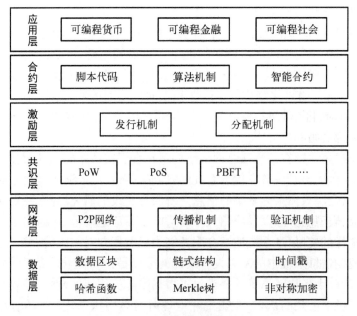

图 4 - 1　区块链的模型架构

1. 数据层

数据层对区块链技术的实体形态进行描述[3]。区块链的设计者将"创世区块"作为初始节点,然后将其他的区块以同样的方式连接起来,形成一条完整的链。而随着时间的推移,不断有新的区块加入主链中,让主链变得越来越长。

每一段都有很多的技术,例如时间标记技术,可以保证每段都是按照时间的顺序进行的;又如哈希函数,可以保证交易数据的完整性。

2. 网络层

在区块链网络中,网络层的作用是在各个节点间进行信息交换。区块链网络从实质上讲是一种点对点(point-to-peer,P2P)网络。每个节点都接受和生成信息。节点间的通信是靠维持公共块链进行的[4]。

区块链的每个节点都能创建一个区块,当一个新的区块被创建出来之后,它就会通过广播的方式,将它的信息传递给其他的节点,让他们去验证新的区块。

在区块链网络中,只要有 50% 以上的用户同意,就可以将新的区块加入主链中。

3. 共识层

共识层允许高度分布式的节点,以保证数据的正确性为目标,并使其成为分散的系统。共识层是对网络中各种不同的协议和算法的封装。在区块链中,共识机制是一个关键的技术,它决定着网络中的节点如何就账本的状态达成一致,而节点的选择又直接关系到整个网络的安全与可靠程度。当前,人们提出了十几种基于一致性机制的算法,最著名的有工作量证明机制(PoW)、权益证明机制(PoS)、股份授权证明机制(DPoS)等。后文将讨论这些一致性机制。

4. 激励层

激励层的作用是为网络中的节点提供一种激励机制,使其积极地参与到区块链的安全性认证中来。例如,比特币有两种不同的奖励机制。在总比特币数量突破 2 100 万以前,将会有两种方式,一种是新区块生成时会得到系统的奖励,另一种是每次交易都会被扣除一定的费用。而当总金额超过 2 100 万的时候,就不会再有新的区块产出了,这个时候的奖励就会以每一次交易的提成为主。激励层在区块链技术体系中加入了经济因素,主要包括经济激励的发行机制、分配机制等,这一层主要出现在公有链中,因为在公有链中,要对遵守规则的节点给予奖励,对违反规则的节点给予惩罚,从而让系统朝着一个良性循环的方向发展。而有些制度则是不需要这样的奖励,于是奖励便成了一种博弈,让更多的节点遵从规则。举例来说,在一个私有链中,没有必要存在奖励机制,因为参与计算的节点经常已经在链之外完成了博弈,也就是说,可能会有强制力量或其他需求要求他们参与计算[5]。

5. 合约层

合约层主要指各种脚本代码、算法机制以及智能合约等,它是区块链可编程特性的基础。如比特币,它是一种可以被程序控制的货币,在合约层里会用一种脚本来定义其交易的方法和过程。而且以以太坊为代表的新一代的区块链正尝试着使比特币的合同层面更加完美。比特币虽然也有文字编码,但却没有完全的图灵,也就是说它不能提供循环声明;以太坊是建立在比特币架构之上的,并且内建了一套程序语言,因此从理论上讲,所有的程序都可以使用。如果说比特币是一个全球性的账本,那么以太坊就是一个"全球性的计算机",任何人都可以运行任何一个应用,而且可以确保该应用的高效执行。

6. 应用层

应用层对区块链的各种应用场景和案例进行包装,比如以区块链为基础的跨境支付平台、建立在以太坊上的各类区块链应用就是在应用层进行部署。而货币与金融的"程序化",也会在实际的层次上被建立起来。

在这些技术当中,基于时间戳的链式块结构、分布式节点的一致机制、基于一致机制的经济激励、灵活可编程的智能合约等都是区块链技术的重要创新点[6]。数据层、网络层和共识层三层则是构建区块链的基础,缺少了这三层,就无法成为一个完整的区块链。激励层、合约层和应用层并非每个区块链应用都必须具备,一些区块链应用也并非全部具备这三层结构。

4.1.2　共识机制

共识机制是指各节点在同一账本上形成共识,以判断某一账本是否正确的一种方式,它既能保证账本的真实性,又能防止数据被篡改。区块链提供了多种不同的共识机制,能够适用于不同的应用场景,在效率和安全性之间取得一种平衡[7]。

在区块链中,"少数服从多数"和"人人平等"是最基本的原则,其中"少数服从多数",并不完全指节点个数,也可以是计算能力、股权数或者其他计算机可以比较的特征量。"人人平等"是指,只要达到一定的条件,各节点均有权利首先提出共识,然后由其他节点直接认可,从而形成最终的共识。比如比特币,它使用的是一种工作量证明的方式,即区块链中的节点之间通过竞争性的会计核算,当一个节点拥有全网50%以上的算力时,它就可以伪造一个并不存在的记录。如果有足够多的节点加入区块链中,那么这种情况就几乎是不可能发生的,因此也就不存在作假的可能[8]。

区块链是一种将数据按照时间序列进行存储的数据结构,它可以支持多种一致性机制。在区块链技术中,共识机制是一个非常重要的组成部分。区块链共识机制旨在保证所有可信的节点都拥有一个一致的区块链视图,并具备两个特性:① 一致性,所有诚信的节点都会保留一个具有相同前缀的区块链;② 正确性,一个诚信的节点发出的消息最终会被其他所有诚信的节点记录到区块链中[9]。

从表4-1可以看出,当今最主要的区块链共识机制可以划分为工作量证明机制、权益证明机制、股份授权证明机制和实用拜占庭容错算法四种,从而还延伸出了Pool验证池、POA算法等一系列共识算法。

表4-1　四种常见区块链共识机制对比

共识机制	适用场景	性能效率	资源消耗	容错率/%	优　势	劣　势
PoW	公有链	低	高	50	简单可靠	对计算资源消耗大
PoS	公有链	中	中	50	缩短了共识达成的时间	对作恶记账无惩罚,导致分叉多
DPoS	公有链	中高	中	50	共识节点数量少	对作恶记账无惩罚,导致分叉多
PBFT	联盟链/私有链	高	低	33	容错性好	参与共识的节点数量不宜过多,否则会导致共识效率较低

1. 工作量证明

工作量证明机制(proof of work,PoW)通常只能从结果证明,因为监测工作过程通常是烦琐且低效的。工作量证明机制指的是,当一方(一般为证明者)提出一个已知的、容易被验证的结果时,所有人都会认为证明者已经做了很多工作。

在现代意义上,最早期的工作证明方法是"Hash cash"(哈希现金),该方法在1996年由亚当·巴克提出[10]。哈希现钞就是一个不错的办法,它是在发送邮件的时候,利用哈希现金的计算结果,让计算机进行哈希处理,并按照某种规则进行哈希函数的求取。该系统要求所有的邮件都以高负荷的方式发送,从而使垃圾邮件制造者在必要时仍能正常发送邮件。如今,比特信利用一种与之相似的体系实现了相同的目标,哈希现金已被转化成了比特币安全性的中心,即"挖矿"。

比特币采用PoW机制产生区块链,一个满足条件的区块链散列值(Block Hash)由N个前导零组成,其数量与网络难度有关。为了获得一个合适的区块链散列值,必须进行大量的试算,而试算所花费的时间与哈希操作的速度有关。如果一个节点给出了一个合理的区块链散列值,则表明这个节点已经进行了很多次的尝试。当然,由于找到一个合理的区块链散列值是一种概率事件,所以我们无法得到一个绝对的数值。如果一个节点的运算力占整个网络的$n\%$,那么这个节点发现区块链散列值的概率就是$n/100$。

PoW的用途很广。举例来说,一个人所拥有的能力,如外语、使用一种乐器或者运动技术,都可以作为他的工作能力的证据。一个人在没有四六级证书的情况下可以说一门外语或者弹奏一种乐器,这说明他在这方面付出了很大的努力,并且这种努力和他的技术水平成正比。比如四级和六级考试,只要有足够多的客观题,就不会出现作弊的情况,就能起到证明自己的工作量的作用,毕竟没有人能一直蒙对这么多的客观题。所以,人们普遍认为文凭也是一种证明。同理,驾驶员的飞行时数也能证明这一点,如果安全飞行上万小时,大概就不是靠运气。

PoW 的存在也是一种很常见的现象,就像是网游的胜率一样,在大规模的战斗中,胜率越高越能体现出玩家的能力。在一些游戏中,成就系统和装备系统都是以 PK 为基础的,通常情况下,成就值越高的玩家,在游戏中的投资也越大,不会轻易作弊,这也是为什么交易卡牌需要装备等级和成就值的原因。

有人指出该方法的不足之处,其工作量被证实是一种浪费,2016 年 4 月,该方法每秒可执行 13 331 万亿次的 SHA256 算法。美国一家技术网站 Vice 发表文章,称其对环境的破坏是极其严重的,基于多种因素,比特币网络对能量的需求也在不断增加。从最悲观的角度来看,截至 2020 年,比特币网络所消耗的电力与丹麦全国的电力相当。

但也有人认为,因为需要大量的投资,所以对比特币区块链进行攻击将会是一件非常困难的事情,这就保证了比特币具有强大的安全性,并且它也是到目前为止人类建造的最安全的数据库。

PoW 依赖于计算机的数学计算来获取账号权限,存在着巨大的资源浪费以及低监督性等问题。同时,每一次共识的达成都需要全网的共同参与,所以其性能和效率并不高,在容错性方面,允许全网有 50%的节点出现错误[11]。

PoW 的优势:完全去中心化,节点可以自由进入和离开。

PoW 的不足之处:当前比特币已占据了世界上绝大多数的计算资源,其他采用 PoW 共识机制的区块链应用难以获取同等的计算资源来保护自己;采矿导致了巨大的资源浪费;协商一致需要很长时间。

应用 PoW 的项目包括:比特币;以太坊前三个阶段——Frontier(前沿)、Homestead(家园)、Metropolis(大都会)。以太坊的第 4 个阶段,即 Serenity(宁静),将采用权益证明机制。

2. 权益证明

权益证明(PoS)是 Quantum Mechanic 于 2011 年在比特币论坛上首次提出的,随后被 Peer Coin、NXT 等用不同的方式加以应用。

PoS 的核心思想是:节点记账权的获得难度与节点持有的权益成反比,因此,它相对于 PoW 而言,可以降低计算所需的资源开销,提高系统的性能,但仍以哈希计算为基础,通过争夺计算权利,从而导致系统的监督能力较差[12]。这种一致性机制与 PoW 具有同样的容错性。这是一种对 PoW 的提升,它会随着每一个节点上的代币数量以及所花费的代币数量的增加而等比例地减少,这样就能更快地发现随机数。

在 PoW 里,一位用户可以用 1 000 美元买一台电脑,然后去挖掘新的区块,这样他就可以获得报酬。在 PoS 中,用户可以用 1 000 美元来购买等值的代币,然后将其作为定金存入 PoS,从而有机会生成新的区块来获得奖励。

总体而言,这个系统里有一组人,他们拥有代币,将代币放到 PoS 机制里,他们就成了验证人员。比如,对于区块链最前端的一个区块,PoS 算法会从验证者中随机选取一个(选择验证者的权重依据他们投入的代币量,如一个投入保证金为 10 000 代币的验证者被选择的概率是投入 1 000 代币验证者的 10 倍),并给他权利产生下一个区块。如果在某个时间点,这个验证符没有产生数据块,则会选取另外一个验证符代替产生新的数据块。和 PoW 一样,PoS 以最长的链接为基础进行计算。

当规模经济不再出现时,由集中化导致的风险就降低了。一千万美元的代币所能获得的收益是一百万美元的十倍,而且没有人能买得起大量生产的机器。

PoS 的优点:可以在某种程度上减少协商一致所需的时间;再也不用耗费巨大的能量进行开采。

PoS 的缺陷:仍需挖掘,并未从根本上解决业务应用的痛点;从某种意义上来说,这只是一种概率,并不是一种确定,而是一种可能,比如 DAO 攻击导致了以太坊的硬分叉,然后 ETC 就出现了,这就意味着这一次的硬分叉失败了。

3. 股份授权证明

股份授权证明是一种新兴的区块链安全性技术。在尝试解决比特币采用 PoW、PoS 问题的同时,也能用一种非中心化的民主方法来弥补中心化的消极作用[13]。在该制度中,每枚硬币相当于一票,持有者可以按照手中硬币的多少,将自己的一票投给所信任的委托人。这种受托管理人可以是选举制度的贡献者或选民信任的人,而且受托管理人不必具有最大的制度资源。投票可以在任何时刻进行,并且系统将选择得票数最多的 101 个人(或其他人数)为系统受托人,他们的任务是签署(生成)块,并且在每一块被签署前都要确认前一块已由受信任节点签署。

比特股(BitShares)是最早提出的一种股权认证机制,其本质上是选择多个代理并对其进行认证和记录,但是在合规程度、性能、资源消耗以及容错能力等方面与 PoS 有很大的不同。这种共识机制模仿了公司的董事会制度,或者是议会制度。可以让数字货币持有者把系统账目和安全维护交给有能力有时间的人来全职做。因为每一次登记都可以得到一笔新的奖金,所以他们都会尽可能和选民保持良好的关系,以便争取更多的选票。

DPoS 以这样一种方式运作:每一位股东都根据他们所持有的股份来决定自己的权利,51% 比例的股东所投的票是不可逆转的,并且具有约束性,如何在最短的时间内有效地获得"51% 比例批准",这是一个难题。要实现这一点,每位股东都可以把自己的表决权给一位代表。得票最高的 100 个人将按照预定的时间顺序依次选出小组。每个代表都被指派一段时间进行制作。

这就解决了 PoW 中的一个大问题,那就是在比特币的 PoW 系统中,持有者对系统没有任何话语权,不能参与记账决策,也不能影响系统的发展。而一旦矿主和开发商做出不利于他们的决策,他们只能无奈地退出这个系统。而在 DPoS 中,持有者对记账人的表决权是最大的,任何想要破坏这个制度的人,都会被投票人从信托机构的宝座上拉下来。

DPoS 的另一个优点是可以控制记账人的数量,让记账人可以轮班工作,从而为整个区块链系统提供更好的硬件和软件环境。到现在为止,DPoS 被认为是最有效的,在最理想的情况下,它可以达到一秒钟几十万个交易。

DPoS 的优势:在保证一致性的前提下,大大减少了参与确认和记账的节点数目。

DPoS 的不足之处:整体的共识机制仍然依靠代币,而许多业务应用并不要求代币。

4. 实用拜占庭容错(PBFT)

拜占庭容错算法(BFT)是目前区块链共识算法亟待解决的核心问题。举例来说,在公有链网络中,PoW 被用于比特币和 Ethernet 访问,而 DPoS 被用于 EOS。PBFT 通常被应用在联盟链中,是一种在少数一致节点条件下的 BFT 方法。

PBFT(practical Byzantine fault tolerance)也就是实用拜占庭容错算法。这种方法由卡斯特罗和利斯科夫于 1999 年提出,旨在克服拜占庭式容错方法的低效问题。PBFT 将拜占庭式的容错性问题从指数级降到了多项式级别,从而使该方法能够用于实际的系统中。

实用拜占庭容错算法主要应用于联盟链中,它的关键技术是一致性协议。具体如下:

(1) 假设共有 f 个作恶节点,那么总节点需要 $\geq 3f+1$ 个,即至少有 $2f+1$ 个诚实节点。

(2) 一致性协议,由诚实节点共同维护,若主节点的请求得到 $2f+1$ 个诚实节点的统一反馈,则请求得到同意。

(3) 视图更换协议,当主节点作恶时,触发视图更换协议,选取新的主节点。

PBFT 流程:① 请求(request)阶段,客户端向主节点发起交易请求。② 预准备(pre-prepare)阶段,主节点收到来自客户端的请求后,将信息打包,向全网广播请求信息。③ 准备(prepare)阶段,所有节点在收到主节点广播的信息后,把带有自己签名的投票消息广播给其他节点。④ 确认(commit)阶段,主节点在收到来自 $2f+1$ 个诚实节点的反馈后,将消息打包反馈给客户端。当主节点出现不诚实或者作恶行为时,就会触发视图更换协议,重新选取新的主节点。

近几年也有大量学者研究共识算法的改进以达到区块链数据间轻量快速的要求,上述的几种常见的共识算法可以满足大部分应用场景。

5. Pool 验证池

Pool 验证池是在传统分布式一致性技术的基础上辅以数据验证机制,是当前区块链应用最广泛的共识机制。

Pool 验证池不用使用代币,基于 Pasox、Raft 等分布式共识算法,可在秒级时间尺度上进行一致性验证,更适用于多主体参与的多中心商务模式。但是 Pool 验证池也有一定的缺陷,比如与 PoW 机制相比,这个共识机制所能实现的分布式程度较低[14]。

其优势为:无须代币即可工作,基于已有的 Pasox、Raft 等分布式共识算法,可实现秒级共识验证。

其不足为:与比特币相比,分散性较差,更适用于多个参与者的多中心商业模式。

6. PoA 算法

PoA 并非一种单独的共识算法,它是 PoW 与 PoS 相结合的一种算法[15]。

PoA 的基本原理是,每一个活跃节点都会执行一次哈希运算,然后找到一个哈希值小于特定值的区域,区块头中包括前区块哈希值、所在区域的地址、区域编号和 nonce 值。当一个节点发现一个符合要求的区块头时,它将在整个网络中广播该区块头,并将该区块头发送给所有活跃节点以确认其有效性。如果确认了,就用该广播中的区块头为数据源,得到 N 个随机的股权拥有者,然后由所有活跃节点来判定自己是不是那个幸运拥有者。如果他是 $N-1$ 个幸运儿之一,则同样可以用他的私钥对上述区块头进行签名,并将这个签名在全网广播。如果是第 N 个幸运者,则用这个区块头来构建一个新的区块,区块中包含了自己选出的尽可能多的交易,前 $N-1$ 个幸运股权人的签名还有自己对完整区块链的哈希值的签名。然后将这个签名后的完整节点在全网广播。所有的活跃节点在收到完整节点之后进行验证。验证通过则认为该节点是一个合法的新区块。将其加入区块链当中去。

倘若这个区块属于最长链,则以它为前区块,转回到最初的步骤,否则就做丢弃处理。不难发现,PoA 算法要求 N 个幸运者全部在线,任意一个幸运股权人不在线都将导致该区块被丢弃。这也是活跃证明的由来,PoA 算法会周期性地统计被丢弃的区块数量。并且按照这个来调整 N 的数值。如果丢弃的区块数量比较多,那么就减少 N,否则就增大 N。PoA 算法的区块丢失是一种算力损失。PoA 算法中,区块中的交易费由区块的发布者与 n 个幸运股权人共享。

PoA 算法最大的优点在于能有效地防御非厉害攻击。非厉害攻击,就是拥有很强的运算能力,但只拥有很少股份的攻击者。PoA 算法中的 PoS 部分,使得无恶意的用户获得构造块的概率很小。

在 PoA 算法中,幸运的权益人是依靠资本获利的,他希望在持股的过程中得到红利,这样的机制会评估持股人是否能够长期保持这一股权,这对数字资产的保值和降低波动是有利的[16]。在 PoA 中,用哈希算法的难度来控制新区块的产生速度,具有稳定网络、防止分叉的功能。

4.1.3　智能合约

智能合约是建立在可靠、不可篡改的基础上的,能够自动地实现合约中的某些规定。以保险为例,如果每一个人的信息(包括健康状况以及风险发生情况)都是真实可靠的话,那么在某些标准化的保险产品上,很容易就可以实现自动理赔。在保险业的经营活动中,尽管没有银行业、证券业那么频繁,但其对可信数据的依赖性却越来越强。在此基础上,提出了一种新的研究思路,即运用区块链技术,从数据管理的角度出发,对保险公司的风险管理进行有益的探索[17]。

智能合约的概念起源于 1994 年,差不多和互联网同时诞生。"智能合约"这个词是尼克·萨博首先提出来的,他是智能合约的奠基人,并因此获得了极大的声誉。他将智能合约定义为:一个智能合约是一组以数字形式定义的承诺(promises),包括合约参与方可以在上面执行这些承诺的协议。"智能",用英语来表示为"smart",并不等于人工智能。智能意味着智慧,具有灵活性,但是尚未到达人工智能这个层次。因此,有人按照中文的说法,认为只有人工智能级别的智能合约,才算得上是智能合约,但实际上它就像智能手机,所谓"智能",只不过是一种能够被定义、被操控的东西而已。

萨博的智能合约至今尚未付诸实施,这是因为至今还没有任何一种数字化的金融系统可以真正地支持可编程的交易。因为,如果银行仍需人工审批,则不能达到智能合约的目的。因此,实施智能合约最大的一个障碍就是当今的电脑程序并不能真正引发付款。但现在,随着比特币的普及,萨博的理论得到了进一步的发展。目前,智能合约技术正在构建于比特币及其他一些被称作"区块链 2.0 平台"的数字货币上。由于大部分以区块链技术为基础的数字货币都是自己的电脑程式,而智能合约也可以和其他程式一起运作。而区块链技术的出现,使得用电脑程序就能启动付款,从而使上述问题逐渐得到解决。与比特币一样,以区块链为基础的加密数字货币即将诞生,这将有助于实现智能合约,并有可能实现数字货币与智能合约的双赢。智能合约可以让人们了解到数字货币所带来的特殊好处,从而使其拥有更多的用户。从这一点来看,也许智能合约就是数字货币的真正"杀手级应用"。

从本质上说,智能合约是一种计算机程序,可以对电子资产实现直接的控制。用在区块链上编写类似 if-then 语句的程序,这样,当预定好的条件被触发时,程序会自动触发支付及执行合同中的其他条款,也就是说,它是存储在区块链上的一段代码,可以由区块链交易触发。在以区块链为基础的分布式应用中,智能合约是最基础的架构。从图 4-2 中可以看出,DApp 可以是一套相关的智能合约,这些合约一起有助于实现更高层次的功能,正如一个由多个子系统或模块构成的大 IT 系统一样,这些系统一起产生了"整体大于局部之和"的好处。

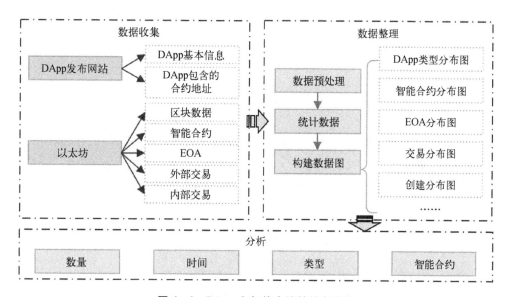

图 4-2　DApp 和智能合约的信息收集

DApp 是在区块链层次上开发的一套智能合约,其主要特点是无须一个单独的服务器或者一个实体来管理,就可以实现客户/服务器的管理。一个 DApp 一般是由一个 UI(一般是一个网站)和一个或多个智能合约组成的,并将区块链作为其数据存储和处理的中心。在此基础上,开发人员将一种或多种智能合约部署到区块链平台,并在用户界面中设计智能合约的调用界面,从而完成区块链分布式应用的各项功能。DApp 与传统的应用程序一样,但最大的不同在于它的数据和计算都是通过区块链来实现的。由于 DApp 具备了去中心化、开放性、防篡改和可追溯性等特征,因此其不仅可以减少开发成本,还可以提高应用的可信度。DApp 是一个安全便捷的交易系统,用户可以通过该系统转账、分享信息、签署协议等。常见的应用场景如下:

(1)供应链跟踪和交易解决方案,如 Provenance、IBM 和沃尔玛的试点;

(2)预测市场,如 Augur 和 Gnosis;

(3)分布式组织,如 The DAO;

(4)以太猫。

区块链的智能合约构建及执行分为出块与验证两个阶段,如图 4-3 所示。第一阶段是出块,出块节点选取一批新的智能合约交易,然后串行执行这批交易调用的智能合约以得到区块链的最终状态(final state),最终生成一个包含这批交易和区块链最终状态的新区块。第二阶段是验证,验证节点接收到新区块时,重新串行执行这批智能合约交易,并将自己节点生成的最终状态和出块节点生成的最终状态进行比对,如果一致则接受该区块,如果不一致则丢弃该区块。

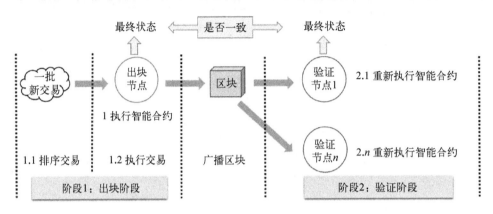

图4-3　智能合约的执行模型

这两个阶段的区块链扩散与执行具体步骤如下:

(1)在多个用户的协作下,建立一个智能合约。主要有以下几个步骤:

① 使用者首先需要在区块上登记,才能得到一对公钥。公钥是一个在区块链中用户账户的地址,而私钥则是一个唯一的密钥,用于操纵这个账户。

② 两个或多个使用者,在必要时联合签署一项协议,其中规定了双方的权利和义务,并以电子形式编写成一种机器语言,每一位使用者都使用自己的私人钥匙签署,以保证协议的正确性。

③ 签署后的智能合约,将按照协议中的约定传输到区块链上。

(2)协议在P2P网络中传播并存储到区块链中。主要有以下几个步骤:

① 协议以P2P的形式在整个区块链网络上传播,每一个节点都将接收到协议的副本。在区块链中,验证节点首先将接收到的合同存储在缓存中,然后在新一轮的一致时刻,触发合同的一致并对其进行处理。

② 在到达协议的时间点后,校验节点根据协议约定的时间点,把所有协议组合成合约集,并对合约集进行哈希值处理,形成数据分块,然后在整个网络中进行传输。在接收到区块链结构后,其他验证节点会将其中所包含的合约集合的哈希提取出来,与自己所保存的合约集相比较,并将一份自己认可的合约集发送到其他验证节点。通过多次的信息交换和对比,每个确认节点都会在规定的时间内,最终形成一套最新的合约集。

③ 最新达成共识的合约集合将以区块为单元进行扩散,每个区块包括当前区块的哈希值、前一区块的哈希值、达成共识的时刻标签等。同时,在区块链中,最关键的就是具有一组一致认可的合约集,收到该合约集的节点,都会对每个合同进行确认,确认后的合同就会写入到区块链中,确认合同参与方的私钥签名和账户相符。

（3）区块链构建的智能合约自动执行。其过程包括以下步骤:

① 智能合约定期逐条遍历每个合约中包含的状态机、事务和触发条件。合格的交易被放置在等待确认的排队中,然后被一致地接受,而不合格的就被保存在该块中。

② 在经过最后一次确认后,所有确认节点都会像对待常规的区块链交易一样对智能合约执行结果进行验证和确认,确认节点必须先确认自己的签名,才能保证交易的正确性。当大部分的确认节点达成共识时,事务会成功执行并通知用户。

③ 在交易完成后,通过智能合约自身的状态机会来判断合约的状态,在合约所包含的交易相继完成后,将合同的状态标注为"结束",然后将合约从最近的块中删除。相反则表示正在进行中,并将其保存到最近的一块中,直至完成为止。所有的交易以及状态的处理,都是由建立在区块链底层的智能合约体系来实现的,流程是透明的,并且无法被篡改。

在区块链的背景下,合约或者智能合约意味着区块链交易将不仅仅是简单的买卖货币,还将有更多的指令可以嵌入区块链中。从更正式的意义上讲,合约是一种与某个人之间的交易,这个交易使用了比特币,经过了一个区块链,是一种由一个或多个人签订的用于交易的合同。合同当事人应互相信赖并恪守合同。智能合约也有一个特性,那就是双方都同意做一件事情,但却不再互相信任。这是因为,智能合约不仅是通过编码来定义的,还是通过编码来执行的,是完全自动化的,没有人可以干涉。

首先,智能合约的产生有三个原因,即自治、自足和去中心化。自治代表协议一经开始,无须其发起方的任何介入就可以自动执行。其次,智能合约具有自给自足的能力,即可以通过提供服务、发行资产等方式获得资本,并在必要的时候将资本投入相关项目中。最后,智能合约具有去中心化的特点,即其不依赖于单一的中心服务器,而由各节点自行运作,就像是一台可以自己运转的自动贩卖机。与人类的动作不同,一个自动贩卖机的动作可以被计算出来,同样的操作指示将产生同样的结果。当人们投入一定数量的金钱,然后做出决定,所选的物品就会掉落出来。一台机器永远不会违背预先设定的程序,也永远不会只完成一部分(只要它没有被破坏)。就像是一份智能合约,必须要有预设的代码。在区块链与智能合约的领域里,编码就是"法律",不管被写成什么样子,都将被强制执行。有些时候,这也许是好事,也许是坏事;不论如何,这都是一件很新鲜的事情,想要让智能合约发挥全部效能,还需要很长一段时间的磨合。

要想激活一项资产,必须要考虑以密码算法为基础的智能合约和它的关联系统。对于以密码为基础的契约与以人为基础的有法律约束力的契约,应采用一种全新的法律及其相应的规则加以区分。只有根据人的约定而建立的合同,才会有遵循或违背,而基于区块链和任何基于代码的合同都不会有这种问题。另外,智能合约不仅对合同法产生影响,还对其他社会合同也产生影响。

必须弄清楚和界定哪一类社会合同更要求"代码法律",这样才能根据编码来自动运作,而且无法加以制止。基于当前已发布和执行的法规,实现智能合约的可能性微乎其微,所以在现行的法规体系下,本质上是将此类行为还原为人为合同。我们的终极目标不会是完全没有法律,也不会出现无政府主义,但会使我们的法律架构更细致,更个人化,更符合实际情况。双方可能会经过磋商,选定一种法律架构,制定一份契约,并将其写入一份法典。通过这种方式,用户可以根据已经被认可的"陈旧"的法律架构来选择特定的法律架构,就像是创造共享协议一样来构建智能合约。所以,将会出现很多种不同的法律架构,正如将会出现很多种货币。

智能合约并不意味着它可以完成所有无法完成的任务,实际上它可以在最小化信任的情况下完成某些日常事务。将信任降到最低,可以让工作更容易进行,因为它以自动化的方式来代替人工的判断。

区块链在很多产业中都有应用。而能源行业作为传统的重工业,在面对新的挑战的同时,也具备了很好的应用基础。随着时代的发展,在能源行业中,区块链的应用将会成为互联网+智能能源发展的新趋势。伴随着区块链技术的逐渐推广,这一原本还在缓慢改变中的市场将迎来新的机遇。在这种变化中,不管是传统的能源巨头、技术企业还是新兴的初创企业,都不会缺席。据估计,大约有一亿到三亿美元被投入到100多个能源领域的区块链应用。

在"数字化浪潮"下,绿色能源资产的数字化转型必将形成多方生态智联、产业链价值自由流通、多场景智能化绿色应用的生态网络,如何实现"智慧化"是当前亟待解决的问题。在新的经济格局中,能源公司传统的运营和盈利模式已经不能满足数字化和低碳化的需求,而以用能为主的能源转型也对公司现有的系统提出了新的挑战。目前,我国的能源行业正在从一次能源向以光伏为主的二次能源的转型过程中,数字技术对传统能源行业的发展起着至关重要的作用。

下一节从区块链对能源行业的影响进行分析,从不同能源行业入手,进一步分析区块链基础架构对能源行业带来的好处与影响,从电力和能源智能化调控方面进行具体的案例影响分析。

4.2 面向信息系统的能源区块链应用分析

随着能源互联网的持续发展,传统的高度集中的体系结构不再适用,为打破目前集中式能量管理的局限,能源互联网正朝着智能化的方向发展,例如智能化的分布式电力系统,但其依然存在组件数量庞大、数据量大、调度分散等问题。本节首先对能源区块链的背景和相关政策进行介绍,对能源区块链的概念与基本特征进行具体描述;然后从交易、存证溯源、网络安全防护三个角度介绍了能源区块链的常见自组织自调节信息系统;最后总结目前能源区块链的典型信息系统架构。

4.2.1 能源区块链概念与基本特征

为了更好地控制和降低全球 CO_2 的排放量,联合国通过碳交易来实现这一目标。《京都议定书》于 1997 年 12 月正式签订,使 CO_2 排放成为一项国际贸易,加入该协议的国家在一段时间内都要控制自己的排放量,并根据自己的实际情况向国内的企业分配排放量。随着碳排放量受到信用等级的约束,碳排放量逐渐成为一种价值较高的"资产",即"碳资产"。2017 年 1 月,《国务院关于印发新一代人工智能发展规划的通知》提出要推动区块链技术和人工智能相结合,构建新的社会信用体系,这是一项非常有意义的工作。2017 年 11 月,国家发改委和国家能源局联合印发《关于开展分布式发电市场化交易试点的通知》,明确了三种指导性分布式发电的交易方式。

工信部于 2018 年 6 月发布了《工业互联网发展行动计划(2018—2020 年)》,并据此制定了 4 项团体标准——《区块链隐私保护规范》《区块链智能合约实施规范》《区块链存证应用指南》和《区块链技术安全通用规范》。2019 年 10 月 24 日,习近平在中共中央政治局第十八次集体学习会议上强调,区块链技术的集成应用在新的技术革新和产业变革中起到了十分重要的作用,要把区块链作为核心技术自主创新的一个重要突破口,要明确主攻方向,集中力量攻克一批关键核心技术,加速推动区块链技术和产业创新发展。2020 年,国家发改委和司法部联合印发的《关于加快建立绿色生产和消费法规政策体系的意见》明确指出,要以发展新能源为目标,以支持和促进分布式能源的发展为目标,这对新能源产业的发展具有重要意义。

区块链技术可以应用于能源互联网领域。基于区块链技术,可以利用其本身的链式特性和特有的区块结构,将其与能源互联网的每一个层次相结合,从而有效地解决能源互联网系统中的有关问题。区块链分散化会计技术可以极大地弥补当前分散化技术的不足。区块链所具备的可靠性、加密性、不可篡改性、可追溯性等特性,可以有效地解决当前我国能源互联网中所存在的数据孤岛、分布不均、能源浪费等问题,而这两种技术在交易方面都具备去中心化、安全透明化、智能化等特点,为这两种技术的融合奠定了基础。在此基础上,将区块链的特性和能源互联网技术相结合,阐明了区块链在能源互联网中的优势和可行性。电力系统数据的安全性是电力系统数据平台的重中之重,而区块链技术因其具有不可篡改和可追溯的特点,可为电力系统数据的安全性提供保障。区块链技术以其独特的技术优势,可应用于电力系统数据平台中。

中国的碳交易所是一种有组织的配额转让场所,参与碳市场交易的主体包括:配额的买方与卖方,市场规则的组织者,清算、结算、核查、监督配额流动的机构,以及专业的中间商[19]。其行为主体遵循严格的交易规则与程序,自发地对自己的配额盈余与短缺进行调节,并在总量管控与减排的大环境中寻求最大的经济效益。区块链技术在碳交易运作中的运用可分为两个部分,第一部分为多方参与,第二部分为多方参与的分布式交易。第一部分,将市场组织者、结算专业机构、专业中介、认证机构、配额买卖双方纳入区块链,形成一个多主体参与的联盟链。同时,对联盟成员的入会、注册进行审核。第二部分,多方参与的分布式交易是指在企业配额交易的过程中,由区块链的分布式节点对交易数据进行记录并达成共识,将其存入区块,具体包括:① 按照国家配额分配方案,向控排企业和减排企业录入碳排放配额的初始配额,在区块链中实现共识后将其写入区块。② 配额买方和卖方都参加配额的交易,将配额的数量、价格等信息上链,形成一个区块链的数据层,在数据上链的过程中,利用加密算法对交易数据进行安全保护,以配额买方和卖方 A、B 之间的交易为例,将交易数据保存起来。通过区块链将数据信息分散开来,将其构建成一个统一的协议层,并将协议写到区块链中。当交易结束时,智能合约被激活,交易结束,直接付款。这就是协议层面上的区块链。③ 验证机制在交易中的作用就是验证交易数据、合约等的真伪,用区块链把交易数据记录封装到区块中,从而形成一个数据共享的平台。数据共享平台能够让链上的交易变得公开、透明,同时利用区块链的链式结构,能够让链上的交易数据具有可追溯性,进而帮助核实机构完成工作。此外,数据共享平台中有记录的碳配额交易的价格、数量的时间序列数据,与人工智能、大数据相结合,可以构建碳价预测、预警体系,还可以与其他能源市场的交易数据相结合,对能源市场之间的溢出风险进行分析[20]。

为了建立一个统一的碳交易区块链平台,需要制定通用标准。由于中国碳交易市场还没有一个统一的、可供选择的标准,导致其在全球碳交易中的话语权不足,因此国家相关部门正在积极建立相应的标准体系,提升中国的话语权。为实现信息共享,还要主动学习研究,建立适合我国实际情况的碳交易标准与碳汇交易体系。同时,在建设全国性、国际性的平台过程中,还应注重地区法的适用、地区司法管辖等方面的问题。

4.2.2　基于区块链的自组织自调节信息系统

当前,能源领域的区块链技术受到人们的高度重视,并对其应用进行了大量的研究。面向能源和电力产业的区块链技术已经得到了广泛和深入的研究,形成了一系列的工程化应用方案,探索了众多的商业应用场景,并逐步完善了其安全保护机制。

区块链技术是一种将密码学算法、分布式数据存储、点对点传输、共识机制、智能合约等新型计算机技术进行深度应用,从而实现去中心化、不可篡改、可追溯、公开透明等特性的数据库技术[4]。能源电力企业存在着业务流程漫长、参与者多、分布广等特点,使其存在着数据难以共享、协作效率低、多方信任障碍等问题。区块链技术可以从根源上弥补能源互联网无信任、无秩序、无规则等不足,是促进数据共享、优化业务流程、降低运营成本、提高协作效率、建立可信体系等的一项关键技术,对于解决能源电力行业的重大问题有着非常重要的意义。

能源区块链将围绕构建能源产业区块链公众服务平台这一核心问题,通过融合隐私保护、跨链交互、多元共识和多级加密等关键技术,构建出一套完整的能源区块链应用框架(图4-4),并在此基础上对其进行深入研究。该体系结构包括基础设施层、区块链核心技术平台层、服务层、展现层和应用场景。基础设施层提供上层的计算、存储、网络等基本资源。在此基础上,基于区块链的核心技术平台层,为服务层提供节点管理、分布式数据存储、智能合约、共识机制等部件的支持。服务层的主要任务是为商业应用提供存证、溯源和用户管理等服务。展现层提供了一个区块链平台的呈现功能。应用场景是以区块链为基础的各类商业应用的集合体。在该应用体系结构中,以"天平链"为司法信用链,以"国网链"为能源电力产业核心业务,以"央企电商联盟链"为产业之间信任连接的桥梁,协同支持电力交易、新能源云、数据共享等能源电力领域的应用[1]。

由于区块链技术具有分布式、多主体、不可篡改、可追溯等特点,它与能源互联网的运营模式和管理理念有着很好的结合,因此在能源电力行业有着非常广阔的应用前景[3],这对提高电力行业的业务效率、可信度、透明度具有非常重要的意义。

在对有关文献进行分析整理的基础上,并结合能源、电力等行业的实际经营情况,本书将13种具有代表性的应用场景归纳为以下3种类型:

(1)能源交易,主要包括分布式能源交易、新能源云、综合能源服务,以及电动车充电桩共享;

(2)存证溯源类,主要有材料采购、网上办电、智能财务、智能法律、安全生产,以及财务技术[2];

(3)安全性保护类别,包括数据分享、身份验证,以及网络安全性操作等。

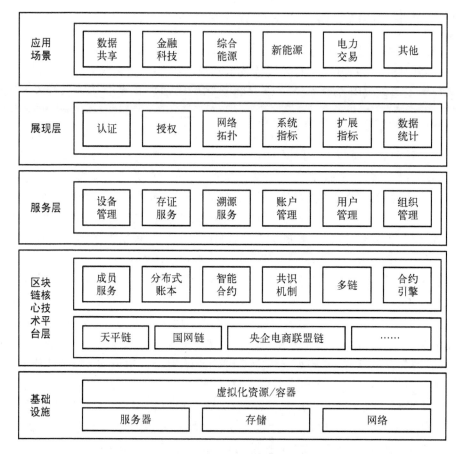

图 4-4　能源区块链应用体系架构

1. 能源电力交易系统

1）分布式电力交易

2019 年,国家发改委和国家能源局共同发布《关于建立健全可再生能源电力消纳保障机制的通知》,提出要加快构建清洁低碳、安全高效的能源系统,推动新能源的合理开发与利用。在此基础上,构建基于区块链技术的新能源接入证书、分布式能源接入市场交易机制,是推动新能源开发利用与消纳的重要手段。该通知对促进区块链技术在分布式电力交易中的推广应用起到了积极的促进作用[5]。

利用区块链的可追溯、不可篡改等技术特性,实现可再生能源电力消纳凭证在签发、交易等全流程的透明性与可控性,从而可以有效地服务电力市场交易主体,进一步优化营商环境,全面保障国家清洁能源消纳任务的完成[19]。在分布式能源交易过程中,基于区块链共识和智能合约,解决由于交易各方信息不对称导致的信任缺失问题,实现点对点安全,保障最优的能源供需。图 4 - 5 给出了基于市场导向的分布式电力市场交易系统的运行结构。

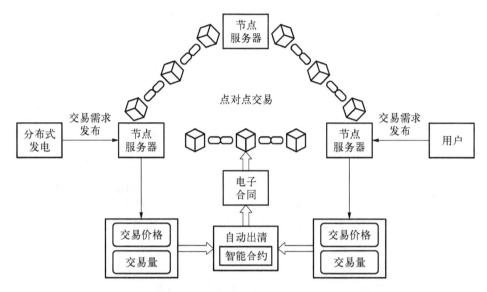

图 4 - 5　基于区块链的分布式电力市场化交易业务架构

2）新能源云

相对于传统的火电和水电能源,新能源(如光伏和风电等)的参与主体众多,产业链条较长,且在各个环节之间存在较大的互信风险,造成了较大的信息孤岛[6]。基于区块链的新能源云平台连接了政府监管部门、电网企业、新能源供应方及需求方、金融机构等各方主体,打破了数据壁垒,实现了能源流、数据流、价值流的贯通共享,降低了电力供需双方的信用成本,并为政府监管提供了可信的依据。基于区块链的新能源云业务架构见图 4 - 6。利用区块链技术,能够实现新能源电站的并网签约、交易结算等信息的上链存证,这对于缩短并网业务办理时限与电费结算周期具有积极的作用,能够有效助力国家清洁能源消纳战略的实施。

3）综合能源服务

针对综合能源服务中参与主体多、业务复杂、周期长的特征,通过对源、网、荷、储各环节点的能耗、能源网络分布、能源消耗、储能等信息进行可信任的链式共享,并在此基础上利用区块链的智能合约和共识机制,对综合能源的交易进行自动化匹配,以提高综合能源交易的效率、透明度和稳定性,进而优化能源消费结构,提高能源利用效率。图 4 - 7 给出了基于区块链的综合能源服务业务架构。

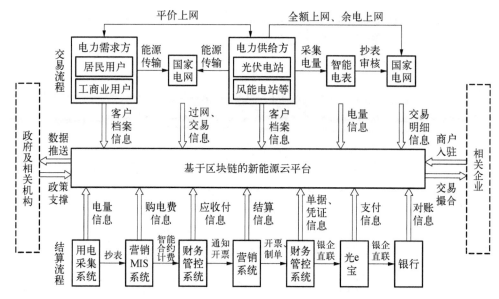

图 4-6　基于区块链的新能源云业务架构

当前,山东已经建立起一套以区块链为基础的综合能源服务平台[7],并且在多个园区进行了试点,在园区微网中实现了光伏、风电、储能、电网等多个主体间的能量互补,大大降低了充电桩的设计容量,降低了综合电力成本,提高了光伏和风电的利润,降低了电网的设备投资。

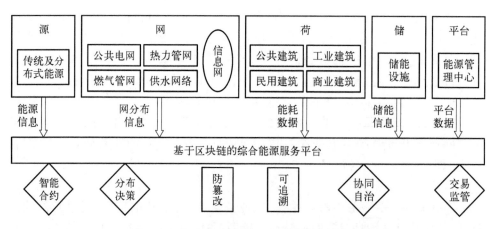

图 4-7　基于区块链的综合能源服务业务架构

4)电动汽车充电桩共享

电动汽车是我国汽车产业发展的一个重要方向,同时也是一种新的电能消耗方式。随着电动汽车的快速发展,充电桩的建设与利用效率问题也日益凸显,特别是如何提高已有充电桩的利用率,在一定程度上影响着电动汽车的发展前景。传统的充电桩选址、独立组网、封闭式运行,存在充电协议与计量方式多样、充放电交互性差、充电过程不透明、数据不能共享等问题,以致充电桩运行效率不高。特别是那些私家充电桩,基本上都是"一车一桩",大多数时候都是空置着的,再加上充电桩都是固定在一个地方的,给长途行驶的电动车造成了很大的不便。为解决这些问题,需将分布在各地、分属于不同机构或个人的充电桩联合组网,进行分布式管理,实现资源共享、系统互联、数据互通,形成充电桩发展的新生态。

利用区块链技术,构建一个去中心化的计费模式,将计费、支付和身份验证等环节统一处理,使不同的充电桩能够单独计费,向不同的用户开放,并能够实现自动充电和结算,可大大提升充电桩的利用率,为电动汽车的充电提供了可能。另外,通过区块链采集的准确充电数据,可以帮助政府、汽车制造商和电力部门进一步优化充电桩的布局,并为其提供相关的增值服务[8]。

JuiceNet 是由美国加州 eMotorwerks 公司研发的一种基于区块链技术的分布式充电服务平台,它采用开放式 API 技术,能够对无线网络中的所有充电桩进行实时监控,并在三个方面发挥作用:一是对充电桩进行整体均衡配置,使之能够最大限度地满足用户对充电桩的需求;二是提高充电站运营方与个体拥有者的收入,使其资产增值达到最大;三是有助于优化充电站的布局,促进充电基础设施的完善[9]。JuiceNet 的建设目标是"共享"与"共建",共享不仅要实现多家充电桩服务商的互联互通,还要将私有充电桩接入区块链中,与其他用户进行共享,并由充电站提供商自主制定电价,对其进行独立收费。共建是指在充电业务需求足够大时,将推动其他合作伙伴加入平台,共建充电桩行业生态,共同满足电动汽车充电服务需求。将电动汽车充电桩状态及充放电协议等信息上链存储,提升供需对接效率,实现资源更充分共享,保障交易安全可信,其业务架构如图 4-8 所示。

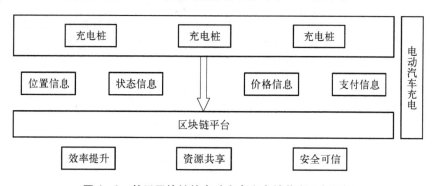

图 4-8　基于区块链的电动汽车充电桩共享业务架构

2. 存证和溯源系统

区块链具有不可篡改和可追溯的特点,这为实现可追溯的存证提供了可靠的技术支持。2018年9月,《最高人民法院关于互联网法院审理案件若干问题的规定》明确提出,要鼓励并指导当事人利用可信时间戳、区块链等技术手段固定、留存、提取证据,并利用取证存证平台为实现区块链的存证与追溯奠定法律基础。以三个具体的场景为例,说明区块链技术在能源电力企业的存证和溯源中的具体应用过程。

1)物资采购

物资采购业务牵扯到了原材料供应商、制造商、仓储、物流、分销商等各种各样的主体,具有企业地域分散、交易流程复杂、业务环节众多等特点,所以传统的业务模式存在着信息不透明、信任成本高、非法行为难以追踪等问题[10]。

以区块链为基础的物资采购综合服务平台,能够沟通供应链中的各个参与方及监管部门等主体,将采购、库存、物流等环节的关键数据上链存证,并对各个环节的最新业务状态进行记录和共享,有助于采购平台在运输、销售、质量评价等环节对订单进行穿透式管理,这样既能为用户提供产品质量追溯等服务,还能大幅缩短供应商库存周转周期,提升供应链流转效率,并为金融机构、保险机构和征信机构提供可靠的供应商数据,对融资及理赔流程进行优化,其业务架构如图4-9所示。

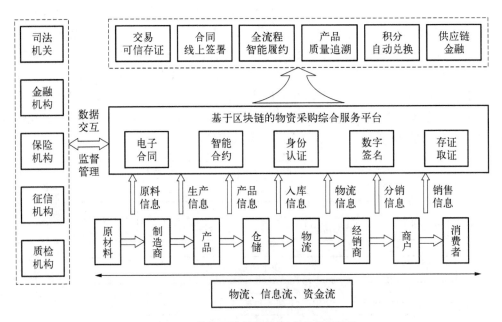

图4-9　基于区块链的物资采购业务架构

2)线上办电

利用区块链高效协同的技术优势,将其应用于线上营销的提质增效,并应用于电费缴纳等场景。基于区块链的线上办电,能够提高服务过程的公开透明度,增强电力客户服务参与感,真正实现让数据多跑路,让人民群众少跑腿,提升服务品质,将"人民电业为人民"的行业宗旨[11]落实下去。

　　将业扩报装全流程关键信息上链存证,实现接电业务过程可溯、流程可控以及公开透明,保证业主获得优质、高效的服务,其业务架构如图4-10所示。通过在电费支付平台"电e宝"上的应用,为广大的家庭和公司用户提供可靠、方便的电费支付、代扣和金融增值服务,并可以在网上开票,让用户"足不出户"就能享受到电费支付的便利。

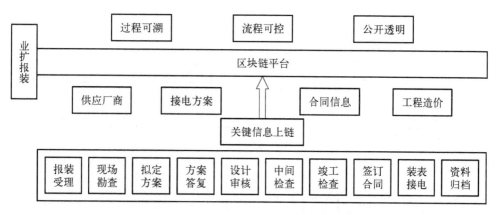

图4-10　基于区块链的业扩报装业务架构

3) 安全生产

　　保证安全生产是电力企业的底线,工作票制度和安全监督管理制度是其主要管理手段。目前在电力行业输、配、变电等生产活动中,工作票大多是以纸质方式进行的,若工作票的填写有误,工作人员的身份信息没有得到验证,事故追责就缺少可靠的依据。以区块链技术为基础,可以构建出一套数字化工作票系统,具体如图4-11所示。其充分发挥了区块链高透明度、分布式存储、数据不可篡改、高可信等特点,并与智能合约、大数据分析、知识图谱等技术相结合,最终达到了数字化工作票的全流程在线、安全可信可管控的目的,从而可以有效地提升现场的安全管控水平,提高工作时效性、便捷性和工作效率[12]。

　　安全监管具体内容有:安全事故管理、安全隐患管理、安全监察管控、安全培训考试、班组安全建设等。其中还存在数据不完整、弄虚作假等问题。基于区块链技术所具备的防篡改、可追溯等特性,可以将安全监管的全程数据上链并进行可靠地存储,基于该技术建立了安全隐患甄别管理、责任划分追责管理和工作区域的违章行为管控等系统,实现了安全监管业务的数字化、智能化转型,提升了对安全监管业务的管理,并利用数据治理、数据融合、数据挖掘等技术,为相关规章制度、建设规划、管理模式的制定及修改等工作提供了可靠的理论依据。安全生产是各级政府最关心的问题,目前我国安全生产形势依旧严峻,而以区块链技术为基础的安全生产监控平台将迅速发展,并发挥非常大的作用。

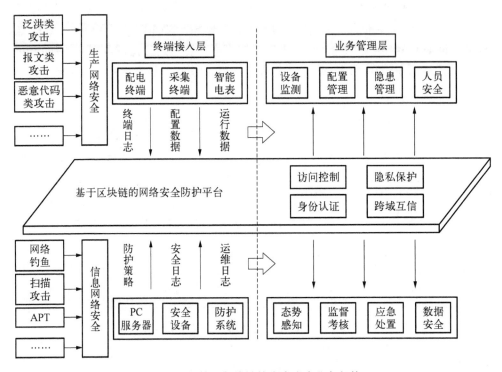

图 4-11　基于区块链的安全生产业务架构

3.网络安全防护系统

目前,网络安全是国家安全的重要组成部分。而能源是国民经济的命脉,能源安全关系到一个民族的生存和发展。网络攻击现象日益增多,其中以网络嗅探、网络渗透和网络攻击最为严重。

以区块链技术为基础的去中心化、不可篡改、可追溯、高度可信以及多方一致的特点,将是提高网络安全性的一种有效途径。本书将从三个特定的场景来说明区块链技术在能源电力工业的网络安全保护中的具体应用过程。

1)数据共享

数据共享是社会各界共同面对的一大挑战,存在各方利益不协调、高泄露风险、高失真和容易丧失数据控制等问题。由于其高度的可信度、抗篡改和可追溯的特点,区块链技术在信息分享方面有着先天的优势。物联网识别技术通过读取物体的身份证编号,可以实现对物体的唯一识别和归属标记,将物联网识别技术与区块链技术相结合,为数据确权与共享提供了新的解决途径。在此基础上,利用物联网识别技术实现了在链路中数据的独一无二的识别,并确定了其归属。以区块链去中心化、隐私保护等技术特征为基础,构建出一个可信的共享数据账本,以低成本、高效率、透明对等的方式为基础,为用户提供数据可信共享服务,实现数据流、业务流、能源流等数据的自主可控及协同共享,具体内容见图4-12。

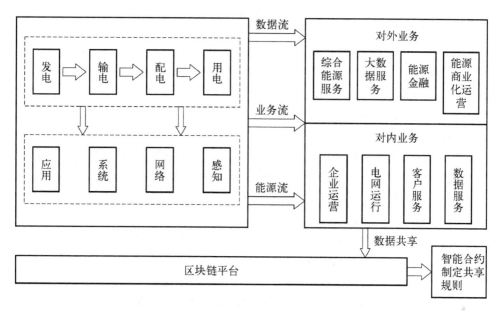

图4-12　基于区块链的数据共享业务架构

以区块链技术为基础,构建一个电力大数据征信平台,可以实现对客户征信数据的可靠传输,对中小微企业的融资业务提供有力支持,实现跨行业、跨机构、跨地域的数据共享[13]。

2)身份认证

在能源互联网高速发展的背景下,电力系统与上下游企业之间的连接越来越密切,开放性越来越强,用户访问的终端和网络规模也越来越大,如何提供方便、可靠的用户信息是保障电网安全、稳定运行的关键。当前,基于公钥基础结构(PKI)的身份验证主要依靠PKI中的可信第三方,易发生单点失效且易被分布式拒绝服务(DDoS)攻击。同时,利用生物特征来验证个人信息的真实性也面临着数据被篡改和隐私泄露等重大安全隐患。

在身份验证中,将其应用到PKI系统中,其核心在于提高PKI系统的透明度与可信度,增强对使用者个人资料的保护。利用PKI系统的不可篡改和可追溯等特点,在PKI系统上对CA证书进行上链保存,不仅可以对其进行去中心化、公开透明的管理,还可以对其进行跨领域的信任。

3）网络安全运维

当前,有组织的网络攻击活动日益频繁,恶意程序的威胁与日俱增,DDoS 攻击的态势日趋严重,其威胁程度也在持续上升。近年来,美国、印度、英国、南非等多个国家发生了多起大规模的信息泄露事故[15],能源和电力工业的信息安全问题日益突出,我们国家和地区的信息安全已提上了日程,关注和维护电力工业的信息安全已成为当务之急。

在构建一个以区块链为基础的网络安全防御平台的基础上,将网络安全设备配置文件上链存证,并与之进行周期性的对比,可以及时地发现其中的异常变化,从而保证安全事件可被检测出来,减少人力核实的成本。将各种类型的安全日志上链并保存,保证其内容是真实的,不会被人篡改,也不会被人非法删除,从而提高公司的总体安全防御与反制能力。

在构建能源互联网方面,区块链技术是一项非常关键的技术,它可以为电力产业奠定良好的信用基础,也可以为市场的公平交易提供可靠的安全屏障,还可以为所有的事物构建起一条超级纽带,它会对整个能源互联网的发展起到基础性和引领性的影响。

目前,在能源电力产业的很多场景中,已经对区块链技术进行了深入的研究和应用,但是在顶层规划、标准制定及核心技术自主可控等方面仍然存在很多缺陷。基于已有的工作经验,持续强化技术研究,聚焦区块链技术和能源互联网的关键环节,强化内外协作,建立"产学研用"相结合的发展模型,构筑起一个完整的产业链协作的生态系统,这对推动区块链技术在能源和电力行业中的广泛运用具有重要的现实意义。

4.2.3　能源区块链应用的信息系统架构

伴随着能源区块链的不断发展,能源区块链的体系结构呈现出多元化的趋势,目前的能源区块链技术体系结构经常采取的是联盟链多层次的区块链结构,将其划分为多个区块链层次,可以在同一时间内实现数据的共享,从而大大提升了区块链的运作效率,加大数据的存储容量。与此同时,还可以对数据进行分门别类处理,实现数据格式的统一,从而可以有效地提升整个系统的运作效率。在电力资源调度层次上,联盟链的多层次区块链能源架构可以很好地实现对调度层次的局部去中心化的需求,同时还可以确保对系统进行可靠的安全性监督以及对数据的安全存储和机密信息。在利用区块链技术进行能源资源交易的层次上,一方面可以确保能源交易的安全性,另一方面也可以确保能源交易的数据安全性;在以区块链技术为基础的电力资源系统与安全的层次上,一方面可以为整个系统的最优控制与协调带来方便,另一方面也可以为整个系统的安全性提供有力的保证。将区块链技术融入能源互联网的每一项业务,致力于对能源系统中的各种问题进行有效的处理,从而为能源互联网的发展提供强大的技术保障。利用联盟区块链的半去中心化和高可控的特性,能够在调度和交易方面获得巨大的优势。在联盟链中,利用不对称的密码技术,可以真正地保障电力网络的数据安全性,通过设置接入权限,可以有效地控制系统的整体开放性。

1.联盟链多层级区块链架构

如图 4-13 所示,在该区块联盟链的电网平台技术框架中,根据区块链的 5 个层级,即数据采集层、网络层、共识层、合约层和应用层,将该电网平台分为 5 个层级,分别与区块链层级相对应,将区块链技术融进电网平台的各个环节。在这个技术框架中,电网平台被划分为电网数据的采集、提取、统计维护和实战应用等层次,每一层次都被逐级调用,并进行了分工合作,把区块链中的区块结构、共识机制、智能合约等核心技术运用到电网平台的每一个层次,从而使区块链技术在这个电网平台中的作用得到最大限度的发挥[16]。

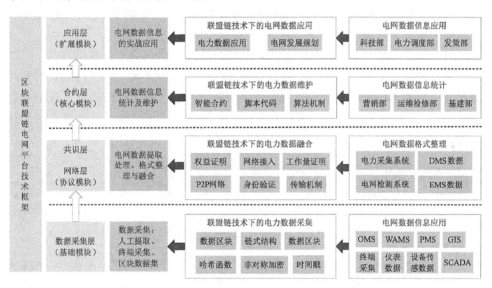

图 4-13 联盟链多层级区块链架构

这种单链五层体系结构又分为基础模块、协议模块、核心模块和扩展模块。主要的模块及其功能如下。

(1)基础模块:数据采集层,其主要功能是对网络平台上的设备的运行状态和其他硬件参数数据、传输的电量、能源的类型和来源、电力的价格和时间序列等基本数据信息进行实时的采集,并在消除异构型后,将这些数据添加到数据块中。

(2)协议模块:网络层和共识层,此模块主要包括组网规则、一致信任,以及数据验证协议,以确保整个电力系统平台上各组网节点之间的信任通信,以及数据的校验传递。

（3）核心模块：合约层，它是系统平台智能化的核心，包括各种智能算法机制、脚本代码，并将其相互结合，形成更智能的智能合约，从而达到对系统进行自主管理、智能化操作的目的。

（4）扩展模块：应用层，它包括了电力系统平台上各个技术运用的模组以及扩充部分。同时，其为智能电网系统提供了技术方案、数据分析结果、系统运行策略和管理手段等。单链条技术体系结构具有层次化、分工明确、层级模块化、各个层级的功能协同运作、逐级调用等特点，能够在保障电网平台数据安全的前提下，有效提升电网平台的智能程度，提高电力资源的利用率。

为了提高系统整体的运行稳定性和高效性，确保电力能源交易的公平、公正、公开，保证供电上的收益和用户的利益最大化，提高电力资源的利用率，保证电网平台数据的安全性，多区块链模式下还会采用多链并存、多链互通的策略进行分层分级管理。在将区块链技术应用于分布式电力资源系统的过程中，由于其各个组成部分的资源数量庞大，造成了系统管理效率低下、各个资源的调度分散、无法及时有效地应对突发事件等一系列问题。

具体如图 4-14 所示，各链都遵循了分层设计，具体包括了合约层、激励层、共识层、网络层、数据层及应用层。这些层之间实现了层层互联互信与协同运行，可以很好地解决传统分布式能源系统组件多杂乱的问题。智能合约运营区块链从数据链、资产链和分析链中提取数据信息，实现智能调度、安全运营，协调系统优化运营。

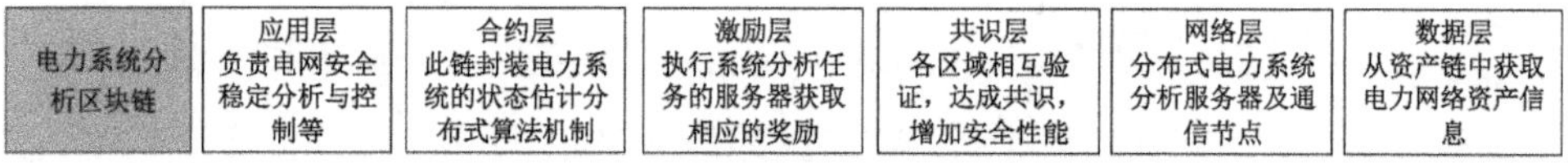

电力系统分析区块链	应用层 负责电网安全稳定分析与控制等	合约层 此链封装电力系统的状态估计分布式算法机制	激励层 执行系统分析任务的服务器获取相应的奖励	共识层 各区域相互验证，达成共识，增加安全性能	网络层 分布式电力系统分析服务器及通信节点	数据层 从资产链中获取电力网络资产信息

图 4-14　多区块链模式——电力系统区块链

在多链式架构中，区块链各自独立运作，将每条区块链划为一个模块，链链之间是模块化的关系，这样就可以实现整个系统的去耦合开发，每条链都可以进行独立开发和功能优化，只需要统一数据调用的接口就可以了。通过数据区块链，可以实现数据格式的一致性，防止异构数据的生成，并确保系统内的数据融通性。在应用层面上，还可以将其他智能化的业务逻辑嵌入系统中，从而达到对整个系统进行服务扩充和对电网资源进行智能化调度的目的。在区块链群技术架构下，分布式电力资源系统可以很好地实现服务功能的扩展，并可以将精力集中到各个模块的优化和升级上。数据区块链数据格式的统一，为实现多个区块链间的协作提供了可能。对于区块链群模型，人们更多地提到了与区块链有关的技术，而对于与电力系统有关的技术，如故障检测与识别诊断、稳定性与可靠性分析等，却很少提到。该区块链群模型是一种基于区块链的分布式、智能化、网络化的电力资源运行系统。

当前,多层次区块链技术已经被广泛运用于能源领域,并取得了一定的成果,如中纽约布鲁克林微电网、澳大利亚 PowerLedger 项目、清华大学主导的 SPEAR 项目等[17]。下文对这几个案例进行系统分析。

2. 纽约布鲁克林基于区块链的微电网智能系统

根据美国能源信息署(EIA)的数据,尽管相比 2018 年上半年的 2.4%,太阳能发电在美国的总发电量中所占比重仍然很小[3]。之所以占比不高,主要有两个原因:一个是美国的石油和页岩气等能源价格相对低廉,相对于太阳能来说有很大的价格优势;二是由于太阳能发电没有被很好地开发和使用。为充分挖掘与利用美国极其丰富的太阳能资源,突破其应用瓶颈,纽约新兴企业 LO3 Energy 公司发起了一项以区块链为基础的新型微电力系统 TransActiveGrid,并将其应用于纽约市布鲁克林区(Brooklyn)的总统街,取得了非常显著的效果。

以前纽约有太阳能电池板的住户,可以将多余的电能卖给发电公司,然后加入他们的网络中,但是由于价格太低,他们不可能收回成本,而且当电力公司计划在该区域停电时,居民们无法直接使用自己生产的电力进行供电。针对这一问题,LO3 Energy 公司与德国西门子公司联合,利用区块链技术构建了一套试验型微电网,允许用户在使用太阳能电池的情况下,利用区块链技术进行点对点的交易,并将剩余的电量出售给邻近的用户,从而达到降低系统能耗、提高系统效率的目的,并避免了对公网的过度依赖。

LO3 Energy 公司研发了一种基于区块链的平台 Transactive Grid(TAG),它可以让当地居民通过已有的网格架构来实现分散式的交易。参与实验的住户可以使用当地的光伏发电系统、当地的绿色能源,或者是传统的矿物能源。TAG 为用户提供了四个方面的服务:一是对各类电能进行了实时报价,以供用户选择;二是因为当地居民参与使用太阳能光伏发电等清洁能源有一定的政府补贴,所以 TAG 可以帮助居民对其进行精确地会计处理,从而获取相关的补贴;三是在当地发生停电事故时,可以直接启动当地的太阳能电池板,以更好地解决当地居民的紧急用电问题;四是在紧急情况下,可以将太阳能电池发电的电力直接输送到医院、避难所等需要用电的地方,以缓解目前的情况。

TAG 是一种以以太坊为基础的区块链技术,它利用用户与节点间的相互影响,构建了一个具备智能合约功能的微电力系统。它的工作原理是利用标准的电表和具有区块链功能的电脑装置来对电能进行计量,并与微电网中的其他装置进行通信来发起能量交易,真实的电流在普通的电力网络中被传送,获得授权的区块链对交易信息进行管理,并运作对应的智能合约。使用者可以使用专门的移动应用程序设定偏好,来决定选择什么样的电能,以及他们愿意花多少钱来购买太阳能发电。这一项目利用区块链技术的专用仪器,实现对太阳能电池发电功率的精确实时监测,从而突破传统计量模式的局限,对促进电力市场的公开、公平、公正具有重要意义。

图 4-15 是 TAG 项目运行原理图。作为基于区块链的能源创新项目,其示范意义表现如下:一是将微电网与区块链相融合,为光伏发电提供本地市场,减少能耗损失,同时也为光伏发电提供新的能源服务。二是微电网可以和常规电网融合,也可以彼此独立,平时可以直接接入,一旦发生突发事件,则可以通过本地能源的"孤岛模式"进行独立运作,保证在发生天灾或其他突发事件时,微电网也能得到持续的电力供给。三是使得具有发电能力的住户能够不需要中介机构或者资金支持就可以直接将电能卖给邻近的住户,并且利用区块链的方式实现了网上交易的安全、透明,既能保护当事人的权益,又能减少相关的管理、协调费用,实现了"多方共赢"。

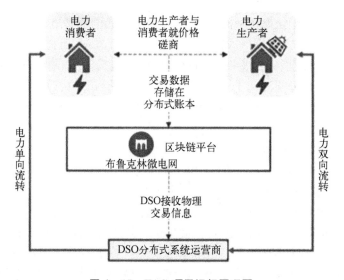

图 4-15   TAG 项目运行原理图

注:实线代表物理交换;虚线代表信息/资金交换。

3. 澳大利亚 PowerLedger 项目

澳大利亚拥有全球最大的光照资源,据澳大利亚能源局统计,截至 2020 年一季度底,该国已经安装了将近 240 万套太阳能发电装置,为全球利用太阳能最多的国家;2019 年,其屋面光伏发电量达到 10.7 GW,占美国总光伏发电量的 60%[18]。过去很长时间以来,澳大利亚居民将自身未使用完的太阳能电力提供给公共电网是无法得到经济补偿的,主要原因是计量困难和缺乏切实可行的结算机制,这在挫伤居民提供自有电力积极性的同时,也造成了大量太阳能电力的浪费。

在这种情况下,PowerLedger 公司利用区块链技术来建立一个分布式的电力交易网络,以鼓励更多的人参与到像太阳能这样的可再生能源的生产和交易中来,并且可以得到公正的报酬。该公司于 2016 年 5 月在西澳大利亚研发建立了一套基于区块链的光伏发电点对点交易体系,不仅可以解决光伏发电的结算问题,还可以让发电企业在不受任何第三方监管的情况下,极大地提高能源交易的便捷程度。该项目不仅获得了澳大利亚政府的大力扶持,还获得了众多国际能源巨头的青睐,目前已成功在泰国、韩国、印度、日本等多个国家实施,被誉为“通过区块链技术,实现光伏发电的高效率、低成本”的典范。

PowerLedger 利用区块链技术,将太阳能和电能带入 P2P 市场,利用智能合约,使得以往比较复杂的能源交易和销售,可以在一个不受信任的环境中顺畅地进行下去。它可以使参加的居民即时收到款项,可自由选择不同来源的电力,也可以从最近的邻居那里买到电能,还可以卖掉过剩的太阳能电能来获取收益等。在整个交易过程中,不需要第三方的干预,其主要包括对参与者数据的控制、定价和费用支付的保证等方面。这是一种以区块链为核心的交易规则,可以进行实时交易。同时,基于区块链的交易具有透明可追溯性,不仅可以大幅降低结算费用,还可以实现交易的高效透明。为了构建一个不需要信任、透明和可互操作的能源交易平台,PowerLedger 使用了两种代币体系,一种是 POWR 币(全称为 PowerLedger Token),被设计为通行证,可以被用来进入交易平台,就像是生态系统的“燃料”;一种是 SparkZ 币,这是一种用来购买能源的货币,将 SparkZ 币存放在使用者的电子钱包中,并且可以在任何时候将其转换成澳元。PowerLedger 生态系统能够支持多种能源交易应用,它主要包含了 5 个方面的应用场景:一是 P2P 交易,零售商授权消费者进行相互之间的电力交易,或者消费者自我交易,实现了电力交易的自动化;二是微电网运营,它能实现电能计量、大数据采集、快速微交易等对电力系统的管理;三是能够提供透明、高效、低成本的电力交易结算,包括数据收集、核对以及交易结算;四是对资产进行自治管理,可以进行自购自卖,实现将收益自动发放到指定的银行账户;五是分散的市场管理,使资产所有者能够在任何时候对网络资产进行最优配置,包括最优的测量数据、大数据的汇总、资产的准入和调度、快速的交易和结算、网络的下载平衡、需求测量响应等。

经过多年发展,PowerLedger 已经形成了一个覆盖全球的生态圈,它不仅支持各种主体之间的互联互通,还提供了一种透明的监管机制,使得全球范围内的能源供需双方都能与 PowerLedger 进行无缝对接。从整体上看,该生态系统是一个兼容并蓄、可扩充的体系,其应用场景和覆盖面都在不断扩大,为太阳能等新能源的开发与利用提供了新的机会。

4. 清华大学 SPEAR 项目

2020 年 10 月,清华大学能源互联网创新研究院执行院长、中关村区块链产业联盟创办人元道先生首次提出了以区块链为基础、以民间共识与民间资本为驱动的全球能源互联网协同创新项目 SPEAR,其项目框架如图 4 - 16 所示。同时,项目还首次对 SPEAR 在"数字基础设施+电力基础设施"融合创新模式方面的原创性探索成果进行了总结与分享。

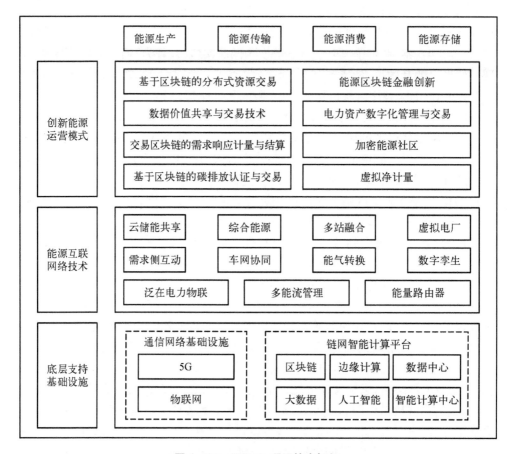

图 4-16　SPEAR 项目技术框架

将区块链技术引入能源领域,必将给能源领域带来更多的价值。

一是构建一个安全可靠的共享账户。由于区块链技术是以记账的形式,将参与者的所有交易行为都永久性地记录在账目中,因此它突破了传统的各个能源参与单位单独进行会计处理的模式,消除了对交易记录的许多约束,让参与者可以在共享的账本中查看被授权查看的交易记录,确保了交易记录的透明、公开和真实。

二是利用智能合约实现制造流程的自动控制。在以区块链为核心的交易服务中,能源交易当事人可以通过编码的形式将合同中的交易方式以及其他的商业条款写入以区块链为核心的交易服务中,从而使系统能够按照经双方同意和授权的合同内容进行相应的交易,无论是能源服务商还是能源用户,都不用害怕交易运行机制会受到人为的影响。

三是对交易双方的隐私权进行了有效保护[19]。在利用区块链技术对交易主体的全部交易数据进行自动记录的情况下,交易主体无需将自己的个人资料和交易信息绑定,并且可以规定哪些交易信息是可以被授权观看的,这不仅能够有效地对交易者的隐私进行保护,还能够满足各种业务对数据的使用要求。

四是促成协议成交。无论参与者是以匿名的方式还是以公共的方式加入区块链网络,一旦其中一个参与者发出了一项交易请求,那么其他的参与者都会在最短的时间内接收到交易信息,然后通过区块链技术的一致算法来确定,从而避免了人为介入。

五是对能源的流通难题进行了研究。目前,在能源产业的所有经营环节中,都面临着效率瓶颈、交易延迟和运营风险等问题,而利用区块链技术可以有效地解决上述问题。例如,在已有的流程中,大量的人工操作、人工验证和审批工作都可以用区块链来进行自动处理,书面的合同也可以用智能合约来代替,在交易的过程中,也就不会再出现因系统失误而造成的损失。

伴随着应用的深化,区块链在能源中所产生的价值也会逐步深化,在不同的业务应用环节和发展时期,所产生的应用价值也会有所区别,这就要求我们在具体的发展中对其进行持续探索。

4.2.4　未来发展趋势

在新一轮能源革命中,新能源所占比例逐步提高,已成为发展的必然趋势。随着分布式供能技术的广泛应用,电力市场逐渐向集中化、分布式混合供能方式转变。能源交易的多元化、参与主体的日趋集中,导致了信息真实性难以验证、数据共享安全缺失、交易成本高、协同效应极差等问题[20]。而能源区块链则为解决上述问题提供了一种可行的解决办法。能源区块链的功能有:① 能源供给。运用区块链技术的特点,可以在不同的能源系统间进行信息共享,以提高能源系统的效率,减少能源浪费。② 能源传输与消费领域。通过使用区块链技术,在各利益主体之间建立起一种信任关系,提高了供给端和消费端之间交易的透明度,从而实现能源之间的良性输送,为能源的交易提供了一个高效传输的环境。③ 在能量交易领域。利用区块链技术可以解决双方交易时信息不对称的问题,协助交易安全的点对点交易,减少交易中不必要的金钱损失。众所周知,能源区块链拥有智能合约属性,因此,在能源区块链环境下进行的交易都能够实现自动化,从而提升了交易双方的合作效率。

能源体制改革是关系到经济社会发展的重大问题。当前这一现象已经成为一个全球性的重大问题。世界各国都在大力发展能源领域,推动能源技术革新,持续构建新型的电力系统与通信系统,利用因特网实现能源转型。伴随着区块链大数据、云计算、人工智能等技术的出现,能源的行业创新也开始向着通过智能化管理来进行优化控制的方向转变。与此同时,信息和通信技术融合的渗透效应也越来越显著,区块链技术和互联网技术兼容性很高。智能合约通过制定合理的交易规则,使用户可以更好地实现自己的能量交易。区块链具有天然去中心化的特点,能够推动能量供给体系的去中心化,从而使多层次体系得以简化。区块链的不可伪造的特性,使其可以对多个环节的生产、分配、消费、交易和管理进行有效整合,多个环节可以极大地降低交易成本,提升交易效率。

1. 能源区块链发展的启示

区块链技术正在成为推动经济与社会发展的一项关键技术,其应用将会越来越广泛。目前,我国能源开发领域的区块链技术还处于初级阶段,如何从国外的发展中吸取有益的经验,并结合中国的国情走出一条行之有效的发展之路,是目前我国能源行业所要面对的一个重大课题。

1)以能源区块链的发展为切入点,推动能源体制改革

在改革开放 40 多年的时间里,伴随着我国经济的持续快速发展,人们的生活水平也在逐步提升,我们对能源的需求也在不断地增加,同时,我们的产品结构也在不断地优化,我国已经发展成了世界上最大的能源消费国和最大的能源市场。在电力能源领域,我国的发电装机、发电量、电网电压等级、电网运行安全技术水平、供电可靠性等多项指标都处于世界领先地位。但是,目前我国能源发展面临着许多复杂的问题,如产能过剩、结构过于臃肿、能源供应的适应性与弹性不够。从宏观上看,目前我国能源市场改革的主要目标有三个:一是保证能源供应的持续、稳定;二是要将能源价格维持在相对较低的水平;三是如何应对清洁能源所占比重越来越大的问题。目前我国能源产业所面对的环境越来越复杂,加速推进能源领域的改革,无疑是我们的必由之路。大力推进能源区块链的发展,毫无疑问是一件可以推动能源改革的强大武器,它将会在三个方面产生影响:一是区块链可以帮助推动能源产业的数字化发展,用数字化来推动能源产业的转型升级,从而更好地激发能源产业的发展动力和增长潜力,这对于扩大能源产业的产出、保证能源供应都有着非常重要的支持作用;二是对推动能源行业商业运营的开放和透明,减少能耗,保证能源价格的经济合理性,都具有直接的作用;三是区块链可以促进各种新能源的开发与利用,从而促进新能源的快速发展。毫无疑问,能源区块链的发展,将会成为推动能源体制改革的一个重要切入点。

2)抓住新基建的机遇,为能源区块链的发展打下坚实基础

在很长一段时间里,基础设施被定义为为社会生产和居民生活提供各种公共服务的工程设施,它是一种公共服务系统,对经济和社会的运行起到了支持作用,同时也是一个社会赖以生存和发展的最基本的物质条件。新中国成立后,通过大量的资金投入进行基础设施建设,对于推动经济的迅速发展、提高企业的生产经营效率、提高人民的生活质量,都发挥着不可取代的重要作用。目前,我们在传统的

基础设施建设方面已经取得了令世界瞩目的巨大成果,并且在整体水平上已经接近发达国家。以"创新驱动、数字赋能、信息网络"为主要特点的新基建已经成为激活经济动能、赢得新机遇的重大战略举措。新基建包括信息基础设施、融合基础设施和创新基础设施三大建设,能源区块链既是信息基础设施的基本建设,也是能源与区块链融合的基础设施,同时也是支撑能源产业技术创新的基础设施。因此,抓住新基建的发展机会,大力发展能源区块链,对于推动产业发展具有重要的意义。

能源区块链新基建的重点有三个方面:一是在区块链技术的基础上,构建一个能源一体化交易平台,从而简化交易流程,优化结算方式,降低交易成本;二是推广"智能电表"和"物联网"等技术,实现电能数据的采集、接口、传递;三是聚焦科研力量,研制能源区块链技术支持平台,为其在工业上的应用奠定坚实的基础。

3)构建基于联盟链的各种类型的应用示范

根据我国能源管理的基本特征,将联盟链技术引入到能源区块链的构建与管理中,不失为一种较为理想的方法。联盟链是由多个机构或组织共同参与管理的区块链,每个机构或组织都运营着一个或多个节点,一起记录交易数据,数据只能在系统内的各参与方之间进行共享。联盟链作为支撑分散式商业运营的基本构件,能够更好地满足多主体间的相互协作和合规、有序发展的需求。不同于公有链的完全去中心化特性,联盟链的弱中心特性使得其只能被授权的参与方获得数据记录、认证和验证的权利。因为能源行业中存在着非常广泛的上下游参与者,在每个业务环节中都存在着比较多的参与者,所以要以联盟链的形式,构建出一套包含各类参与企业、用户、监管者、系统开发和管理维护人员等在内的参与体系,从而构成一个多元化的数字生态,并对管理模式和运营机制进行创新。目前,能源联盟链在我国的应用还比较少,必须要持续地进行经验的积累,同时也要将其应用到更多的实践中去,为产业的推广和应用提供更多的范例。

4)利用能源区块链,推动新能源产业的快速发展

《能源生产和消费革命战略(2016—2030)》明确指出,到2030年,我国电力市场中非化石能源发电占比将超过50%。为此,我国要大力发展风能、太阳能,提高发电效率,降低发电成本,使新能源与传统电力公平竞争。在新能源开发中,要突破发展所面临的种种障碍,其中,能源区块链无疑起到了举足轻重的作用。国网青海电力与深圳前海益链网络联合研发的"区块链共享储能系统"在新能源领域率先投入使用,并获得了良好的成果。

青海作为新能源装机容量第一大省,已建成国家第一条新能源特高压输电线路,然而新能源发电量波动大、消纳能力有限,2019年新能源弃电比例高达5.8%。

针对青海省电网建设投入巨大,新能源储能市场化定价机制不健全的现状,将

区块链技术应用于新能源发电辅助服务交易,构建了以电网调度中心为核心的新能源发电调度交易联盟,有效解决了储能调峰交易结果数据存证、智能合约清分结算与财务通证记账、电费资产证券化等难题,提高了新能源发电调度交易的可信度。以区块链为基础的新能源数据存证流程非常简单,将交易执行合约和结果作为交易凭据存储在区块链平台上,以区块链的智能合约功能为基础,实现交易清分和结算,确保了交易从组织申报、出清、执行、清分到结算等各个环节的安全、透明和可信。从 2019 年 6 月开始正式运行到 2020 年末,该项目在一年多的时间里完成了以区块链为基础的共享储能交易,累计成交 1 172 笔,增加了 2 624 万千瓦时的能量,产生的直接经济效益 2 100 余万元[21],有效地解决了现行的新能源和储能辅助服务交易模式的问题,包括缺乏受限规范及交易撮合依据、无法有效地计算充放电效率与电量损失,以及违约失信、交易清分结算量大等,从而极大地提高了新能源消纳交易的效率和透明度,促进了新能源及储能产业的质量、效益和动力变革。青海利用联盟链技术建立能源区块链,切实有效地解决了新能源存储的问题,并取得了显著的效果,对其他国家在能源区块链方面的高效发展具有一定的参考价值。

2. 能源区块链发展的挑战

新中国成立以来,我国的能源业在自力更生、奋发图强的基础上,逐步走上了高速发展的道路,并取得了令人瞩目的成绩,其中,能源对国民经济和社会的发展起到了重要的支持作用。但是,在当今世界错综复杂的情况下,在我国经济转型与产业升级的要求下,我国企业发展依然面临着诸多挑战。

1) 迫切需要对我国整体能源结构进行进一步优化

根据人类社会能源演变的基本规律,长久以来依赖的传统化石能源,因其对自然的破坏、对环境的污染和开采成本的增加,在整体上呈现出了持续降低的趋势,其基本发展方向转化为以低碳乃至无碳的能源逐渐取代高碳的能源。作为最大的发展中国家,我国在调整能源结构上付出了巨大的努力,并取得了巨大的成就。资料表明,从 60 年前开始,煤就是我国的主要能源,它所占的比例从 60 年前的 95%,降至现在的 60%,石油所占的比重已经接近 20%,而一次电、天然气和太阳能光伏发电等清洁能源所占的比例正在快速增长。但是,我们也应该注意到,在 2019 年,一次能源总产量为 39.7 亿吨,其中,原煤占了 97%;我国 2019 年度总发电量为 75 034.3 亿度,火电占总发电量的 70%。

从消费结构方面来看,2019 年,我国清洁能源的消费量占能源消费总量的 23.4%,较 2018 年增加了 1.3 个百分点。在整体上,我国清洁能源的消费比例处于上升阶段,但仍不到 1/4,对能源结构进行优化仍有很长的路要走。能源结构的优化是一项极其复杂的系统工程,不可能一蹴而就,而区块链等数字技术的运用,势必会给这一过程带来巨大的影响,因此,我们必须给予足够的重视,并对其进行深入的讨论。

2）应对电网运行方式进行再设计

如图4-17所示,伴随着电力传输技术的持续发展,现在的电力能源已经可以实现长距离的传输,并且使用电力的范围也在逐渐扩大,特别是有很多的电动汽车需要在任何时候、任何地方都可以接入到电力网络中,参与到电力消费当中,这就必然会给传统的电力网络运营带来新的挑战。当前,我国的电网运行基本上还维持着二元结构,电力生产、电力配送、电力消费三方独立,业务运行彼此割裂,个性化消费需求和分布式能源供给都得不到很好的支撑,并且电力生产、电力配送主要依靠人工预测,还没有建立起一个能够实现数据共享的互联互通的信息系统,能源利用率也比较低。为了更好地满足电力资源新的发展需求,必须改变现有电力网络的运行模式,其中如何将电力生产方、配送方、消费方、电力生产设备和电子消费设备最大限度地结合起来,构建一个支撑便利能量双向流动和信息双向高效处理的能源互联网,是一个亟待解决的技术问题,而区块链则是其中必不可少的因素。

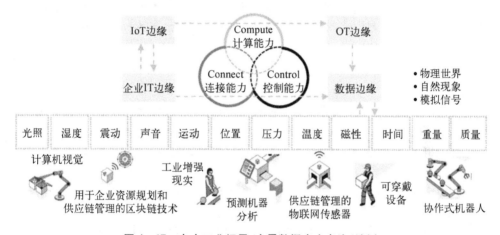

图4-17　电力工业场景,大量数据产生在边/端侧

3）现有电力能源市场的格局有待激发活力

当前,我国的电力市场主体主要包括发电企业、交易机构、电网企业、售电主体和电力消费者。其中,国家电网和南方电网对我国电网的运营和电力配送进行了全面的管理。中国华能、中国大唐、中国华电、中国国电、中国电投5家以发电为主的大型企业,组成了中国的电力供给主体,并在全国范围内组成了一个完整的电力供给体系。当前,虽然这个中央化的电力市场供电模式能够在某种程度上确保效率,从而构建出一个相对稳定的市场结构,但是它仍然缺少与之对应的生命力,而且彼此之间的数据共享和信息互动仍然有很大的阻碍。与此同时,还必须在上游和下游之间建立起新的业务连接,以推动互联互通和数据共享。在太阳能和风能

等新能源迅速崛起的情况下,传统的集中化的能量管理方式还有待继续完善。利用区块链技术,构建分布式、去中心化的新能源发展体系,可以更好地激发出新的能量,更好地与电力能源发展新形势的需求相匹配。

4）分布式能源生产模式有待逐步建立

目前,我国的能源生产方式主要以集中生产方式为主,而今后的发展趋势则是分散生产方式,将会出现参与主体众多、分布区域广泛、能源生产方式多元化的新能源供给格局。它所引起的改变有四个:第一,发电模式将从目前单一的集中式供电转变为集中式供电与分布式供电共存,并且电力供应的规模将有很大的提高;第二,随着新能源的大规模接入,将会形成一个巨大的、遍布整个国家乃至世界的超高压输电网,以及一个局部的、区域性的微型输电网,两者相辅相成,组成一个分布式输电网;第三,用户不仅仅是用户,还可以将自己的发电能力卖给电网,这样就可以实现一种新型的能源交换;第四,在蓄能领域,由于技术水平提高,价格降低,不管是供电企业还是一般用户,都会采取更多更高效的方式来提高对电能的利用率。在这种情况下,要想实现分布式能源的生产,就必须采取一种分布式管理的技术方法,而区块链所具备的分布式数据存储等特点,能够为这种情况下的分布式能源生产提供技术支持。

参考文献

[1] 沈翔宇,陈思捷,严正,等. 区块链在能源领域的价值、应用场景与适用性分析[J]. 电力系统自动化,2021,45(5):18 - 29.

[2] 李瑞娟. 区块链在能源互联网中应用现状分析和前景展望[J]. 理财周刊,2021(1):280 - 281.

[3] 覃惠玲,覃思师,周春丽. 区块链与边缘计算在能源互联网中的融合架构[J]. 中国科技信息,2022(11):83 - 84.

[4] 席嫣娜,张宏宇,高鑫,等. 基于区块链的能源互联网大数据知识共享模型[J]. 电力建设,2022,43(3):123 - 130.

[5] 颜拥,陈星莺,文福拴,等. 从能源互联网到能源区块链:基本概念与研究框架[J]. 电力系统自动化,2022,46(2):1 - 14.

[6] 佘维,白孟龙,刘炜,等. 能源区块链的架构、应用与发展趋势[J]. 郑州大学学报(理学版),2021,53(4):1 - 21.

[7] 胡伟. 能源区块链关键技术研究与应用[J]. 上海管理科学,2022,44(6):12 - 13.

[8] 艾崧溥,胡殿凯,张桐,等. 能源互联网电力交易区块链中的关键技术[J]. 电力建设,2021,42(6):44 - 57.

[9] 刘泽聪,李晶洁,马程锦,等. 探讨区块链在电力物资供应链管理中的创新应用[J]. 科学与信息化,2021(17):153 - 155.

[10] 裴凤雀,崔锦瑞,董晨景,等. 区块链在分布式电力交易中的研究领域及现状分析[J]. 中国

电机工程学报,2021,41(5):1752-1770.

[11] 施建锋,吴恒,高赫然,等. 区块链智能合约交易并行执行模型综述[J]. 软件学报,2022,33(11):4084-4106.

[12] 沈翔宇,罗博航,陈思捷,等. 能源区块链共识算法性能的评估方法与实证分析:以分布式能源交易为例[J]. 中国电机工程学报,2022,42(14):5113-5125.

[13] 崔蔚,于卓,王璇,等. 基于区块链的高效能源交易共识与存储优化方法研究[J]. 高技术通信,2022,32(7):708-718.

[14] 陈爱林,田伟,耿建,等. 跨国电力交易的区块链存证技术[J]. 全球能源互联网,2020,3(1):79-85.

[15] 巫岱玥,余祥,王超,等. 基于区块链的信息系统数据保护技术研究[J]. 指挥与控制学报,2018,4(3):183-188.

[16] 余晗,李俊妮,吴海涵,等. 面向能源大数据的链上链下数据监管方案研究[J]. 信息安全研究,2023,9(3):235-243.

[17] 王国法,刘合,王丹丹,等. 新形势下我国能源高质量发展与能源安全[J]. 中国科学院院刊,2023,38(1):23-37.

[18] 吕悦. 碳交易机制下基于区块链技术的闭环供应链定价策略研究[J]. 物流工程与管理,2023,45(1):65-70.

[19] 袁敬中,傅守强,陈翔宇,等. 基于区块链的未来配电网优化模型[J]. 系统管理学报,2023,32(1):73-80.

[20] 蒋万胜,朱晓兰. 数字货币的能源消耗及其经济效益的比较性研究[J]. 西安财经大学学报,2023,36(1):3-13.

[21] 安士杰. "大数据+区块链"共享经济发展策略分析[J]. 全国流通经济,2022(2):128-130.

第五章
基于区块链的指控协同系统

通过区块链,不仅可以将信息数据分布于各个节点之上,对其进行实时更新,还可以将信息数据进行点对点交换与传递。区块链数据传输机制,不是从一个节点发送、复制到另一个节点,或通过中心服务器转发、复制到另一个节点,而是发送节点在区块链上对数据内容进行更新后,将其同步到全网,接收节点按照与发送节点之间签订的加密合约,实时解密获得最新的数据内容。在民用领域,有人正试图将"区块链+电子邮箱"的应用场景落地,充分发挥区块链不可篡改、保密性高、可溯源等特点,对当前的中央化与邮件服务器模式的电子邮箱系统展开了一系列的改进工作,为付费用户提供更加稳定、高效、安全可靠的电子邮箱服务。

就像是一封电子邮件一样,各种作战计划和指令也可以都连接在一起。各个指挥控制节点通过指挥指令链,将在战斗中制定、发布的各种计划、命令,通过区块链点对点的数据传输,实现实时计划、命令的发布与共享。指挥指令链相对于"文书管理"和"指令管理"模式有着明显的优越性。由于区块链的不可篡改性,只有当网络中的所有节点都被篡改50%以上时,网络中的数据才会被篡改。因此,指挥指令链不会发出假命令,能保证命令的安全。这是一条高度保密的区块链,在非对称加密的情况下,收件人必须先得到发件人的数字签名,然后才能看到发件人的留言,符合最高级别的保密标准。区块链能够对计划命令的生成、发送、修改、流转等进行跟踪,从而达到对指挥过程进行复盘检讨、责任倒查的目的。特别是利用区块链在网络上的实时同步特性,能够有效地防止指令重复出现、多发、乱发。指挥信息系统在为指挥信息共享提供极大便利的同时,也不可避免地会带来指挥指令重复发、多头发、随意发等问题,从而导致作战行动的混乱[1]。在引入指挥指令链之后,各个指挥控制节点所产生的计划命令,以及对计划命令的最新修改,都可以在全网同步更新,而全网仅有一份由相应的指挥控制节点提交的最新信息,使得指挥指令始终令出一门、内容最新。

本章将从军事指挥控制的现状以及基本需求出发,深刻剖析当下指挥控制面临的问题与挑战,深入分析区块链技术与指挥控制领域深度结合的切入点及优势,阐述当下区块链赋能指控协同系统的关键技术。

5.1　军事指挥控制现状

5.1.1　指挥控制的概念

5.1.1.1　基本概念

1. 指挥控制定义

在现代军队中,"指挥控制"是用于描述人员和物资管理的通用名词。"指挥"是几千年来一直被人使用的,但"指挥控制"的概念却是五十多年前才被提出,因此,尽管"指挥控制"这个词早就被用在军事语言中,却很少有人将"控制"和"指挥"联系在一起。在战场上,战机稍纵即逝,任何失误都会付出沉重代价。战争的上述特点和现代战争的迫切需要促使我们对指挥与控制问题进行反思[2]。

美国在《参谋长联席会议公告》中明确了"指挥控制"这一概念。指挥包含:有效利用现有的资源、计划、部署、组织、指导、协调、控制军队完成分配的任务,并对军队的健康、福利、士气和纪律负责。该定义中把控制包括在指挥之内。

指挥,是指军队指挥官依照其军衔和职位,依法对其下属行使的权力。控制是一种肉体上或精神上的压迫,以保证一个行为主体或群体能够按照指令行动。指挥控制系统是指指挥员确定所要做的事情并确保其执行的方法。指挥控制包括了人员、信息和支援设施,可以通过指挥控制系统,通过信息流来高效地组织、协调作战人员和武器系统所生成的物质和能量流,在此,既包含了统率、领导、命令等意义,也包含了指导、协调、控制等意义。指挥与控制是通过作战指挥与控制系统,将战场上的各作战单元(作战分队、武器平台、信息平台)连接到一起,组成一个网络,保证战场上的指挥者可以全面、准确、及时地了解战场上的情况,并快速地集结兵力,通过信息来操纵和控制战场上的物资、能源和人员,赢得战斗。在现代战争中,情报分析、运筹决策、指挥协调、武器控制、后勤保障等都离不开情报的支持。因此,在现代化的战场上,一个信息化的战场,一旦失去了对信息的使用权和控制权,就会陷入进退两难的境地[3],陷入被动挨打的境地。

如今,高科技武器装备正在朝着自动化、智能化的方向发展,其中一个最显著的特征就是强调了武器装备之间的相互配合,并朝着系统化、一体化的方向发展。在将来的信息化战场中,单一的某一种或某一类型的武器已很难发挥出各自的作用。这就需要组成武器装备的各个子系统都要自成体系,不然,即使有了单独的高科技武器,也很难发挥出最大的战斗力。

在整个作战系统中,作战指挥与控制是一个至关重要的环节,发挥着举足轻重的作用。在现代战争中,制度被证实是一种"黏合剂",也是一种战斗力"倍增器"。

在"联盟力量"的空袭行动中,不但有数以百计的北约海军、空军在天空展开了大规模的空袭,还有数艘在亚得里亚海巡逻的驱逐舰、巡洋舰、潜水艇,他们发射的巡航导弹。这场海陆空三军联合作战的"幕前"合奏,没有"幕后"各类支援体系的强大支撑是不可能完成的。美国的电子战机对巴尔干地区进行了直接的电磁干扰,以及各类侦察战机对其进行了多次飞行,使得北约的空中打击行动得到了海陆空多方面的有力支持。

2. 数字化战场的概念

数字化战场指运用信息技术,将语音、文字、图形和图像等多种信息转化成数字信号,并通过有线、无线、微波接力、数字光纤、对流散射和卫星通信等传输方式,将战场指挥部、作战部队和支援保障部队、武器平台直至个体之间相互联系,从而达到侦察网、指挥控制网和打击网之间的无缝衔接。其目的是让部队能够更快更好地运用信息,实时掌握战场情况,最大限度地优化指挥和控制效率,提升部队的杀伤力、生存能力和协同作战能力。

3. 关于数字战场的指挥与控制

数字战场指挥与控制,是指在数字战场中,指挥者和他的指挥与控制组织在数字战场上所进行的一系列的指挥与控制行为。以计算机与网络为基础的数字战场指挥与控制体系,极大地提升了信息的获取、传播、处理与使用能力,加速了作战指挥决策的时效性,提升了作战指挥的科学性。武器系统之间变得更加协调,军兵种之间的协同作战能力得到进一步的加强,对个体的协调与控制能力也得到极大的提升,将战场指挥机构转变为系统合成的作战控制中枢,将指挥系统转变为灵敏高效的自动化指挥系统,将指挥方式转变为系统运筹的灵活调控。从而使作战指挥流程得到进一步的简化,有效地提高作战效能,并保证作战指挥的及时、准确和灵活。

5.1.1.2　指挥控制系统的需求

随着信息化水平的不断提高,对新型作战指挥体系的构建提出了新的要求。

(1)要将战场指挥与控制体系作为一个整体来进行构建。也就是在战场指挥控制系统中,对各个军兵种的公共部分展开统一的规划,综合设计,统一建设,构建出计算机网络、数据库、系统软件、共用信息处理软件等标准,供各个军兵种使用。各个兵种的战术应用软件可以独立开发。

(2)指挥与控制系统的整体架构应该是降低垂直的指挥层级,加强水平的连接,以利于协同工作。

(3)要注重作战环境下的作战指挥与控制系统的协同工作。

(4)在作战环境下,战场指挥与控制系统必须具有防御信息的能力。构建多层次的安全机制,强化情报的保密性等。

（5）加强操作指导的连贯性。现代战争中的战役战斗是在一个前所未有的大范围内,日夜不停地进行着,因此指挥员和指挥机构需要不断收集并处理战场上的信息,增强对战役战斗发展态势的预报能力,并执行正确的、不间断的、持续的指挥。指挥机构、人员要善于运用 AIS 的生存力,保证指挥的稳定。为了增强指挥与控制系统的生存力,应尽量降低其为敌人所察觉的概率,降低其在敌人袭击下的损失概率。

（6）加强政策制定者和运营者的职业素养。加强决策者、指挥员的运筹帷幄能力、组织能力、战斗能力、合作能力,使人的指挥能力得到最大限度的发挥。

以下分别从无人机、坦克、舰载、空中支援、民用五个方面来说明对指挥和控制的要求。

1. 无人机指挥控制系统

以对海作战为例,无人机作为对海作战航空装备中的一个重要组成部分,它不仅能够执行情报侦察监视、通信中继等信息支援保障任务及压制敌人防空火力等高危险性任务,还能够实现侦察-打击一体、精确打击等对抗性作战任务,在近海综合作战、远海机动作战、两栖投送作战中起到了不可替代的重要作用[4]。

无人机的指挥控制离不开无人机的指挥控制系统,它的结构如图 5-1 所示,它的主要功能具体包括了任务规划、飞行航迹显示、测控参数显示、图像显示与有效载荷管理、系统监控、数据记录和通信指挥等,它是地面操作人员对飞行和有效载荷实施控制的有效手段。为此,深入研究海上战斗中的无人机指挥与控制体系,对于提高我国的海上战斗实力,具有十分重要的意义。

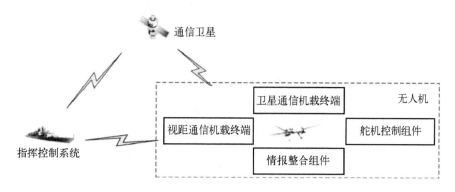

图 5-1　无人机指挥控制结构图

由于我国周边的海洋环境十分复杂,对海战斗力量处于第一线,其战斗空间更加广阔和多维,战斗任务更加复杂和多样,战斗状态更加快速,战斗动作涵盖了海上维权、反海盗、反恐、岛礁攻防等所有的工作频率,所以必须要对对海战斗中的无人机进行有效的指挥控制,以便能够更好地实现各类无人机的系统化协同。以无人机情报侦察监视、指挥控制和体系化协同为中心,建立"分区部署,多级指挥控制,一体化情报处理"的无人机指挥控制体系,满足作战环境对无人机指挥控制和信息情报等的全方面要求。根据实际作战需求,部署机动式地面控制站(车载/便携)、舰载地面控制站以及单兵控制设备,以满足不同的先发区和备降区对无人机的起降与任务的需求;并针对不同的部署节点进行不同布置,形成目标明确、划分合理、覆盖全面的多层次地面指挥与控制网。同时,无人机指挥控制系统必须能够确保各级指挥机构对其所属的无人机设备进行科学有效的指挥控制,并能够与上级指挥部进行无人机指挥命令的交互、情报处理和数据报送,实现对无人机飞行、任务和通信的有效规划、监控和控制。

无人机系统相互操作如图 5-2 所示。无人机系统的互操作包括但并不局限于以下几个方面:

(1) 无人机平台对不同载荷的互操作;

(2) 无人机地面站对同型号不同无人机平台之间的互操作;

(3) 无人机地面站对不同型号无人机平台之间的互操作;

(4) 无人机系统与有人机之间的互操作;

(5) 无人机系统与其他作战单元之间的互操作;

(6) 无人机系统与其他公共系统之间的互操作。

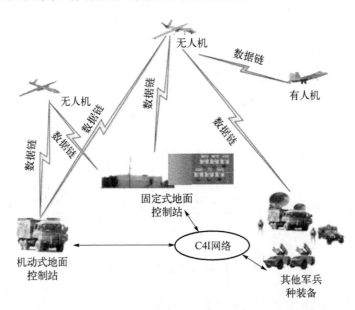

图 5-2   无人机系统相互操作

2. 坦克指挥控制系统

在一体化联合作战中,坦克是陆地上最重要的基础武器,也是最重要的机动攻击平台。坦克分队是以坦克为主,辅以指挥车辆、侦察车辆和通信车辆,构成的作战小队。在未来的作战中,坦克小队将在以信息化为基础的协同作战体系中,完成对地面机动突击、目标机动防御、区域稳定控制和整体作战等任务,成为集成信息化体系的"陆基栅格"节点[5]。

在信息化环境下,"机动是实现集中的方法",快速机动是指在以信息为基础的联合作战力量体系下,发挥全维感知、多信道信息传输、智能辅助决策、快速机动等优势,在统一协调指挥下,对目标区域进行快速机动。

对一辆坦克而言,因其自身体积很大,而且驾驶员在闭舱驾驶的时候视野受到限制,因而很难精确地判断出自己和周围的车辆之间的距离,这会导致坦克部队在列队前进的时候很难维持队形,列队前进的速度相对较慢。加之,驾驶员还要时刻关注着自己车辆和旁边车辆之间的距离,避免互相冲撞,这样也会让坦克的战斗力大打折扣。

坦克分队要在队列行进中、战场上、地面上等条件下进行高速机动,需要对队列进行控制,以保证队列的稳定和阵型的迅速变化。对于体积庞大、控制复杂的大型坦克,唯有采用统一的协调控制策略,才能使其在阵型变化时,快速准确地到达预定的位置,或者在遭遇障碍时,迅速地绕开障碍,恢复到原来的阵型。

在今后的研制中,要充分利用电子信息技术,以综合电子学为重点。如图5-3所示,坦克分队机动协同控制系统运用了计算机控制、数字通信、传感器和多媒体等现代技术,利用多路数据传输,将坦克内原本独立分散的电子系统设备连接成一个有机的整体,从而实现对全车电子系统信息的采集、处理、存储和分配,并通过统筹控制,形成一体化的综合电子系统,将目标探测、识别、跟踪、火力控制、火力打击及作战指挥、显示控制、战场机动、威胁告警及对抗等综合成一个有机的整体,形成一个完整的、有效的信息网络。同时,还可以利用C3I接口,实现坦克分队与上级指挥机关和其他作战武器平台之间战场实时信息(包括声音、文字、符号、图像等)的双向交流,从而使坦克的通信、指挥控制和综合作战效能得到极大的提升。

3. 舰载指挥控制系统

舰艇指挥控制系统可以同时对几十批或者是上百批的目标进行处理或者是跟踪,之后构建出多个武器通道,同时还可以对多种武器系统进行控制,并对不同层次、不同方向的目标展开抗击。

舰载指控系统需具有以下特点:技术环境变化快[6];多操作系统互操作性要求高;功能需求相似或相同;典型的异构特点;分布式特点;界面复杂性与多变性要求高;数据交互密集性。因此,舰载指控系统要求软件框架的设计和开发满足此领域的需求,同时具备分布式处理能力、可扩展性、可移植性等特性。舰艇指控系统肩负着整个舰艇作战指挥的使命,其主要任务包括:支持载舰单独或协同其他兵力攻击敌方水面舰艇;支持载舰单独或协同其他兵力执行反潜作战任务;支持载舰

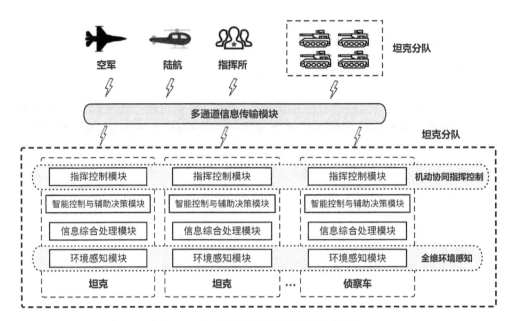

图 5-3　坦克分队机动协同控制系统架构

自卫防空反导作战指挥;监视载舰执行对岸火力支援任务;支持载舰执行多样化军事任务。

（1）舰船指挥控制系统的架构以分布式开放式为主,加强了其顶层设计,并可对其系统的功能进行重组和配置,方便指挥控制系统的扩展和升级。

（2）舰艇指挥控制系统实现全面的自动化,不论是传感器探测还是武器使用,都具有高度的自动化,同时能够进行智能化的决策,从而使兵力与武器自动同步。

（3）舰艇指挥控制系统可以为海上作战提供执行任务的手段、工具以及方法,从而使作战资源可以进行统一管理与综合利用。

（4）舰艇指挥控制系统能够将平台资源和作战资源一体化,同时能够保障信息情报全面、及时地传输,从而使获取的信息能够进行及时处理与分发。

综上所述,现代化的指挥控制系统是为满足现代非接触战争的需要而产生的,新的装备可以实现无人状态下的智能化指挥控制,可以对系统的缺陷进行及时修复,具有全方位的保障能力。

4. 空中支援指挥控制系统

近距空中支援（CAS）是指利用固定翼或旋转翼飞机对靠近己方的敌人进行攻击,以支持对地作战单位进行支援的一种重要方式,是对陆上作战单位的一种有效的补充与强化。自从 CAS 被发明出来后,经过了无数次的战斗,一直在发展和改进。到目前为止,CAS 已经和制空权和空中封锁一起被认为是美空军的三项主要行动,在美国的各个军种中都非常重要[7]。

　　空中支援作战中心(ASOC)是美军战区空中控制系统(TACS)中用于指挥近距离空管行动的基础单位,在经历了几十次大大小小的战斗后,已经成为一种能够适应美国现代空管行动需要的机动性作战指挥中心。ASOC是直接隶属于空军作战中心(AOC)的,一般被配置在陆军战术指挥部的高层火力支援协调中心,负责在其所管辖的区域内,与其他支援兵种及地面部队相结合指挥空军任务。

　　美国空军将TACS与战术空中控制组(AAGS)相结合,建立了ASOC及战术空中控制组(TACP)专用的对地支持作战指挥与控制系统。图5-4显示了美军空中支援指挥控制体系。

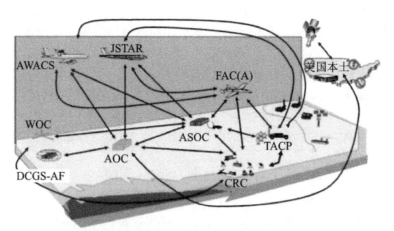

AWACS：机载预警与控制中心　　　　　WOC：联队作战中心
JSTAR：联合监视目标攻击雷达　　　　　CRC：控制与报告中心
DCGS-AF：空军分布式通用地面系统

图5-4　美军空中支援指挥控制体系示意图

　　在不同层次的空、陆两军之间,都有相互的联络员,以促进对空支援的执行。在军队级别上,空军部署了一个移动的先遣部队(ASOC),负责支援作战的指挥,并把它下属的TACP部署于师、旅、营级的指挥所。由TACP收集来自地面部队的支援请求,然后由ASOC分配任务飞机,由ASOC引导飞机穿越集团军作战区域,再由TACP或空军前进控制员(FAC)完成终端攻击控制。

5. 民用指挥控制系统

　　民用指挥控制,作为现代化城市管理重要组成,按照国家"十三五"发展部署和各省(直辖市、自治区)政府建设要求[8],结合民用应急指挥各类业务应用,在处理平时灾害或应急事件指挥过程中,借助网络化集成改造技术、多网系融合等技术,形成民用应急指挥一体化服务管理模式。

　　国内民用应急指挥中心的主要任务是为公安、消防、交警、急救等应急处置机构提供通信与信息保障,各个省市的报警与求助电话都是在联动中心进行统一接警和统一出警。通过对 110 报警服务台、119 火警台、120 急救中心、122 交通事故报警台进行整合,将应急救援纳入一个统一的指挥调度系统中,从而实现跨部门、跨警区以及不同警种之间的资源共享,实现对各警种的统一指挥协调。然而,现有系统依然存在以下三方面问题。

(1) 一体化指挥。全国民用应急指挥系统基础通信网络依托应急指挥专网完成物理链路的连通。全国各省市已完成了标清视频指挥系统的建设并运行稳定,但系统清晰度不高。随着信息化的高速发展,高清视频指挥技术发展趋于成熟,各省市应急指挥应逐步实现视频指挥系统的高清化改造。

(2) 一体化信息。民用指挥信息系统中的各类静态数据和动态数据在采集的完整性、实时性和体系性上还不够完善,制约了指挥辅助决策系统的发展和应用。各省市相关使用单位通过建立多个数据中心、应用系统的方式,产生了大量分散、孤立的数据存储与应用,系统可靠性和灵活性较低。

(3) 一体化监控。民用应急指挥行业视频监控系统经历了从模拟监控时代到数字监控时代,再到 IP 网络监控时代的发展。虽然视频监控已步入 IP 网络时代,视频采集实现高清化,但是视频的综合管理和应用还有待发掘和突破。

5.1.1.3   国内外无人化作战指挥控制发展现状

指挥控制理论是信息时代作战指挥的核心,反映了战争的本质特征与客观规律,是信息时代作战指挥的核心内容。在无人操作过程中,指挥与控制的中心地位得到了凸显,并在时效性、准确性和层次性上得到了更多的重视。无人作战指挥与控制理论是以信息化对指挥与控制过程、指挥方式、指挥体制、指挥组织等方面的影响为基础的。

2015 年,俄罗斯军队率先实施了分布式智能化的集群作战,并利用作战机器人成功攻陷了 545.5 号高地。俄罗斯已制订了一套在 2025 年前使无人驾驶战斗系统达到 30% 的计划[9]。

美国提出的第三次抵消战略,就是要利用技术上的优势建立具有颠覆性功能的武器,以及新的指挥信息系统,来构建一个智能化的作战体系。在信息化战争背景下,以“网络中心战”为核心的信息时代的指挥与控制理论,对美国的信息系统建设以及军队的信息化转型建设具有重要的指导意义。

美国在无人作战中开创了指挥与控制理论的新时代,他们在指挥与控制方面的创新与发展,为我国的指挥与控制工作提供了有力的参考。相对于美国,中国在无人战斗能力方面仍处于起步阶段,2017 年 7 月,《新一代人工智能发展规划》正式发布,将其提升至国家战略层面。科技部于 2019 年 8 月发布了《国家新一代人工智能创新发展试验区建设工作指引》,明确了我国在新一代人工智能领域的地位和作用。在《中华人民共和国国民经济和社会发展第十四个五年规划和 2035 年远景目标纲要》中,提出了"十四五"期间,人工智能的发展目标、核心技术的突破、智能化的改造与应用,并提出了相应的保障措施,将人工智能的重要性提高到了前所未有的高度。在智能战斗平台方面,目前也已经有了一定的进展,比如彩虹、翼龙等。

美军第三次抵消战略首次将指挥决策的优先级置于武器装备之上,其战略眼光值得高度重视。无人战斗指挥与控制通过智能技术对战场态势进行感知与决策,极大地提升了战斗指挥的效能,达到了"精准"与"高效"的目的,是掌握战场主动、赢得"无人"战争的重要一环。

我军对无人化作战指挥控制理论的研究相对滞后,在技术领域中仍存在着一定的短板和弱点,作战技术的融合和应用仍然任重而道远。当前,我国军队的无人化作战指挥控制理论的发展水平还无法为信息系统的构建和实际应用提供有效的支持。但是,在智能时代即将来临的今天,我们需要加快对无人化作战指挥控制理论的研究,从而构建出一个更为高效的指挥控制体系。

随着大数据、云计算、人工智能、物联网、区块链等技术的不断发展,未来的战场将会呈现出一个多要素、快节奏、流程更复杂的作战指挥控制体系。但是,指挥与控制的核心要素仍是人,人仍然在指挥控制的最末端,进行最终决策。

随着智能社会的发展,战争的节奏越来越快,指挥决策的效率和质量也越来越重要。在信息化战争中,指挥控制系统是最核心的支撑系统,涵盖信息的获取、处理、传输、决策等多个环节。要充分利用日益成熟的军事技术,对无人化作战指挥控制信息系统进行优化,以目前的5G移动通信技术和人工智能技术为基础,利用数据处理技术、智能化技术,形成指挥控制的决策方案,让指挥员可以进行作战决策。

5.1.2　指挥控制存在的问题

在指挥控制工作中,需要处理越来越多的数据。从智能化的角度对大量的战场数据进行处理,能够充分挖掘这些数据中的关联关系,快速辨别出战场态势,增强对战场态势的感知、理解和预测能力,从而能够有效地帮助指挥员做出作战决策。与此同时,还能够保证作战单元产生更加精确的物理输出[10],与传统的方式相比,极大地提升了指挥控制的性能。科技的进步给了人类希望,但现实的困难却让人类不知所措。由于作战环境的复杂性与不确定性,现有研究成果与现实应用之间仍存在较大距离,而美国作为全球指挥与人工智能领域的领军人物,其智能水平也处于起步阶段。

回顾 AlphaGo 我们可以看到,棋类博弈和真正的战争有很大的不同,模仿它的方式,成功的机会不大。唯一的问题,就是系统的复杂性。围棋的复杂性为 10^{170},超过了整个宇宙的总原子数,但却无法与战争与指挥相提并论。《星际争霸》的难

度大概在 $10^{2\,000}$ 左右,但比起真正的战斗,却要简单得多。不管是人数、等级,还是武器的操控,都完全不是一个级别的。中国科学院自动控制研究所在智能化兵棋的研究上已经取得了可圈可点的进步,但是与实际作战相比,所采用的兵棋还存在着许多的问题。而现实中的军事博弈不同于传统的博弈模式,具有参与主体多样、动态非回合制、环境不确定性、信息不完全不透明、对抗规则弱、胜负难判断等特点。从这一点上来说,人工智能的发展还远远不够。

从不同的角度来看,对智能指挥与控制的发展有不同的看法。如图 5-5 所示,从新技术落地发展的角度来看,目前指挥控制智能化的发展存在着四大瓶颈问题:领域知识缺乏、样本数据缺乏、验证手段缺乏、方向指导。

图 5-5 指挥控制存在的问题

其一,领域知识缺乏。领域知识是指军事专家已经能够对其进行说明的事实和规则等,它包含了军事领域中的概念本体、武器装备的性能参数、战场环境模型、战场实体模型、交战判决模型、业务处理规则、战法运用规则、装备使用规则等。尽管机器学习已经成为当前人工智能领域的一个热门话题,但是其所依赖的是海量的数据。许多信息,都是指挥员们已经能提取出来的,如果让他们用机器学习来提取,只会让一个简单的问题变得更加复杂,甚至还不如手工提取出来的好。同时,逻辑思考也是指挥人员常用的思考方式之一,它对许多实践问题的解决具有重要意义。机器学习并不能完全解决现实生活中的一切问题,通常会与传统的人工智能技术(如搜索、知识推理等)相结合。所以,在目前的情况下,进行专业知识工程是十分必要的。例如,美国军队历来注重知识工程,建立了完整的条令、条例、作战规则等知识系统。这样的知识工程需要大量的军事专家参与,只有积累到了一定的程度,才能发挥出应有的作用,CYC就是一个很好的例子[11]。

其二,样本数据缺乏。样本数据指的是在实际作战、演习训练和模拟试验等过程中所累积的数据,其中包含了从各个渠道收集到的情报数据和加工产品,各种指挥信息系统在演习训练中的接入数据、通信数据和作业数据,还有平时的值班与运维等数据。缺乏样本数据是业内一致认为的一大难题。巧妇难为无米之炊,机器难学无据之道。AlphaGo 使用了深度学习技术,成了一只"大胃王",为了学习如何下棋,他需要"吞噬"上千万的样品数据。由于作战指挥工作的复杂性,需要大量、高质量的样本数据。在态势感知、目标分配、辅助决策等关键领域,存在着数据数量稀少、判断准确率低等问题,而基于小子样情形的智能学习与数据挖掘技术成熟度不足,难以为智能指挥与控制提供支持。现在是和平年代,想要通过战争来积累数据来开发人工智能,显然是不现实的。现有资料主要来自日常值班、实战演习和模拟演习等多种途径。首先需要能够在短时间内收集到海量的数据,然后对这些数据进行清理、处理、标注和整理,以确保这些数据的质量。尽管可以借助某些自动标定工具的帮助,但这些工作仍然需要专业人员的参与,并且需要大量的排错工作,工作量很大。此外,在和平年代,部队的战斗经验主要是通过演练来积累的。由于受到安全、费用等因素的制约,军事演练在对抗强度、战术灵活性、装备利用率等方面都远逊于实战。加之,指挥与控制是一门对抗与博弈的艺术,许多实战中的对抗与博弈特征在演练训练中很难学会,并且演练数据主要是围绕着训练需要而生成的,不能针对机器学习任务进行定制,常常会导致样本类型单一、样本分布不均等问题。在他们的日常工作中,大多数时候都是例行公事,偶尔会有冲突,但都是小打小闹,冲突的规模不大,烈度也不高,而且没有标注。军事实战训练费用高,时间长,存在较大的安全风险,难以大规模进行,样本数量和多样性有限。各大军校都配备了仿真培训系统,并积累了大量的培训数据。但是,在收集到的数据中,存在着大量的缺失,缺少标注,而且大部分的培训课程都是为教学而设计的,没有足够的可定制性。美国拥有全世界最多的实战数据积累,但其国防创新试验小组却指出:目前制约 AI 在军事领域应用的关键是短时间、强对抗的交战环境所能提供的机器学习样本数量过少,使得 AI 难以在对抗环境中发挥作用。美国军方在战斗中积累了大量的资料,但还是无法避免这个问题。同时,美国军方也在研究如何证明自主能力,如果不能很好地解决这一问题,将会极大地限制人工智能在军事上的应用。所以,数据不足是每个国家都无法回避的问题。

其三,验证手段缺乏。这个问题不能忽略。智能技术在一定程度上可以解决传统方法无法解决的问题,但是目前还没有一个普遍认可的衡量标准。事实上,就连指挥官自己也很难判断自己的决定是对是错,是好是坏,在这片迷雾之中,没有一个统一的答案,胜负往往取决于很多因素。美国军方一直强调技术验证的重要性,认为没有经过验证就贸然开发新技术是一把双刃剑,虽然可以加速研发,但也有可能在实践中受到惨痛的教训,难以持久。然而这款智能技术的验证却是一个难题。以前的自动控制系统都是按照人为的方式进行的,所以可靠性还是有保证的。而智能化需要可以独立地解决新的问题,并且还需要具备学习的能力。所以会导致一些出乎意料的结果,再加上要处理的问题通常都是比较复杂的,所以就算是人类也很难判断出结果的可信度。传统的方法并不适用于对指挥控制 AI 算法的验证评估。当前,除了在战场行动辅助中可以直接看到应用后的学习效果之外,在战场态势感知和战场决策辅助方面,还没有能够事先找到一个合适的度量来验证算法,即便是有经验的指挥员,也很难直接衡量某个判断或者决策是否正确[12]。单个设备或者单个系统的性能,可以在实际的靶场或者定制的模拟环境中进行试验。而这套算法的有效性,则需要在一支军队的整体实战中进行验证。在人工智能领域,一般都要进行大规模的试验来检验它的推广性能和可靠性。这种试验在现实世界中是不可能进行的,只有在模拟世界中才能进行。另外,对智能指挥系统的可信度和水平进行检验,也缺乏一种可量化的评价指标。比如,局势的判断是否准确,决策是否正确,这些都不是人工智能能够衡量的。指挥决策的有效性只能通过对抗的结果来反映,难以将其分离出来进行单独的检验。所以,要对某一技术或某一指挥与控制系统的智能化程度进行评估,就很困难。

其四,方向指导缺乏。这是一个客观的问题,特别是对科技研究与开发的人有很深的感受。目前已公布的美国军队信息主要是对其作战性能进行较为宏观的描述,而对其作战性能的详细描述则相对较少。AlphaGo 公司的创立者德米斯·哈萨比斯,也是一位棋艺天才,他同时也是一位人工智能创业家。也正因为如此,AlphaGo 才会有这样的想法,那就是将蒙特卡洛树搜索和深度强化学习相结合。智能图像识别、智能语音等技术的研究,已经有了比较好的技术基础,如无人驾驶车辆、智能语音翻译器、机器人等成熟产品,已经被应用到人们的日常生活中。在借鉴它们的相关技术之后,智能目标识别、智能语音控制等方面的技术也得到了迅速发展。但是,当前关于智能指挥与控制的研究仍处在技术探索的初期,与迅速发展的人工智能技术仍有一定的距离,且缺乏对战争指挥与 AI 技术有着深刻理解的人员,在 AI 应用选点方面提供的指导也十分有限。盲目选择研究 AI 应用,如果不能找准切入点,选择合适的方式,将会拖延成果产生的时间周期。战场态势的理解和对棋类态势的理解有根本的不同,战场态势信息有真有假,有余有缺,它是在不完整信息的情况下做出的态势判断,其可量化性较差,当前计算机对态势的理解能力与人类的认知水平相去甚远。如果在未来几年内,人工智能还没有在指挥控制上取得实质性的进展,那么在该领域中人工智能很有可能会再次被人们所遗忘。

5.2　区块链+指挥控制

未来的军事行动以联合作战为主,以任务为主导的指挥体系将有可能变成一种常态,指挥方式将会发生变化。一是在跨军种的联合行动中,各军种的作战部队要突破"烟囱"式的层次结构,在跨层次的扁平化状态下,才能达到"协同行动"的要求。二是任务型指挥模式,任务型指挥要求任务单位按照上级分配的作战任务进行自主规划和自主作战,在跨军种、跨地域、跨层级、跨打击域(陆、海、空、天、电)、网络等复杂环境下,实现"三军"协同作战。图 5-6 为分层区块链的具体框架。区块链共识机制与智能合约在信息安全、分布式决策、自动化运作等方面表现出显著的优势,为实现联合作战指挥方式的创新提供了契机。

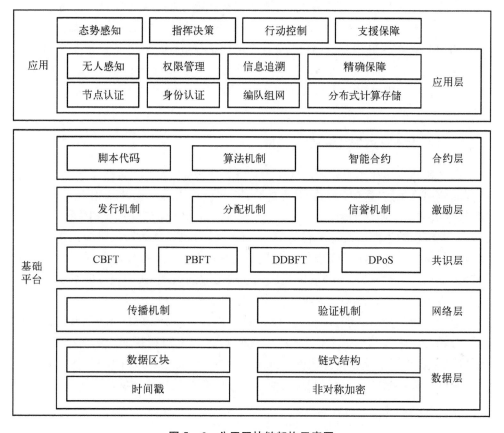

图 5-6 分层区块链架构示意图

区块链技术属于变革性、颠覆性的互联网技术,它拥有去中心化、不可篡改性、唯一性和安全可靠等优点,它是由区块被有序地链接起来而形成的一种数据结构,它还具备自主共识机制、智能合约、激励机制、价值通证和分布式存储等技术特征。在军事上,区块链对军队人员、训练、资讯及日常管理有一定的助益。从多个角度对军用区块链技术展开研究,主要包括联合作战信息共享、分布式指挥决策、核心武器控制、战斗平台管理、无人集群作战等。还要对区块链在军事系统去中心化、保障军事数据安全、后勤保障能力、装备管理全程化等方面的军事应用进行探索,并对其在军事供应链等方面的应用进行探索。最近几年,大部分的学者把区块链看作是一个去中心化的分布式数据库,并充分发挥了它在数据存储上的优势,但是对于其在智能合约和供应链等领域的应用研究仍然有很大的欠缺,缺少比较系统的功能性应用研究。区块链具有的去中心化特点,类似于军事上的扁平化指挥和抗毁性重组;区块链具有防篡改、防丢失、信息完整性、精确性、可追踪性等特点,符合军用系统信息安全性和可靠性的要求;区块链的集体维护和信息共享的模式,类似于集群作战中的自组织网络、群智感知和分布式决策控制;以智能合约为基础的自动化运作机制,类似于军事系统中的自动化和智能化作战要求;而区块链的自治性质,又与军事系统中的无人集群作战的自主协调一致。本书从军队网络信息系统的顶层设计约束出发,以区块链为研究对象,对态势感知、指挥决策、行动控制、支持保障等多个方面进行系统研究。

5.2.1 "平台+应用"的军事区块链

以区块链技术在军事领域的应用为背景,在"平台+应用"的模式下,可以根据不同的应用场景,自适应地选择对应的合约、共识算法等。在此基础上,以应用导向、轻量级共识与通信为目的,将节点声誉机制引入区块链应用中,利用许可链,实现对不同级别的指挥与武器平台的节点授信、加密授权、共识通信等应用数据的加密授权与验证。通过使用轻量化一致性及通信机制,可以极大地降低各节点在传统区块链算法中对算力的消耗,降低域内通信带宽的消耗,从而可以明显提高陆战场各级指挥节点和武器平台系统的安全性和可靠性[13]。

应用层涉及身份认证、接入/退出、网络组网、协作操作等方面的加密认证和授权。合约层具体包含了脚本代码(链上代码)、算法机制和智能合约三个部分,一般情况下,合约层都是用构建块的方式来实现的,就像图5-7中所示,区块是以作战规则和作战要素数据为基础,用对原来的智能合约进行构建的。

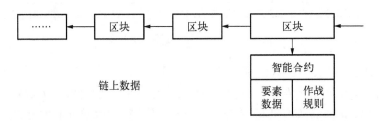

图5-7 智能合约工作机制

激励层主要包括发行机制、分配机制、声誉机制等。在该设计方案中,各个层级的指挥节点与武器平台分别被用于身份信息、指挥控制、进入/退出、编队信息、协同作战等军事应用,属于区块链应用场景中的授权链。因此,可以使用 CBFT、DPoS、PBFT 和 DDBFT 来完成共识认证。网络层包括传播机制和验证机制,负责投票、广播、块发送、公私钥同步等功能。在数据层中,主要包括数据块、链式结构、时间戳、非对称加密等。区块链的构建过程如图5-8所示。

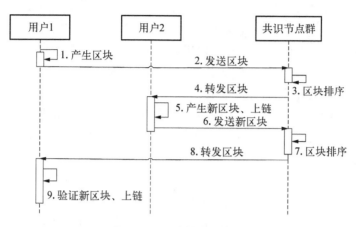

图 5-8　区块链构建过程

5.2.2　分级分域的军事区块链架构

联合作战指挥的核心是科学、快速地决策,如图 5-9 所示,层级化烟囱式联合规划的流程是:从联合指挥所到集群指挥所,再到任务部队指挥所,从上到下,层层明确并分解作战任务,层层综合,进行任务完成度分析和冲突检查,这一流程可以通过许多次的重复来实现,最后得到一套切实可行的作战方案。由于跨军种、跨地域、跨战役战术和武器平台、跨陆海空天电打击领域、跨指挥和服务体系等因素,造成了作战规划效率低、通信通道不可靠、数据和标准不一致、信息安全隐患大等问题,特别是跨网的数字签名和证书很难统一。

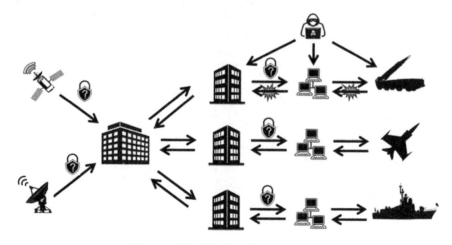

图 5-9　层级化烟囱式联合规划示意图

　　节点拓扑关系,采用分域分层的区块链结构,并在此基础上建立一个基于区块链的数据安全和身份验证平台,实现数据的分布式应用和监管。从态势感知、指挥决策、行动控制、支持保障四个方面构建面向未来陆地战场的武器装备数据安全、可信的存储与访问机制,提高武器装备数据的防篡改能力和安全可靠性。根据以上军用区块链的设计原理,并与陆战场各个层次的指挥结构相结合,抽象出未来陆战场典型战斗情景中的各个层次的命令关系,对军旅营连和武器平台各级节点拓扑关系进行抽象化描述,构建出如图 5-10 所示的多级区块链体系结构,其中包含了军队级别的联盟链、旅级的联盟链、营级的联盟链、连级的联盟链以及武器平台领域[14]。另外,为了满足在一体化联合作战条件下的非计划内协同的需要,允许可信的联盟链节点建立跨级的动态联盟链,但是只允许可信节点组织的下级和更低级别的联盟链节点参与进来,也就是允许同一个可信节点拥有多个可信的账本数据库。各级联盟链都对各自层级上区块链的校验、共识、记账等操作进行负责,例如,旅级联盟链对旅级区块链的一致性校验、共识认证、记账等操作的维护进行负责,它是由营级的各指挥节点组成的。营级联盟链是一个由各个连一级的指挥节点构成的网络,它主要完成营级区块链的一致性校验、共识认证和记账等工作;连级联盟链负责对连级区块链进行一致性校验、共识认证、记账等操作的维护,它包括了武器平台节点、各保障节点等用户。每个级别的联盟链与武器平台域都包

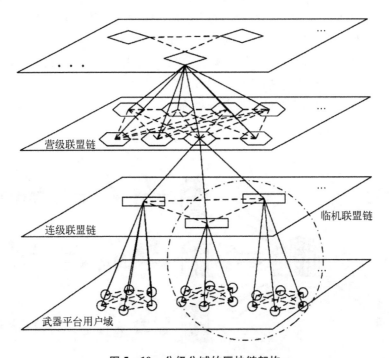

图 5-10　分级分域的区块链架构

含两种类型的节点——验证节点(VP)与非验证节点(non-validate peer, NVP),验证节点可以对链中的数据进行查询、读写等,未被确认的节点只能进行查询,以将使用者与邻近的确认节点进行联结。每个链路中的联盟链都有下面链路的根证书认证(CA)。为了实现跨领域的可信(包括同级平行域和层级域)认证,在得到领域内部的信任锚的允许之后,可以加入更高级别的联盟链或者平级的联盟链。在成员加入之后,将成员的证书哈希值记入区块链中,作为成员之间的信任凭证。与此同时,对于不受信任的域或者会员的退出可以通过撤销联盟链许可来实现[15]。

5.2.3　基于区块链的指挥决策体系

以区块链为基础的军事数据安全治理体系结构主要分为三个层次,即资源层、服务层和应用层,如图 5 - 11 所示。

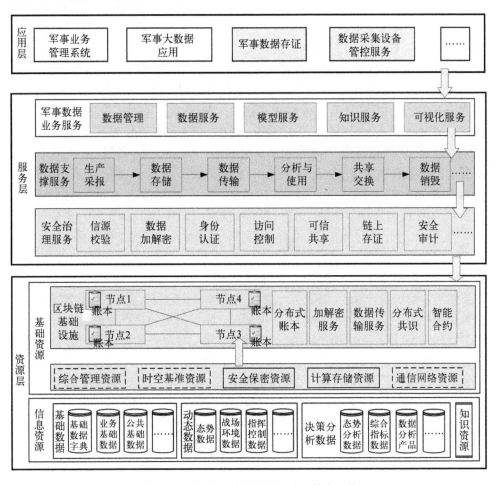

图 5 - 11　基于区块链的数据治理技术架构

其中,资源层是由基础资源、信息资源两部分组成的。基础资源为战场信息管理提供计算、存储、网络传输以及区块链等功能的支撑。在这当中,区块链基础设施主要为区块链会计节点和区块链平台的运作提供基础支持。数据的来源主要有领域数据、综合分析数据和知识地图等。服务层包含了安全治理、数据支撑和军事数据业务服务等多个方面。安全治理服务主要包括信源校验、数据加解密、身份认证、访问控制、可信共享和链上存证等,为军事数据安全治理提供基础支撑。而数据支撑就是要为军情信息提供一个全寿命周期。在军事数据服务中,最重要的是提供数据管理、数据服务、模型服务、知识服务和可视化服务等框架,为军事数据服务提供查询引擎、数据分析和数据可视化的能力。应用层主要包括军事业务管理系统、军事大数据应用、军事数据存证及数据采集设备管控服务等,能够为各军事领域提供安全可靠的数据业务服务[16]。

5.2.3.1　快速访问的身份认证机制

在陆战场上,各种武器装备的指挥决策中,一般基于账号、口令、任务卡、身份卡等,通过角色等级、角色限制、通信传输加密、数据库集群加密等方式,来实现身份与权利的管理。虽然在网络上,指纹、人脸识别、数字证书等加密技术已经逐渐被运用到了军事应用中,但在"单点"的信任模式下,还是以某些重要节点为决策核心,来对身份与权利进行加密。在多领域、大规模、网络化、信息化的背景下,基于区块链的分布式数据库是提升信息系统认证与授权管理能力的重要途径。通过"兵器链"的不可篡改性来维持身份信息,以实现对身份的注册、登录、注销、查询、授权、撤销[17],如图 5-12 中所示,并在此基础上利用分布式数据库的特性实现对用户身份和权限的分布式管理。

在传统的中心化系统中,常用账户+密码的方式来标识系统用户身份,这种方式虽然可以解决身份标识问题,但也存在诸多弊端,例如容易造成身份作假问题。该系统采用数字身份对用户进行身份识别。数字身份指的是把用户的真实身份信息进行压缩,从而形成一种独特的数字编码,它是一种可查询、可识别、可验证的数字标记。特别是,在 ECC(SM2)和 RSA 等算法的基础上,采用不对称的公共-私有密钥对构造用户的数字身份。在身份认证方面,该方法以不对称算法的私钥为密钥,将公钥以公共信息的形式发布到被认证的各个主体之间。在指挥与控制流程中,每台设备均采用一对不对称算法的公-私钥进行身份认证,私钥由单个设备进行加密,并将其分配到区块链上的其他设备节点。当设备需要认证时,使用自己的私钥来产生认证签名,而其他设备则使用相应的公钥来验证签名的合法性。

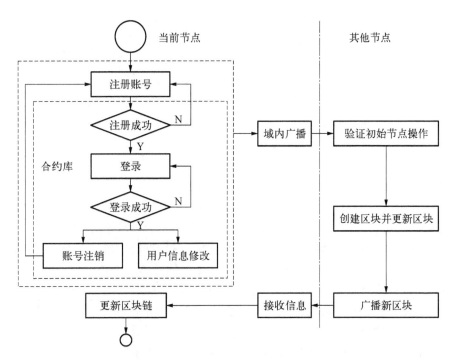

图 5 - 12 基于区块链的身份认证系统

如图 5 - 13 所示,D1 使用自己的私钥生成身份签名发送给 D2,D2 使用 D1 的公钥验证 D2 的签名。同样的 D2 使用自己的私钥签名生成自己的身份签名,D1 使用 D2 的公钥验证 D2 的签名。D1 和 D2 互相验证完身份后达成身份的互信。

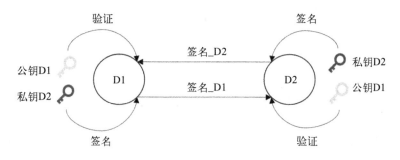

图 5 - 13 身份互信流程

一对公私钥对能够唯一地描述一个设备节点,并用于验证设备的身份。由于公钥的唯一性,因此可以用公钥来计算散列 256 的散列值,从而使得节点标识变得更轻便。同时,公钥所产生的散列值通过十六进制码,以便将其转化为一个可阅读

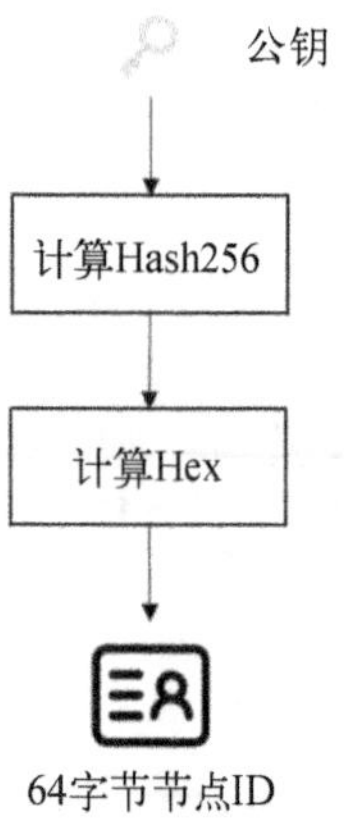

公钥
计算Hash256
计算Hex
64字节节点ID
图 5-14 计算节点 ID

的 16 进制字段串，以利于 ID 的可读性。其过程如图 5-14 所示。

1. *身份凭证的颁发*

在指挥控制网络的构建中，每个装备都要为其颁发一个身份凭证。由于网络中的身份信息要互相公开和共享，所以每个装备的身份凭证的公开部分要分发给网络中的其他成员并互相保持一致。添加一个身份凭证到指挥控制网络的语义即为增加一个合法装备节点成员，为了对网络的授权准入进行控制，需要对该过程实现权限管理。因此身份凭证的颁发涉及以下三点内容。

1）公私钥的生成

在初始网络构建中，装备的身份公私钥由管理员生成和颁发。

2）身份凭证可公开部分(即节点 ID)的分发

装备的身份公钥分发是为了保证网络中的每个装备都可以收到分发的公钥信息并且可以保证信息的一致性，需要通过智能合约机制实现一个可以管理网络中装备的身份的智能合约，如图 5-15 所示。智能合约的作用是上链和管理网络中的身份信息，所以网络中的所有装备的身份会形成一个固定的列表，列表的大小和顺序在全网通过共识保持一致。为了保证身份管理智能合约的可用性和降低对系统资源的占用，通过系统内置模块的方式来实现，系统部署后即可以使用身份管理功能。

共识
共识
上链D3身份
D1
D2
管理员
D3

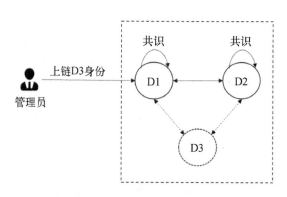

图 5-15 节点 ID 的分发

3）初始网络成员身份的预置

在网络建立之初，第一个设备的身份就是创世共识的节点，而在区块链的设计中，这些信息都是以创世块的形式传递出来的。当网络开始运行时，相关的管理者需要产生网络的创世块信息，并在其中生成一个或者多个设备的标识，作为第一个共识节点。当系统首次启动时，创世区块内的首批一致性节点组成最初区块链配置节点一致性网络。

在指挥控制网络中,新设备的标识要求由管理员授权,以便阻止用于管理网络接入的恶意节点添加操作,见图5-16。管理者可以被视作一种和仪器一样的标识,裸露在外的部位也要用链条连接起来,并且将其标识在标识管理合同中。仅当拥有一个管理员的私钥时,可以向身份管理合约中增加装置的身份信息。在网络启动之前,必须在创世块中提前设置一个管理员的公钥,在系统启动后,由该管理员来管理设备的准入准出。

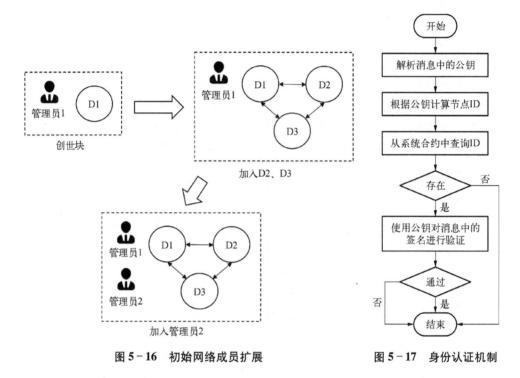

图5-16　初始网络成员扩展　　　　图5-17　身份认证机制

2. 节点间身份的验证

在区块链指挥控制共识网络中,节点之间需要使用一种身份认证机制来相互验证自己的身份,从而建立起一种合法、可信的连接。其主要流程如图5-17所示,步骤如下:

(1)装备节点收到对端节点的身份验证请求消息,其中包括对端节点的公钥、对端节点使用自己私钥产生的签名等信息;

(2)装备节点根据其公钥计算出对端节点的ID;

(3)装备节点从身份管理系统合约中查询上一步骤计算的ID是否存在,若不存在则验证失败;

(4)装备节点使用消息中的公钥来验证身份验证请求消息中对端节点提供的签名,通过则身份认证成功,否则即验证失败。

5.2.3.2　指挥控制的数据溯源技术

信息化指挥与控制系统是一种以计算机为中心,集科技装备、指挥人才为一体,对军队、武器等进行有效指挥与控制的一种有效的指挥系统。本节拟在"兵器链"的基础上,将分层分区区块链技术引入武器装备的数据传输、命令检查、执行、状态监测、过程溯源等方面,并将其用于武器装备的数据传输、命令验证、命令执行、状态监测、过程溯源等。如图5-18所示,该系统基于兵器链,可分为主控层、受控层、区块链层和观察者层四个层次[18]。按照上面所显示的"平台+应用"的区块链架构,主控层和受控层都是应用层,是在指控系统中发出与接受指挥控制指示的各作战装备的功能实体,通常是层级分域架构中的各上级指挥节点。受控层为分层分域架构中的下级指挥节点及武器平台域。在主控层中,包括了对信息化的指挥控制命令进行初始化和处理的流程,在控制端可以使用一个私钥,使用 RSA 或者 DSA 的加密算法进行密码操作,在经过广播、共识、联合签名之后,就可以生成

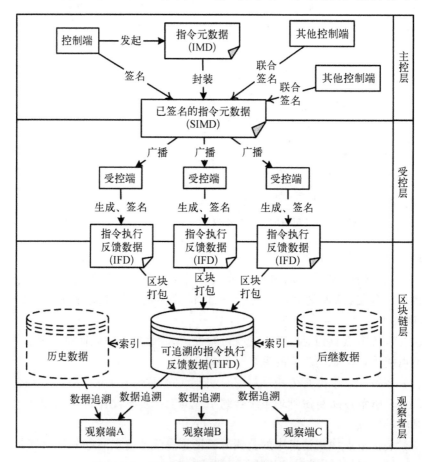

图5-18　基于区块链的指挥控制系统数据流图

一个已经签名的命令元数据,它可以支持单主控方式或者多主控方式。受控层主要是对不同层级的指令进行处理,包括指令的接收、分析、执行以及执行的结果等。通过对交互指令进行验证,并通过控制器的公钥及系统的时标对其进行验证,确定无误后,即可开始执行交互指令。被控制方在输入元数据集上记录交互命令的运行记录及运行效果的反馈信息,通过被控制方的私钥对额外的信息及时间标记信息进行加密,并对生成的指令运行反馈信息进行封装。区块链层对指令控制系统的交互指令信息进行了说明,并对其进行了智能合约、共识算法和对进行反馈的块链产生管理等。在此基础上,通过对武器链中命令数据、执行反馈数据等数据进行在线或离线处理,从而可以对整个作战和作战中的每一个环节进行奖励和惩罚。

战场态势感知在联合作战中起着非常关键的作用,而信息的准确性和可信性将直接影响到整个作战过程中的决策效果。数据采集是态势感知的一个重要环节,主要是指以摄像头、传感器等物联网设备组成的末端数据采集系统对军事活动地域的态势进行实时采集,并通过人工智能对图像、视频等数据进行自动提取并形成军事数据的过程[19]。为保证采集数据的真实可信,利用区块链芯片提供的智能合约来接管物联网设备数据采集界面,并对采集数据进行上链存储,如图 5 - 19 所示。

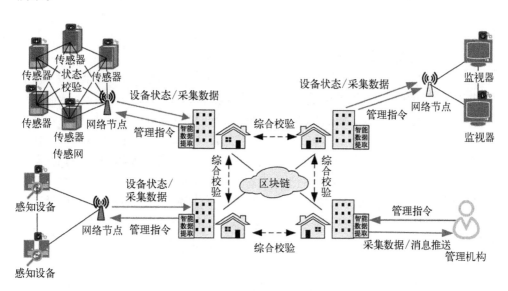

图 5 - 19　基于设备状态监控的数据可信采集

首先,按照软件和硬件的资源状况,将数据采集设备分为不同的类别,并在其上配置全节点(full notic blocks)和网络节点,组成区块链的可信采集网络。然后,设计一种两级共识协议,利用区块链对数据采集设备状态进行记账监控,通过两级状态校验,一旦某设备状态发生异常变更,立即将其标记为可疑设备,从而避免因设备故障、被控等问题产生错误情报,导致指挥决策失误。

(1)状态信息采集。基于器件性能的不同,将全量或轻量区块链芯片嵌入器件中,并利用其可编程接口设计智能合约,实现器件状态的实时采集和传输,并定期将器件的状态信息以加密方式发送到传感器网络中。

(2)设备状态校验。一是节点之间的双向认证。同一网络中的传感装置,在收到其他传感器节点广播的状态信息后,根据传感器网络节点之间的位置关系,对其中经纬度的可靠性进行检测,在所属网络中50%以上的节点确定了检测结果后,与检测结果一起通过网络节点进行加密,并发送到区块链会计节点。二是对记账节点进行综合核查。记账节点结合历史数据,对目前设备状态的更新情况进行综合检验,确认该设备的运行状态、位置以及核心配置是否正常合法,并把状态不合法或异常的设备标记为疑似,通过消息机制将校验结果推给管理机构,由其进行人工核实。

(3)数据可信采报。在收集到战场态势信息的同时,基于区块链的智能合约,将收集到的数据以区块链的方式进行安全、可靠地传输,并将收集到的数据进行链式存储。与此同时,智能数据提取模块还利用了图像识别、动作识别、语音识别等技术,实现数据的自动提取,并将提取结果上链存储,保证了数据从产生到呈现的每一环节的可信可追溯[20]。

5.2.3.3　基于零信任的数据访问控制

传统的安全防御模式往往将内部人员视为可靠的,但是在某些情况下,由于一些有意无意的行为,可能会造成军事信息被泄漏或者被人恶意篡改,从而给部队造成巨大的损失。以零信任为基础的数据访问策略,遵从"绝不信任且始终验证"的原则[21],只有在进行验证之后,才能完成对数据的授权,从而保证了使用数据的用户、应用程序等实体的安全,打破了传统的"网络边界防护"的思想,对边界内部或外部的网络都采取了不信任的态度。在此基础上,设计了一个用于实现标签管理、策略管理、访问控制决策等功能的零信任的数据访问控制模型,并将该模型应用到数据层面,实现了对该模型的访问策略执行和对访问行为进行上链保存,访问控制模型如图5-20所示。零信任的数据访问控制,基本上包含以下几个步骤。

(1)对所研究的数据资源进行了统一的类别划分和分级说明。基于作战数据治理法规标准,结合实际业务应用场景,对相关军事业务系统中的资产和数据进行梳理,从不同业务系统、业务流程、业务事项等维度,对数据重要性、敏感性、机密性和风险系数等安全维度进行区别,对作战数据进行分类分级。对于敏感数据,基于不同等级进行分层分类描述和数据目录构建,采用不同的数据标签对军事数据进行统一的标签化描述,并明确数据安全保护范围[22]。

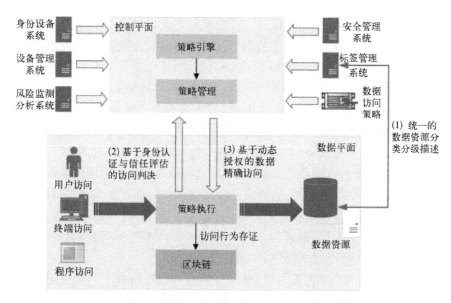

图 5-20　基于零信任的数据访问控制模型

（2）通过身份验证和可信度评价进行接入决策。接入决策是零信任模型[23]的决策中心，它负责驱动整个零信任模型的正常运行。接入决策通过身份验证和信任评价两种方法对接入者的可信度做出决策。当数据存取主体首次要求存取数据时，或者在建立了连接之后，经过一定的时间间隔再次要求存取时，由身份验证做出存取决策；在请求方已建立数据接入连接的情况下，提出了一种基于信任度的接入决策算法。身份认证以传统的密码方法为基础，使用动态口令、指纹识别和认证令牌等方法来进行合法身份的识别，而信任评估算法则是以用户属性、设备状态、访问对象、访问行为以及外部威胁情报等参数作为输入，使用轻量化、高计算效率的算法来评估数据访问请求者。这两种方法结合在一起，可以保证首次存取的身份是合法的，也可以保证在存取时实体是可信的，同时也可以有效地减少由于用户频繁使用身份验证而导致的系统资源浪费和延迟。

（3）基于动态授权的数据精确访问。严格的数据存取是按照最低限度的原则来执行的，只给用户提供最低限度的存取以完成某些工作。在预授权的过程中，对参与方（用户、设备、应用）到数据源的每一条数据流都进行身份/信任度评价与授权，采用动态的、细粒度的方法，对接入权限进行持续的分析与评价，以保证接入权限的无序与可控。

"区块链+"的好处是不但可以实现点对点的连接，还可以让不熟悉的节点之间建立信任，可以高效地进行各种交易。在此基础上，区块链技术以去中心化、不可篡改、分布式信任为特征，将分散的交易数据进行了有效聚合，形成了一个庞大的"鸟群"，并在其中发挥了更大的作用。区块链技术的优越性必将给国防大数据项目带来巨大的推动力,因此需要进一步推动其与大数据项目的融合。"信任"是区块链的关键词,它被广泛应用在数据存证溯源、多方业务协作、彼此互不信任等场景中。当前,我国对于区块链的研究尚不够成熟,还面临着一系列问题,包括应用场景不清晰、行业标准不统一、体系兼容性不强等,而将其深入应用于军用大数据领域,仍面临着海量数据共享与交换、多链融合等一系列关键技术需要突破的难题。

今后,若要将区块链技术用于军事领域,势必要面对以下几个问题:

(1)区块链应用面临新旧体系兼容的问题。目前的军用信息系统主要采取的是中心化架构,但目前在中心化架构下,区块链的技术特征与军用信息系统还存在着一些矛盾和相容性问题。首先,要进一步探讨区块链的军事应用,对其应用的必要性、可行性、预期效果和潜在的风险等问题进行剖析,并对其进行合理识别,避免画蛇添足。在此基础上,从思想观念、体制机制、技术创新、标准规范和管理保障等方面营造出一个有利于军用区块链发展的生态环境。

(2)在网络的大小和消息的管制中,区块链的使用出现了一种进退维谷的局面。区块链是以分布式的点对点特征为基础的,其运作需要有足够多的节点,这违反了现有的有关国防安全和保密的规定。首先,军事领域要采用联盟链、私有化的模式,并且要对节点进行身份验证,以及对权限进行管理。其次,在对军用区块链进行论证设计时,将其与军用信息系统的安全性和保密性相结合,落实军用区块链的安全性和保密性。

(3)从技术角度来看,区块链仍需取得较大的突破。在军用方面,由于其本身的设计,使得其在安全性、容量、性能等方面都存在较大的问题。一方面,要根据军事区块链应用的特定需求,加速区块链技术的创新与突破,以解决当前区块链技术存在的性能不足、容量有限、安全隐患等问题,推动区块链平台的自主可控发展,使其能够达到军用级别;另一方面,要重视与民用技术的深度融合,利用民用技术、产品和人才的引进,为军用区块链的应用创造一个良好的环境。

在军事上,"信任"与"协作"是最重要的两个问题。近年来,人们对区块链技术进行了广泛的研究与应用。不过,目前军用区块链技术尚在摸索之中,任重而道远。要充分发挥区块链的新技术特点,促进其在实际中的应用,必须坚定信心,未雨绸缪,抓住机会,抢占先机。

参考文献

[1] 郑少秋,吴浩. 智能化作战及其智能指挥控制技术需求[J]. 火力与指挥控制,2022,47(2):1-6,13.

[2] 杨凯,吕文泉,闫胜斌.智能化时代的作战方式变革[J].军事文摘,2022(1):7-11.

[3] 吴俊娴,黄春蓉,雷瑢,等. 智能化技术在精确作战中的应用研究[J]. 战术导弹技术,2021(6):105-110.

［4］郑少秋,吴浩.智能化作战及其智能指挥控制技术需求[J].火力与指挥控制,2022,47(2)：1-6,13.

［5］丁友宝,彭志刚,张洪群.智能化作战及军队战略推进与发展[J].国防科技,2019,40(4)：4-8,49.

［6］防务快讯.指挥控制智能化——瓶颈问题和建议[EB/OL].https://www.sohu.com/a/257308635_358040［2022-4-10］.

［7］曹旭,许锦洲.数字化战场指挥控制系统的发展[J].情报指挥控制系统与仿真技术,2005,27(5)：29-33.

［8］朱允帅,张昕.美军空中支援作战及其指挥控制系统[J].指挥信息系统与技术,2022,13(1)：7-15.

［9］凌征均.坦克综合电子信息系统的发展[J].国防技术基础,2003(5)：31-33.

［10］徐光,胡江涛.对海作战无人机指挥控制系统发展综述[J].航空电子技术,2019,50(4)：33-39.

［11］陈燕琼.浅谈舰艇指挥控制系统的发展方向[J].中国高新区,2018(2)：221.

［12］屠陈檫.控制系统工程(民用指挥控制)领域信息化发展综述[J].中国新通信,2017,19(22)：47.

［13］Wang H B, Liu H P. A novel sensorless control method for brushless DC motor[J]. IET Electric Power Applications, 2009, 3(3)：240-246.

［14］Singh B, Singh S. Single-phase power factor controller topologies for permanent magnet brushless DC motor drives[J]. IET Power Electronics, 2010, 3(2)：147-175.

［15］赵志涛,贾彦斌,赵志诚,等.永磁无刷直流电机调速系统的改进型 IMC-PI 控制[J].火力与指挥控制,2016,41(9)：70-73,79.

［16］Gilliam J E. Brushless permanent-magnet and reluctance motor drives[J]. Power Engineer, 1990, 4(1)：20.

［17］Rubaai A, Marcel J, Castro-Sitiriche, et al. DSP-based implementation of fuzzy-PID controller using genetic optimization for high performance motor drives[C]. 2007 IEEE Industry Applications Conference, Forty-Second IAS Annual Meeting, 2007：1649-1656.

［18］杜行舟,张凯,江坤,等.基于区块链的数字化指挥控制系统信息传输与追溯模式研究[J].计算机科学,2018,45(Z2)：576-579.

［19］叶小榕,邵晴,肖蓉.基于区块链、智能合约和物联网的供应链原型系统[J].科技导报,2017,35(23)：62-69.

［20］Visioli A. Practical PID control[M]. Berlin：Springer Science & Business Media, 2006.

［21］白健,董贵山,安红章,等.基于区块链的数据共享解决方案[J].信息安全与通信保密,2021(1)：21-31.

［22］Siong T C, Ismail B, Siraj S F, et al. Implementation of fuzzy logic controller for permanent magnet brushless DC motor drives[C]. 2010 IEEE International Conference on Power and Energy. IEEE, 2010：462-467.

［23］何国锋.零信任架构在5G云网中应用防护的研究[J].电信科学,2020,36(12)：123-132.

第六章
区块链+军事应用

目前,区块链的应用正逐步从金融界扩展到军事领域。美国、北约等多个国家及国际机构都在积极推进将区块链技术用于军事领域。最近一份 C4ISRNET 的报道显示,美国国防部正在对将区块链技术用于军用方面的可能性进行评估。美国2018 年通过了《国防授权法案》,并在此基础上提出一项关于区块链在军事上的应用的综合性研究。美国国防部与美国两家电脑安全公司签订了一份价值一百八十万美元的合约,旨在建立一套基于区块链应用程序 Guardtime 的无密钥签名体系,用以验证区块链系统的安全性,并探讨如何利用区块链系统来保护诸如军事卫星、核武器等高度保密信息,从而提升重要系统的安全性。美国国防部高级研究计划局的工程师们也正在试图使用区块链技术来建立一种安全的资讯服务系统,使黑客不能攻破。

北约对将区块链用于军事用途展现了极大的兴趣。北约举办了一次区块链创新比赛,目的是寻找改善军事物流、采购和财政效率的军事层面的区块链计划。爱沙尼亚尝试利用区块链技术来发展新一代网络防御平台。俄罗斯国防部相信,该区块链可以帮助军方追查黑客源头,改善资料库的整体安全状况,并在俄罗斯时代科技园区建设相关的科研实验室对其进行研究。

基于区块链的项目具有如下共性:所处的领域对于数据安全性要求非常高;该领域需要非常严格的数据保密;运转计算的程序必须具有可追溯性和不可篡改性;开放姿态,授权节点都可参与;拥有自己的独立发行的标志;因特网的应用已经比较成熟。

利用区块链技术,建立了一个自治的、安全的任务指挥控制系统。将区块链、人工智能、军用物联网等技术有机地结合起来,将会使军队从集中式作战方式向分布式作战方式转变。在未来的战争环境中,多架军事无人机将通过分布式的方式,不断地进行信息共享,形成一个独立的、不受单个指挥中心影响的整体体系。另外一个适用于分散化命令的地方就是复杂的火警系统。在此之前,北约的海军舰队依靠一个被称为"宙斯盾"的中央军控系统,一个聪明的、集中的大脑,通过几十个感应器来采集信息,并在同一时间对多个要害武器进行调整。尽管这一制度已经过时,但其效果依然很好,不过其集中化的特性却使得其在决策中心遭到破坏后极易受到威胁。一套由区块链协同运作的自主式系统,能够为保持协同优势和减少集中式管理所固有的缺陷提供一个更加切实可行的方案。

为了更深入地探讨区块链在军事方面的应用,本章首先从区块链技术的基本原理入手,并与美国和俄罗斯两国军方当前军事区块链的发展状况和军事报道相结合,对军事区块链的发展要求和区块链技术对军工产业的总体影响进行分析,着重从设备的全周期管理、军事物流和军事数据安全三个方面,对区块链技术在军事方面的应用进行深入研究,以期能够最大限度地利用区块链技术的优点,为军事信息化提供有力的支持。

随着区块链技术的全面深入,它将从某种意义上改变未来战争的形式与方式,进而决定一场战争的胜负。当前,区块链技术在军事领域的应用尚处在探索阶段,尚未有重大项目落地,但一旦其成功应用于军事领域,必然会突破传统的军事管理体制,引起军队建设和作战方式的变革。

6.1　区块链技术对军事行业的影响

6.1.1　军事区块链的发展现状

恩格斯曾说过:一旦技术上的进步可以用于军事目的并且已经用于军事目的,它们便立刻几乎强制地,而且往往是违反指挥官的意志而引起作战方式的改变甚至变革。军事区块链有广阔的发展前景。

(1)当前,涉及指挥、作战、运营等方面的军用信息系统,大都是以中心化结构为基础,具有单一点失效的风险。与此同时,对第三方主体的过度依赖导致了信息更新的不透明,使得信息的完整性得不到保障,从而导致军事信息的不安全与不可信。

(2)随着军事信息化进程的加快,具有自主工作/操作能力的边界主体迅速成长,边缘计算和边缘指挥控制开始登上历史舞台。与此同时,随着战争形式的不断变化,军事信息系统所处的战场环境也越来越复杂,如何实现这些分散的边缘节点间的灵活组网、抗破坏容错和可信协同,是一个亟待探索的课题。

(3)随着当前作战逐渐趋于无人化、远程化,军队一般采用的中心化的武器装备管理模式已经不再适用于当前的无人化作战,所有的装备数据都集中发送到同一个云中心服务器,海量的数据将会导致服务器堵塞,导致存储容量超载等一系列问题。无人化作战中的数据存储问题以及武器装备去中心化管理问题,需要引入区块链技术来加以解决。

目前,区块链已经被认为是与人工智能、量子信息和物联网具有同等重要性的新型信息技术。就像其他新兴技术产生后必然运用于军事领域一样,区块链技术在军事领域具有广泛的应用发展前景,若在军事领域取得突破,必将产生深远的影响。图6-1展示了区块链技术应用于军事领域内的网络层级框架。

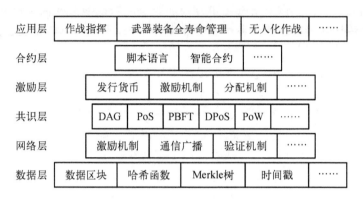

图6-1   区块链技术在军事领域应用的网络框架

区块链技术具有去中心化、不可篡改、全程留痕、可以追溯、集体维护、公开透明等特性,这使它不仅在数字货币、资产认证、供应链等民用领域得到了广泛应用,在军事领域也具有巨大的潜力。

分布式、去中心化的特点为网络结构的可靠性提供了保证。随着现代战争日趋白热化,指挥中心、通信中枢以及它们所储存的重要信息,已成为交战双方优先破坏的对象,而构建一个可靠的网络体系结构,则是决定未来战争胜负的重要因素。区块链技术采用分布式的对等网络,具备较强的抗毁性、容错性、可扩充性以及去中心化的特征,非常适合当前战争环境下的网络部署。运用区块链技术,将加快推进军事指挥体系由树状结构到网状结构的转变,在此架构下,即使某些节点遭到攻击也可以保持系统数据的存储与计算,并利用共识算法保持系统的正常运转,从而在敌方精准打击下,有效地防止被"一锅端"。

这种可追溯性和不可篡改性,为决策提供了可靠的信息。在军事活动中,信息的传递往往会受到敌人的干扰、破坏和伪造,所以在互联网上,怎样验证信息的真伪、保证信息的安全和准确传输是一个很大的难题。在构建区块链时,就假定了网络中的每个节点都不是完全可靠的,所以从最基础的角度,就是在竞争性、不可靠的网络环境中对数据进行操纵和维持,让数据的重写可以全程追踪,除非恶意攻击者对多于50%的节点进行修改,否则不会出现篡改和破坏的情况。利用区块链技术,不但能够提升作战数据收集、传输、处理的能力,还能够为作战数据信息的传播提供更加安全、可靠、便利的技术通道,避免了敌人利用多种信息插入方式发布虚假的指令,进而对指挥体系产生影响。

透明化、开放性和群体性的特点可以保证信息的安全分享。在区块链中,每一个参与方都具有同等的权利,除了对每个参与方的私人信息进行加密之外,参与方的其他所有数据都是透明的,并且通过共识的标准和协议实现数据的自动、安全交互。第二代区块链技术也将人工智能决策模式应用于网络节点的行为分析,并智能地辨识出网络中可能存在的窃密者和攻击者。正是由于这些特征,将区块链运用到军事领域后,使得在不完全信任的情况下,任何一个作战单元或者平台都不需要依靠第三方的身份验证,就可以根据自己的权限随时安全地获得并发布信息,这样可以在机制上强行打破各军兵种、各个部门之间的信息壁垒,最大限度地对资源进行最优配置,使不同的作战平台能够进行系统的融合,从而更大程度上巩固自己的军事优势。

智能合约、网络共识等的应用为用户提供了有效的响应机制。在传统的作战指挥系统中,作战信息存储在树状的网络结构中,使得作战信息在收集、报告、发布和执行过程中存在一定的时滞,严重时会造成作战决策的误判。利用快速网络运算、智能合约及网络共识机制,区块链技术可以降低指挥过程中由于人为因素带来的不确定性、多样性和复杂性,从而实现组织信息传输和处理的网络化,缩短决策—指挥—行动的周期,提高快速反应能力。特别是在智能化战争即将到来的今天,将会有更多的自主智能设备被应用到军队中,而区块链则可以利用智能合约来模拟集群的合作行为和信息交流模式,从而实现自主、智能化的全局协同,极大地提升军队的战斗力[1]。

近年来,由于区块链技术在军事上的巨大潜力,各国军方都在积极探索其在军事上的应用,希望借助其自身的特点,在新的军事变革浪潮中抢占先机。

研究新型的国防网络安全防护技术。借助区块链去中心化和强加密特性,可以提高国防基础网的安全抗毁性,提高国家防御系统的韧性。例如,美国国防部就提出了"区块链网络安全的盾牌"四年规划,并在2020年的预算案中拨出了96亿美元的经费,来保障大量的国防数据的安全。俄罗斯国防部成立了区块链研发中心,致力于基于区块链技术的智能系统的研发,以实现对关键数据的有效监测和防御。波兰开发了一种"无密钥签名体系",它能迅速地探测出对防御系统的严重、持久的威胁,并能在系统被窥视或被破坏时,对其进行追踪。

探讨了一种新型的军工供应链物流系统的管理模式。借助区块链的全程留痕特性和机器信任机制,推动国防供应链、采购和物流系统的高效生命周期管理。例如,美国海军利用区块链技术来增强增材制造系统的安全性能,对部件的设计参数、测试数据、战斗技术状态、维护记录等进行全程追踪和管理,当部件出现故障或者寿命终结等情况时,就会对其进行预警。美国穆格公司研发的基于区块链的VeriPart分布式交易体系,能够实现对部件的追溯与质量监控,提升产品的售后服务效率与安全性,为国防工业构建安全、可追溯、智能化的数字化供应链奠定基础。

　　为复杂战场条件下的军事通信提供了一种新的途径。充分发挥区块链的分布优势,建立具有大覆盖、高容灾和高安全性的网络体系,实现在任何时间、任何地点的网络安全。例如,美国《2018 财年国防授权法案》中明确规定,国防部应开展区块链技术的综合研究;美国国防部高级研究计划局(DARPA)已开展了基于区块链的复杂战地安全通信的应用。俄罗斯在区块链上引入了量子加密技术,将极大地提高区块链的安全性,并颠覆已有信号的截获、破译和接收。

　　当前美国以及俄罗斯等国的国防机构通过资助区块链测试平台和合同招标促进区块链部署,有力推动了该技术的发展。

　　美国兰德(Random)公司的 Lilly 等在 2016～2020 年利用美国、俄罗斯两国各主要军种的官方刊物[美国的《军种战争学院期刊》《国防大学学报》《国防部及其相关军种新闻稿》(dod.defense.gov),以及俄罗斯的主要国防部门网站 Sc.mil.ru 上列出的俄罗斯官方军事出版物],以及各大军方领导与相关军方官员发表的演讲,对美俄两国在 2016～2020 年提出的军事区块链应用情况进行了全面的数据采集与分析,得出了表 6 - 1 中的美俄两国发表的军事区块链应用方案。

表 6 - 1   美国、俄罗斯出版物中的军事区块链拟议用例

战 争 焦 点	特 定 用 例	美　　国	俄 罗 斯
军民融合	智能合约管理	√	—
	外部供应链审计	√	—
	关键国防基础设施监控	—	√
指挥与控制(C2)	反黑客、入侵检测	√	√
	作战指令管理	—	√
	网络和数据冗余	√	√
	数字作战指令验证	—	√
通信(C4ISR)	加密通信终端	√	√
	身份认证管理	√	√
作战	无人机群、微型无人机管理	—	√
	机载 ISR 平台	√	—
军事情报	处理程序和情报源工具	—	√
	保密支付平台	—	√
军事后勤	供应链管理(库存)	√	√
	质量保证	√	—
	增材制造/3D 打印	√	—

续　表

战　争　焦　点	特　定　用　例	美　　国	俄　罗　斯
心理战	去中心化的宣传渠道	—	—
军事训练	专业军事教育	—	—
	军人职业生涯跟踪	—	—
反恐（CT）	反恐追踪	√	—
	反恐制裁、金融执法	√	—

Lilly 等通过对官方军事文献的调查发现，区块链在军事后勤和网络安全方面的应用是最主要的主题。从开源文献中可以发现：

（1）区块链军事应用还谈不上"准备就绪"。虽然区块链在国防后勤方面已得到广泛应用，但数据保护作为军事区块链最直接的应用，仍有待发展完善。

（2）区块链的商业应用（如零售物流、网络安全等）仍然是军事区块链发展的主要创新指南。如果要预测未来十年的军事区块链发展，商业区块链仍将是应用标准的承载者。

（3）军用区块链的开发保持了一定的透明度。一些区块链业界的媒体曾提到，军方的研究员也在利用和参与某些开放源码的区块链协议，比如 Linux 基金的 Hyxerledger。利用开放源码仓库以及诸如 GitHub 或超级网等联机合作平台有关的数据，可以帮助我们洞悉竞争者在战争中使用区块链的动向。

从 20 世纪 90 年代开始，美国的武器装备、战术与战略都是以数字化技术为基础的。从空中打击、无人侦察机到战地录像，如今的战士们在执行各种任务时都要借助数码工具和通信装置。因此，建立一个安全、可靠的通信网络是非常必要的。虽然美国已有能力为其军队提供一个安全、分散的信息环境，但是，区块链将会使它的监管与防卫体系更上一层楼。

美国积极开展了将区块链应用于军事领域的研究。美国国防部高级研究计划局正在努力将区块链变成一种"武器"。美国国防部高级研究计划局最关心的是资料完整制度，即保证资料不会被篡改，并且可以知道是谁读取了资料。于是，美国国防部高级研究计划局开始了一系列与 BT 有关的计划，这些计划被应用在许多军事领域，如安全硬体系统、快速的军事后勤等。多年以前，美国国防部高级研究计划局利用区块链建立了一套安全通信网络。在供应链提供服务的过程中，如果他们频繁地受到黑客的攻击，可能会导致数据的改变或者污染，在这种情况下区块链也是非常有用的。所以，美国国防部高级研究计划局决定利用 BT 来防止网络攻击。同时，美国军方空间和陆地通信局也将该区块链系统用于监测通信资料中可能存在的网络安全缺陷。

美国海军也正在对区块链技术进行试验。例如,利用区块链技术实现 3D 打印,以保障其 3D 打印系统的安全,例如在海上战舰的零部件等军事标准零部件的生产中。另外,悉尼大学的萨尔瓦多·巴博内斯教授也提出了智能化"区块链战列舰"的概念[2],他认为美国海军可以通过区块链技术来建立"去中心化"的运作管理体系,从而降低其脆弱性,并在维持现有优势的前提下增强其存活能力。

图 6 - 2　美国军事出版物中区块链应用的三大主题

美国《2018 年国防授权法案》规定,国防部长应就区块链技术在信息领域的应用,无论是攻击还是防御,都应向国会汇报。从美国的军事文献(图 6 - 2)可以看出,有必要加强对加密货币和区块链的了解,以便找出犯罪、腐败和恐怖主义的藏身之处。从技术上讲,"反恐怖主义"并不只是一项军事任务,而是一项与"反洗钱""区块链"分析等相关的工作,而这也是美国与其他国家共同面临的重大课题。因此,区块链在军事领域的应用对打击恐怖势力、保护国家安全具有重要意义。

除了加密货币以外,美国军事会议还将重点放在了构建数据恢复力上,其中的原则是美国军事能够防止数据被破坏或泄漏,而区块链能够充当"网络安全护盾"。

相对于美国军队,俄罗斯公众媒体关于区块链在军事上的论述就显得比较低调。尽管俄罗斯官员们对区块链在财政上的应用进行了大量的探讨,但是有关这一问题在军事领域的文献中却鲜有报道。俄罗斯因其在克里米亚地区的行为而遭受财政制裁,使有关国家安全的话题集中在取消或绕开俄罗斯财政自主性上的限制上。所以,对于俄罗斯来说,区块链在军事上的运用只是其次,因为它最重要的作用是可以使其免受经济制裁,从而获得财政上的自由化。

在俄罗斯军事文献中,人们经常将注意力集中在诸如网络安全、作战行动、系统管理等话题上(图 6 - 3)。俄罗斯中央银行副总裁奥尔加·斯科罗博加托夫在 2018 年说过:目前,除比特币外,还没有大规模的产业解决办法,其安全性和扩展性都有很大的提升空间。

对于区块链,俄罗斯的大部分军事科技刊物都只会在不经意间提到。此外,所提到的区块链军事应用侧重于增强作战能力,包括安全军事通信在网

图 6 - 3　俄罗斯军事出版物中区块链应用的前三大主题

络中心作战中用于军事进攻的基于智能合约的系统军事作战指令管理,如数字作战指令管理等。区块链在军事物流方面的应用,包括对现行航空器维修和保养系统采用分散记账技术的改进。俄罗斯国防部在其独立出版物中,就对安全数据传送创建国防产业联合安全网络一事进行讨论,其作者曾提及区块链,并认为,为了使俄罗斯国防产业获得技术上的独立,必须改善现行的区块链技术管制框架。

但实际上,俄罗斯也不是完全不重视对区块链技术进行"军备"的探索。俄罗斯一直在尝试对它的军事通信进行"区块链化",使得它的通信基本上无法被拦截,也无法被入侵。为了实现这一目标,俄罗斯电信公司 Voentelecom 与俄罗斯国防部密切合作。

2018 年,俄罗斯国防部宣布成立一个科学实验室,重点开发用于检测和防范对关键军事信息基础设施的网络攻击的区块链系统。该实验室被认为是军事研究中心 ERA 的一部分,该实验室于 2019 年正式成立,并于 2019 年 4 月举行了首届"分布式会计技术"研讨会。ERA 正在积极探讨为军事用途利用区块链技术,并在适当的时候将其应用到实际中。ERA 还同俄罗斯财经大学一起,为将区块链技术应用到公司的数字资产和科技项目中的策略进行了研究。2014 年建立的俄罗斯金融通信传送系统(Financial Communications Transfer System),于 2019 年引入了区块链。这使得俄罗斯得以避免了某些对其进行的国际经济制裁。另外,俄罗斯情报局(FSB)和俄罗斯总参情报局(GRU)在金融方面也使用了区块链技术,这些技术涉及加密货币。

以美国为首的西方国家正在积极寻求区块链技术在国防领域的应用,试图抓住机遇"并引领战争的未来"。此外,其他国家也在展开相关的探索,美国国防大学 2019 年指出:俄罗斯、委内瑞拉、伊朗和朝鲜正在积极探索实施国家加密货币的方法,以规避美元并逃避全球对金融交易的监督。中国近几年也加入军事区块链应用研究中,并取得了很可观的成果。

6.1.2　军事区块链技术痛点分析

6.1.2.1　层级中心式指挥与分布式去中心化的矛盾

现行军事管理体制与区块链技术特性存在一定矛盾制约。比特币区块链无中心化节点,运行靠对等的网络节点共同管理和维护。现行的军队指挥管理实行中心化、层级式体制,军队指挥管理系统各级有各级的指挥权限与职责,遵循上级指挥下级、下级服从上级的原则,而区块链技术具有去中心化、节点平等、用户匿名、信息透明等特点,区块链的记账权是通过竞争机制获取的,而军队指挥权则是事先指定的。如何在军队指挥管理体制与区块链技术特性之间找到平衡,实现两者相互契合,是区块链军事应用需要破解的矛盾问题。

根据上述矛盾,一是军用区块链应采用联盟链或私有链,并引入授权节点和授权执行机制。另一方面,在战术级系统与无人远程自主系统,情报、测绘、气象等业务系统,以及后勤、装备物流管理系统结合等方面,区块链的应用更加广泛。

6.1.2.2　信息受控与信息共享的矛盾

信息管控要求与区块链共享账本之间存在一定的矛盾制约。首先,军事信息安全保密要求高,军事信息需要分级、分类、分密进行管理,按权使用,而区块链在运行共识机制时,一方面会将账本信息广播至网络内各个节点,具有信息透明、用户匿名的特点,另一方面,一旦节点被攻破,链上所有共享信息将存在被监听或被截获的风险,给整个区块链军事应用带来一定的安全隐患。其次,区块链信息采取自由交互机制,而军事系统会对信息进行集中监管控制。系统的所有数据处在长期、不间断的访问中,武器系统、指挥系统、通信系统的数据格式具备多样性、复杂性,要求不同级别、不同密级的数据给予相应的访问权限,确保数据的可靠性与安全性[3]。

因此,军事区块链宜采取按片组链、信息分级、按需分发的模式,应据此设计军事区块链结构,定制共识机制,开发智能合约。

6.1.2.3　高时效性与认证流程繁琐的矛盾

军事系统的高时效性要求与区块链现有性能之间存在一定的矛盾制约。现代战争比拼的是敌我双方 OODA 环[观察(observe)—判断(orient)—决策(decide)—行动(act)]的时效性,尤其是武器系统交战时对时效性的要求极高,时效性高达秒级甚至毫秒级,既要有多源、可信的战争态势信息,更要求信息在环路上高效流转,而区块链技术通过分布式共识验证确保信息安全,必然存在多节点交互流程繁琐的问题而影响时效性,复杂的数据同步机制难以满足高频次快速响应要求。在区块链中,每次对数据进行修改,都需要系统内的所有节点对账本数据进行同步更新,这需要花费很长的时间。在很短的时间内,如果进行的操作太过频繁,就会占用大量的带宽,甚至有可能导致网络堵塞。从图 6-4 OODA 循环的演化可以看出,现代战争已经进入了"秒杀"的时代,特别是在战术层面和平台层面,随着局势信息的不断更新,战斗单位与平台请求的频率越来越高,而区块链仍然无法满足这种实时反应的需求[4]。

对于这一矛盾应从两个方面进行分析,事实上,由于区块链具有去中心化的特点,随着去中心化程度的提高,共识机制变得更加复杂,操作效率变得更加低下,时效性变得更加糟糕。因此,在军事领域,完全去中心模式的区块链并不是一个很好的选择。另外,基于区块链的"竞争验证同步"机制,也面临着认证流程复杂、算法

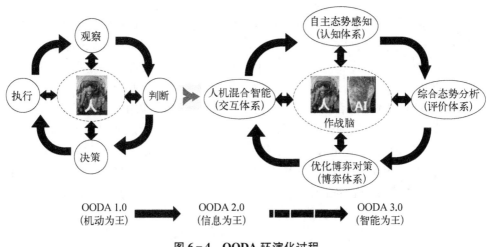

图 6-4　OODA 环演化过程

复杂等难题,需要根据特定应用领域的特征与需求,进行面向军用区块链系统的共识算法与定制智能合约的设计。

6.1.2.4　复杂通信网络与高速稳定传输的矛盾

复杂的军用通信网络与区块链规模应用之间存在一定矛盾制约。未来战场通信将会是陆、空、天基网络共存,无线与有线网络并用,再加上受到敌方干扰压制和打击破坏,窄带宽、高时延、稳定性差将是未来战场的通信常态。为了保证运行效率和可靠性,区块链一般运行在高速宽带稳定的通信信道上,因此区块链技术要确保复杂网络条件下的大规模节点共识,则需依托高带宽、高速率、高稳定的网络[5]。

区块链技术的高冗余和高能耗问题,也很难满足轻量化和可扩展性的需求。在区块链中,每个节点都要实时地对所有的账本数据进行同步,有几个区块就有几个重复的数据,并且随着数据量的增加和新的节点的加入,系统的冗余将会变得更加严重,同时还会对存储资源进行巨大的占用,这就给作战单元或者平台终端的存储、计算和通信能力带来很高的要求,这不符合设备的轻量化、小型化发展方向。随着区块链节点的不断增加,对每一个节点进行数据同步所需的算力、带宽和能量也随之增加,这将导致后续新节点面临更高的存储需求、更高的接入难度、更长的同步时间以及更低的整体运行效率,这个特性将严重影响到整个作战系统的大范围按需扩展。

如何提高通信的可靠性、确保通信的有效性、实现数据的高效同步、减少冗余和能量消耗,是亟待解决的基础性问题。

6.1.2.5　网络节点有限与易受饱和攻击的矛盾

军事系统的节点数量有限与区块链易受饱和攻击之间存在矛盾制约。根据区块链技术的基本原则,只有当被攻击的节点数量大于 50% 的时候,系统才会受到攻击。所以,越是庞大的网络节点,对多个节点进行攻击的代价就会越高,而区块链就会更难被操纵或攻破,系统也会更安全、更可靠。即便如此,在 2018 年 5 月,因为有超过 50% 的网络节点被恶意操纵,比特币遭受"双花"攻击,造成了 1 660 万美元的损失。相对于金融等民间领域,用于军事的区块链的节点数目要少得多,但在战争时期,当敌方集中大量计算资源进行大规模的网络攻击时,仍有可能超过一半的节点被攻击,导致数据被篡改,从而遭受到饱和性攻击。要解决这个矛盾,就需要对军事区块链的安全受控节点比例进行合理设置,有目的地对识别和验证算法进行改进,从而进一步提升容错能力[6]。

6.2　案例分析

6.2.1　武器装备全寿命周期管理

从项目的立项、论证到项目的退出、淘汰,每个环节都离不开装备的管理,所以将区块链技术引入装备管理的应用研究更能起到引导和参考的作用。以三大信息化技术为中心构成的军工设备信息化系统,将成为今后军工设备信息化建设的主要途径。然而,目前对于设备管理中海量的管理信息的挖掘和处理,以及设备管理的智能化和规范化仍有许多不足。而区块链技术能够为上述问题提供很好的解决方法,其特有的优势和特点,能够与军事装备管理信息技术体系有机耦合、优势互补,进而产生更强的技术合力。通过使用区块链技术,能够更好地保障军事装备的安全性、有效性和智能化。

当今世界已进入信息化乃至智能化战争时期,世界各国正在各自的理论与技术上进行着激烈的竞争。随着军队对武器装备的要求越来越高,任务的范围也在不断扩大,装备管理工作将会遇到前所未有的机遇与挑战。在武器装备管理中,信息因素是联系主客体的纽带与桥梁,是武器装备管理体系运作的根本保障。在未来的信息化战争中,信息的高速传输、高效集成、智能处理等功能将日益突出,而信息的安全性和保密性也会随着战争形式的变化而变得越来越重要。大数据、人工智能及物联网等信息技术为设备管理工作提供了技术支撑,是实现设备管理的重要途径,也是提升体系对抗能力的必然途径。所以,要加速完善可以满足执行使命任务需要的系统,并使其具备信息化条件下的体系对抗能力。为解决制约设备信息化建设中存在的突出问题,必须加快新技术的应用和转化。

　　网络为中心,信息为先导,系统为后盾,是未来信息化作战的基本要求。拥有现代化的武器装备管理模式和信息化条件下的体系对抗能力,需要用最前沿的信息技术来对军队装备管理信息技术体系进行重塑[7]。军事装备管理信息技术体系将以人工智能、物联网、大数据等信息技术为核心,是一个以万物互联为基础,以多级智能化武器装备管理系统为核心,在精密化管理平台之上,具备深度挖掘信息能力的复杂巨系统,是军事装备管理体系中的一个重要组成部分。

　　随着战争形式的改变与社会的飞速发展,设备管理的目的和要求也在发生着改变和提升,这就导致了军队设备管理信息系统的功能也在发生深刻的变革。与此同时,军队设备管理信息技术体系为军队设备的管理工作提供服务,随着军队设备管理工作各个阶段的进行与军事装备信息化建设的深入,军事装备信息化建设系统的结构也在发生着变化,使得军事装备信息化建设系统始终处于相对稳定和动态变化的状态。从图6-5中我们可以看到,无论是大数据、物联网、人工智能,还是区块链、云计算,抑或是未来的某项新兴信息技术,都是军事装备管理信息技术体系中的一个重要组成部分。系统的动态组合符合装备管理科技创新、讲求实效的原则,反映出了体系结构趋于科学完善、集约高效的进程,进而实现了提升装备工作军事效益和管理效率的终极目标[8]。一个功能完备、与时俱进的军事设备管理信息技术体系,对推动军事设备管理的建设和发展,实现由人力密集型向科技密集型、由粗放规制向高质量效率型的两个根本性转变,具有非常重要的现实意义。

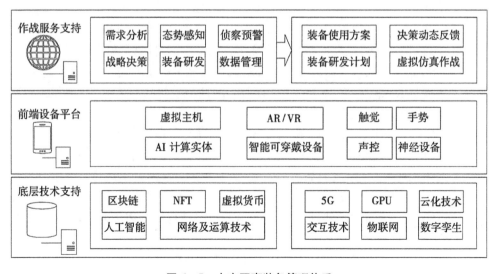

图6-5　未来军事装备管理体系

在装备立项论证、研制生产、采购供应、调配保障、使用维修、退役报废等各个阶段,都需要收集、处理、储存和反馈[9]。当前,我国装备质量信息化还没有形成统一、规范、集约、高效、安全的信息化管理模式,存在着如下问题:

(1)设备质量信息容易被破坏,系统安全性能不高。设备质量信息化管理要求收集和存储设备生命周期中的海量数据。当前,大部分的信息都是依靠手工,并且使用纸张或者电子媒体作为存储媒体,不具备任何的容灾备份机制,因此数据很容易出现损坏和丢失的情况,而且信息的存储安全也很难得到有效保证。其次,因数据来源单位分布较广、收集场景较多,很难防范人为篡改、删除等行为,致使数据的可信性很难保障。

(2)装备质量信息的传播渠道不畅通,难以实现信息的共享。在目前的情况下,装备质量信息化建设是跨专业、跨部门的,各个单位之间相互独立,并没有形成一个完整的、统一的体系。大量有价值的信息仅在较小的区域中流动,彼此间缺少共享,从而造成了多个信息孤岛,不能为各个部门之间协调协作提供可靠的信息服务,在一定程度上制约了装备的效率。

(3)设备质量信息的可溯及力不强,监督效果不佳。目前,在每一个阶段都已经构建好了比较完备的装备质量信息记录体系。然而,由于各体系尚未建立起一套完善的信息交流体系,当设备出现质量问题时,难以迅速追溯,往往消耗巨大,追溯效率低下。而不同部门间的信息不能实现实时、有效的监控,也给相关部门的监督工作带来了困难。这些问题的出现,一方面是因为现行的信息管理体系不够完善,另一方面则是因为缺乏有效的信息处理与交流技术。

1)共识机制与设备质量情报管理的安全性要求相匹配

现有的设备质量信息大都采用集中式存储方式,一旦中心节点受到外部攻击,设备存储的信息极易泄漏或被篡改、删除。区块链采用去中心化分布式存储结构,多个节点之间相互独立,共同参与到系统信息记录中,并且每个节点得到的数据区块都是一致的。区块链采用的是共识机制运行,而在一个区块链中,记账节点众多,如果有人要修改,那么就需要得到50%以上记账节点的认可,而这一点很难做到。通过这种方式可以保证设备的质量信息的真实性和安全性。

2)以分布式存储技术为基础的设备质量信息管理提供便利

在传统的管理模式中,装备质量信息管理的各个参与机构相互割裂,自成体系,信息共享困难[4]。在此基础上,利用区块链技术对装备研发、制造、使用、保障、管理等各部门的海量装备质量信息进行哈希运算,生成具有独特特征的"区块链ID",从而实现多源数据的共享,充分发挥装备质量信息的利用价值,提高装备质量信息的信息化管理水平。

3)防篡改,可追溯,保证设备的品质问题得到有效追溯

基于区块链信息无法篡改和可溯源性强的特点,能够提高装备质量管理机构

监管效率,减少人力、物力及时间成本。例如,当发生装备质量问题时,可以通过区块链技术来迅速溯源,找出责任主体,对问题根源进行分析,进而实现装备全生命周期内的透明化管理。

4）智能合约技术促进设备质量信息的智能化

利用区块链技术,在装备质量信息管理流程中引入智能合约,让装备质量活动的相关参与主体签订以代码形式编制的智能合约,例如装备质检智能合约、装备退役报废智能合约等。当合约规定的条件得到满足时,有关的商业活动就会自动进行[10]。通过这种方式,不仅可以增强双方的互信,还可以提高设备的质量管理水平,使设备的管理更加智能化。

由上述分析可知,运用区块链技术,可以很好地解决当前装备质量信息化所面临的矛盾。在未来装备标准化和智能化管理模式的需求下,通过区块链技术监测装备质量状况,实现装备质量的信息共享与问题溯源,为装备保障提供决策支撑,因此区块链将会有着广阔的发展前景。

装备质量状态监管：利用区块链技术,将装备活动中每个环节产生的详细数据统一上链保存,在此基础上依托于区块链的装备质量信息管理系统中的质量信息查询、故障报警等功能,使研发部门、生产部门、使用部门和监管部门能够协同、持续地监督装备质量,提高生产制造的安全性和可靠性,保证服役性能反馈的准确性和可追溯性,进而能够大幅度提高武器装备的智能化管理水平[5]。

装备质量信息共享：由于军事机密需求的特殊性质,我们可以利用区块链技术建立联盟链,并在此基础上采用传统的权限管理方式,实现“半中心化”的目标。设备管理部门可以为有关研究机构提供数据访问权限,实现设备质量信息在特定区域的传播和共享。在此基础上,各研究机构可以通过对设备的检测数据进行分析,从而实现设备的优化升级。同时,在军事系统中,可以建立一个公开的数据链,以达到对武器系统之间的有效协同,保证武器系统在军事系统中的安全和稳定。

装备质量问题追溯：通过使用区块链技术,对装备从生产到退役报废的全过程中的质量信息进行规范化,将当时发生的真实信息实时保存为图像、文字或结构化数据,加盖时间戳,统一上链,形成按照时间顺序的时间链条。在装备发生质量问题时,装备监管机构可以通过使用区块链来追溯装备全寿命周期的每一个阶段,找到问题的根源,并对其进行问责,极大地提升了设备的溯源效率。

装备保障的智能决策支持：当前的装备保障多采用分级的决策与批准方式,而现实生活中各种类型的设备品质数据不断重叠,需要大量的设备品质数据,使得这种方式很难支撑高层的迅速决策。利用区块链的智能合约技术,以武器品质的真实信息为支撑,可以提前设置约束合约的条款,使武器保护的各方能够在短时间内完成对武器保护的自动化认证和数据交互。借助区块链智能合约的优势,能够为应对变化迅速的战争环境做出更多的反应、更多的决策、更好的保证,从而更好地发挥作用。

6.2.2　军事物流

物流是供应链活动的一部分,是将商品、服务按照客户的要求从生产地向消费地流动的一种经济活动。物流由八个主要的部分组成,分别是:物体的运输、物体的搬运、物体的储存、物体的保管、物体的包装、物体的装卸、物体的流通加工和物流的信息处理。

波特钻石模型(Michael Porter Diamond Model),也叫"波特菱形理论"。20世纪 90 年代,美国迈克尔·波特提出了这一理论。这一理论的核心是一个国家或者一个产业在世界上怎样才能获得更好的发展。这一章将区块链的四个核心技术和物流产业的发展联系起来,构建出了下面这个波特钻石模型。如图 6-6 所示[11]。

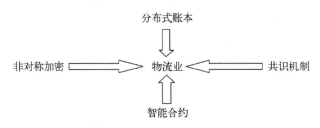

图 6-6　波特钻石模型

分布式账本又称点对点组网方式,也就是俗称的"去中心化"。而利用区块链技术实现分布式记账的特点,可以很好地解决供应链各方对于信息不对称的需求。物流是一个由供应商、生产商、中间商、零售商、物流终端和顾客组成的完整物流链。由于物流的管理链条相对较长,所以一定会存在一方不能或不愿与上下游进行全面、及时共享信息的情况,导致一些企业不能实时掌握物流状态,造成信息不对称下的信息孤岛,这在客观上会加强供应链信息整合的内在要求。具体而言,在普通的供应链系统中,由于各子系统之间缺乏有效交互,使得在促进数据信息共享和共建方面存在着较大的不足,造成了跨系统的联动和协同能力较弱,往往存在着相关的业务活动各自为战的局面。随着市场专业化水平的持续提高,供应商的数目也在逐渐增加,他们的布局范围逐渐增大,供应链的管理也在逐渐变得更加复杂,供应链物流的各方主体都迫切地要求降低每个环节的时间成本和管理成本,以改善信息不对称的状况,因此具有提高供应链物流运营效率的自发激励[9]。

总之,在现代物流中需要有一项新的技术,才能有效地解决企业之间的信息不对称问题。借助区块链的技术,我们可以建立起一个整合整个供应链的平台,将"三流合一"的流程纳入一个统一的系统中,让我们可以对整个供应链进行实时跟踪[12]。尤其是,区块链技术的分布式会计特性,从体制机制上保证了整个供应链的完整、可靠、透明。所以,利用区块链技术的分布式会计特性,可以有效地解决供应链中各个主体之间的信息不对称的问题,促进供应链物流中的公平、公开、透明交易,如图 6-7 所示。根据艾瑞咨询公司的报告,在 2023 年之前,区块链在供应链金融行业中的占有率将提升到 48.3%,相比于传统的商业模式提升 28.3%,并将会减少 0.48% 的运营成本,增加 297 亿元的利润。在供应链金融行业中,区块链是目前除传统信息通信技术外普及度较高的技术。

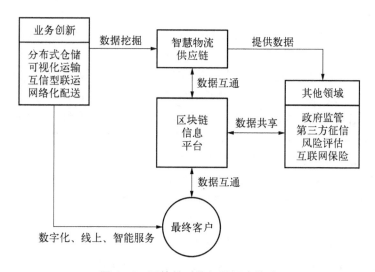

图 6-7　区块链赋能智慧军事物流

"非对称加密"指的是公钥、密钥加密算法,它一般会与时间戳一起,保证存储在区块链上的交易信息的安全性和个人隐私的隐蔽性。区块链技术不对称的加密特性,符合了物流各方对数据与信息保护的要求。在传统的物流体系中,各个主体的信息基本都处于分散、游离的状态,一些关键、重要的信息甚至是被隔离的状态,缺少一个有效的平台,可以对这些信息进行系统化、自动化的管理,这就造成了这些数据信息的实际应用价值不能得到最大限度的发挥,还存在着信息安全的隐患。利用区块链技术能够对供应链物流全链条信息安全进行有效保护[13]。具体来说,在区块链上,数据通过分布的数据存储模式而不是通过一个中心化的机构来对其进行统一的维护,从而提高了安全性;区块链所使用的非对称密码技术能够保证信息的完整性,在交易双方间形成较强的信任。例如,在引入区块链技术后的供应链物流场景中,物流公司和终端客户都拥有各自的专有私钥,而双方都不能伪造对方的私钥。如果没有在该区块上的签名,说明该顾客实际上没有收到该商品,相反,说明该商品是由该顾客收到的。区块链技术的这种非对称加密属性,保证了商品从供货商通过物流公司,最后到达客户手中的过程,具有准确、安全和及时的特点,还有助于明晰各方的责任。

共识机制也就是共识算法,在区块链系统中起到了重要作用。现在很多物流活动都需要通过互联网来完成,而网上购物又占据了物流运输的绝大部分。然而,由于网络延时的差异,使得点到点之间的信息传递所需的时间也不尽相同,这就给买卖双方造成了很大的不便。所以在物流行业中使用共识机制,可以让每一个节点都能接收到相同的信息,并在同一时间内完成交易,从而避免了由于网络延迟而造成的买家和卖家之间的延迟[14]。

智能合约就是通过加密与数字安全技术,根据"代码即法律"的原则,自动生成一份协议,当一份协议被设定好之后,协议就会被自动执行。基于区块链技术的可编程智能合约满足了物流企业对支付、交易等方面的需求。货币支付活动贯穿着供应链物流产品从制造到销售的各个环节,它对供应链物流各个主体的运营管理产生了巨大的影响。但是,在支付活动中,往往会出现买方延迟或者拒绝付款的情形,而且在这个时候卖家需要付出很大的时间成本才能付诸催款的过程,在此过程中,卖家还需要负担货物保护费用,这不仅会导致卖家出现坏账,还会极大地降低整个供应链物流的运营效率。更重要的是,因为付款通常都是事先在合同中约定好的,所以在客观上会有延误的风险,所以对卖家来说,他其实没有足够的保证可以拿到钱。这表明目前的物流行业迫切需要一种新的技术,如区块链,以保证支付与交易的安全性。

具体来说,在没有买卖双方中间介入的情况下,用区块链技术可编程智能合约可以根据事先设置的规则,对合同的内容进行自动填充,并在符合事先设置的条件的前提下,实现自动执行,这样就可以防止由于种种因素导致的顾客的延误付款。智能合约可以用于供应链物流中一系列需要契约保障的环节,在最终客户收货时,供货商和中间商都可以同步地获得交易信息,并实现退换货、折扣积分、保险、税收、商品质检等相关合同的自动填写,从而使得供应链物流各主体和各环节都能实时掌握相关信息,并及时做出处理,大大提高了物流运营效率。

在物流活动中,参与者均来自物流的各个方面,在进行协作建立生产关系时,会耗费很大的代价来解决信任问题。比如,服务质量的运营成本、结算账单对账成本,以及物流文件的审计管理成本等。而在这种情况下,区块链的诞生,正是要用来帮助大物流平台实现规模化、低成本、高可信度的。物流业有"流"一说,由"商流"到"物流",再到"资金流"和"信息流"的支撑,是物流业发展的必然要求。在这些"流"的后面都有一个核心问题,即货物所有权的转移。因此,多流融合的物流场景,很适合将区块链技术运用到其中。以区块链技术为基础,能够推动物流领域的商流、物流、信息流、资金流"四流"合一[15],如图6-8所示。通过区块链技术,基于多方互信,能够迅速地整合高质量的资源,建立立体的供应链生态服务。通过使用物联网技术,能够确保信息采集的正确性和可信性。同时,区块链分布式账本打破了信息孤岛,确保了数据存储的真实可靠,这大大地提升了物质流向信息流的映射速度、广度和深度,进而增强了可信信息流,缩短了资金流和物质流的距离。最后,在公司的财务成长性中,股票持有和现金流是公司需要进行考量的两个重要因素,使用区块链技术能够确保公司的财务数据的真实性和实时性,并且还能显著地提升实体企业融资的便利程度,这样的数据真实性和实时性将会极大地降低公司的结算时间,进而达到准实时结算的目的。

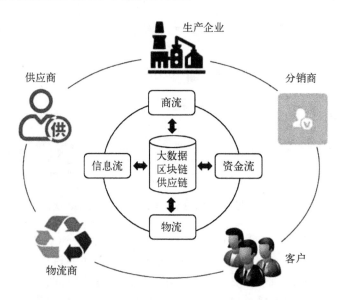

图6-8　区块链技术联合大数据、供应链促成"四流"合一

因此,物流公司以区块链技术和现有的物流网络为基础,为同一商品的生产商、分销商、零售商等商家提供了一个统一的物流服务,并对每一种商品的生产制造、物流运输、仓储、流通监控等全流程展开监控、溯源和标准化物流服务的运行,让商品在全渠道的库存共享中实现产地可追溯,品质有保障,进而将整个社会的物流费用都降了下来,实现了减少货物搬运的目标,实现了"短链"物流服务模式,如图6-9所示[10]。

物流行业会将大数据+物联网与区块链物流技术相结合,从而真正实现区块链物流新应用。它依托于以区块链为基础的分布式共享网络,具有不可篡改、高度安全、透明等特性,能够为参与者提供端到端的阅览权限,确保整个物流过程的透明度。与此同时,任何人都不能私自添加、删除、修改网络中的记录,从而极大地减少以往因为信任证明而耗费的时间和成本[2]。

各方面都认为,将区块链技术运用到物流领域,可以有效地解决物流业中一直存在的问题,让供应链中的各节点参与方可以对资金流、物流、交易的真实数据进行实时同步,减少重复核验的环节,对资源的利用率进行优化,从而提高物流行业

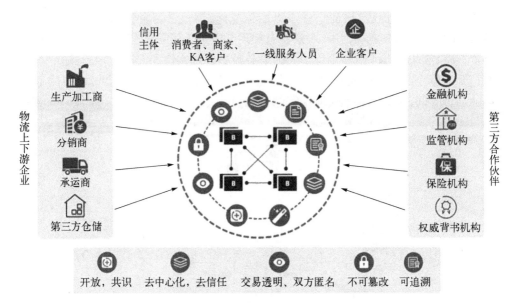

信用主体　消费者、商家、KA客户　一线服务人员　企业客户

物流上下游企业　生产加工商　分销商　承运商　第三方仓储

第三方合作伙伴　金融机构　监管机构　保险机构　权威背书机构

开放，共识　去中心化，去信任　交易透明、双方匿名　不可篡改　可追溯

图 6‑9　基于区块链技术解决大物流的信任问题

的整体效率。展望未来,在物流产业中,区块链技术是一个重要的发展方向。然而我们也不得不承认,与人工智能、大数据、云计算、物联网等新兴技术相比,区块链技术仍处在起步阶段。此外,产业各方协作不密切,对区块链技术了解不够,缺乏自主开发的能力,都是推动区块链发展需要攻克的难关。为了推动区块链在实际中的运用,我们需要对其进行具体研究。总的来说,一是要将现代化的生产模式和高新技术相结合;供应链是现代生产组织的一种形式,区块链是先进技术的一种,需要将两者真正地结合在一起;二是技术上的融合,单独使用区块链并不能将供应链进行打通,更不可能实现供应链的数字化,它需要将区块链技术、云计算技术、人工智能技术、大数据技术等与之相结合,从而形成一种可以在供应链上使用的技术。与此同时,要加大对区块链的基础研究力度,如理论研究、技术研发、趋势研究、应用标准研究、人才储备等,以打下坚实的基础。目前,我国的区块链技术应用人才十分缺乏,要想把这些技术应用到实际应用中,必须有一套完整的技术应用训练体系。最关键的是,要建立一个双赢的局面。其实,区块链并不只是一种技术,它更像是一个生态圈,更像是一个生命体,需要建立一个技术方、应用方、研究机构等多方合作的生态圈,最终形成一个合力,推动区块链的发展。在掌握趋势和应用场景的基础上形成一种创新模式,只有这样,才可以把区块链真正地运用到实际场景中,实现互利共赢。

传统的军事物流是集中式的,存在以下四个缺点:

一是各仓储企业间的对接操作存在一定的滞后。由于各仓储中心之间存在一定的距离,且信息传递存在一定的延迟,因此实现各仓储中心之间的数据更新达成一致是非常困难的。

二是交通工具利用率不高。货运车辆在完成货运任务后,往往要回到原来的货场,这就给货运车辆带来了一些麻烦。

三是情报传递层次多,步骤繁杂,调拨周期长。库房的物资请求均为"烟囱式"分级请求,也就是库房首先向上级库房提出自己需要的物资,如果上级库房能够满足,就可以从自己库房直接运送到下级库房,如果上级库房无法满足,则向更高级库房发出请求。

四是有很高的错误决策风险。在大数据环境下,集中化仓储系统不可避免地会出现错误的决策,而一旦出现错误,将给军事物流带来巨大的损失。

在军用物流领域,运用区块链技术也并非不可能。然而,在运用该技术的过程中,面临着多层次的中央控制和分布式去中心化之间的矛盾、信息可控和网络共享之间的矛盾、实时性强和身份验证复杂之间的矛盾等。所以必须根据工程的特点采取相应措施,以达到高效、安全、可靠的目的。按照类型划分,可分为公有链、私有链和联盟链。蒙代尔提出了一个三进制的矛盾问题:任意一个分散的系统最多可以同时满足可扩展性、安全性和去中心化这三者中的两个。在军事物流系统中,更注重效率和安全,所以可以将联盟链中的区块链技术应用到军事物流中。联盟链是一种基于多个私人链组合体的群集体系,其特点是:局部分散,可控性高,计算效率高,安全性高。由于是部分去中心化的,因此其共识机制也只是根据特定的原则,由各大核心根据各自的原则进行轮换选择,并对其进行记账处理。另外,对于联盟链,也有一些接入要求,即只有这个联盟链上的节点可以对其进行读取、修改、访问等操作,这大大提升了将区块链技术应用于军事物流的有效性和安全性。

军事物流联盟链可以划分为 3 类节点:第一种类型由核心节点(一个可靠的仓库)组成,它负责将所有的数据写入区块链的账本中;第二种是职能节点,它包括了通用的存储库,用来管理和核对区块链中的所有信息;第三种是一般节点,包括只提供数据的军队使用者(表 6-2)。在这些节点中,主节点与职能节点是完全节点,可以参照委托价值验证机制(DPOS)来选择主要节点;部队用户是一个轻节点,它可以参考以太坊,利用简单支付验证[5](simplified payment verification,SPV)的方法,通过构建交易树、收据树和状态树,在节约存储空间的同时,可以实现快速验证账户是否存在、判断交易是否执行成功等功能,节点之间可以达成军内网传输协议。基于这一特点,提出了基于 MerkleBucket 树的军用联盟链数据结构,通过对其深度和宽度进行有效调控,达到对系统效能与资源要求的平衡。在不同层次的仓储系统中,可以采用多个数字签名来实现对仓储系统的存取控制,同时与助记表格相结合,可以达到非电子存储的目的,减少仓储系统中密钥的遗忘和泄露的风险。

表6-2   军事物流联盟链中节点分类及功能

现 实 对 象	联盟链中的代表节点	联盟链中的功能
部队用户	普通节点(轻节点)	数据的查询
普通仓库	职能节点(全节点)	数据的验证
联盟主节点	核心节点(全节点)	全部数据的写入

在某一地区同一层次或不同层次的仓储中,可以选取一个主要的节点,将这些主要的节点连接起来,构成主链。主节点所覆盖的各职能节点可以相互进行点对点的信息交换,并与所有主节点构成联盟链中的从链,其物流网络运用联盟链,如图6-10所示。主要节点轮流取得记账权,取得记账权后,主要节点负责对其辖区的各仓库进行登记(取得记账权期间的交易情况)。因为只要确认了主节点,主节点的权限就会很大,因此要尽量选择可靠度高的储存库,通常都是从高等级的储存库中选取。

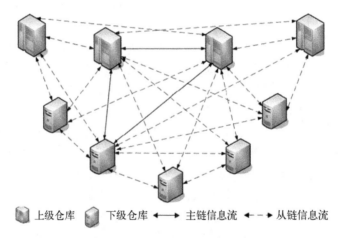

🗄 上级仓库   🗄 下级仓库   ◀━━━▶ 主链信息流   ◀- -▶ 从链信息流

图6-10   军事物流联盟链架构

实用拜占庭容错算法(PBFT)可以将其应用于军事后勤联盟链,将其计算复杂性从指数级别降至多项式级别,并在保持一定活动与安全的同时,维持一种稳定的状态。要想达到这个目的,就需要运行几个协议,其中最基础的一致性协议必须包括请求(request)、预准备(preprepare)、准备(prepare)、确认(commit)和回复(reply)。请求和回复流程是指客户提出要求,然后获得最后的回应。在预准备和准备阶段,可以保证程序的时序性,预备和证实程序应该保证,即便是在变换了视图之后,请求在新视图中也能维持原有的次序。基于联盟链,军事物流也可将侧链、闪电网络、分片等技术相结合,以解决数据膨胀问题,实现有向无环图等技术突破,但需关注"预言机"机理及智能合约的适用问题。在组织结构方面,具有从属关系的仓库因为其交易比较频繁,所以可以利用闪电网络来构建链下通道。而对于具有较高保密要求的仓库,则可以利用多通道技术来构建相互隔离的区块链,从而提高区块链的存储量和安全性。在紧急情况下,为了提高信息的时效性,可以使用有向无环图的方法,使每一块只有一笔交易被打包。在战时,既要求高时效又要求高保密,同时也可以将事务的实施与共识分开,实现事务的平行处理。在区块链的基础上,仅对数据进行排序和真实性检验,并将数据处理过程中的数据处理权限下放到各数据处理中心,从而极大地提高数据处理效率。而在此基础上,联盟指挥部不但可以获取区块链的一致会计报表,还可以与外界的核心数据库建立联系,在交易结束后,将处理的结果通过区块链传递给联盟,从而实现区块的递交。而在此之前,必须有后勤管理者来对这些分散账户中的信息进行验证,验证之后的结果将会被反馈到区块链上。改良后的军事物流区块链架构流程如图 6-11所示。

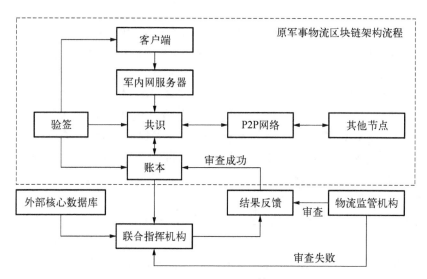

图 6-11　改良后的军事物流区块链架构流程

区块链的运用可以在各个领域发挥出增强安全性、降低运营成本等功能,但是,不同场景的运用还会产生一些具体的变化。将区块链应用于军事物流,将导致四个重要的变化:工作同步化、工具公有化、业务预置化,以及决策扁平化。

(1)工作同步化。每个联盟链主节点都包含了在某一区域内的许多仓库,每个仓库通过 RFID 录入材料的相关信息,然后通过物联网技术将材料上传到云端,进行数据的分析与挖掘。在协议完成后,各仓储将利用区块链对其进行分布的信息储存,以实现对整个联盟链的实时更新。一个完整的军事物流流程,会经由诸如转运中心、物流中心、配送中心、加工中心等多种类型的仓库,由于所经过的各功能中心的产品的成品化水平不尽相同,所以其运作方式也就不尽相同。

当前,由于数据关联性差、时效性不够,很难确保各个仓储间的衔接工作能够同步进行,而将区块链应用到军事物流中,不但能够实现数据的实时更新,还能够通过内部协作调节信息的开放度,实现各个仓储间的衔接工作同步进行,从而极大地提高保障工作的效率与精度。

(2)工具公有化。区块链不仅可以提升仓库管理能力,还可以进一步实现运输工具的公有化,即每个运输工具将不再拥有一个固定的归属仓库,而是可以按照实际情况半自主地选择每次发起配送任务的仓库。首先,利用物联网技术,将传感器安装到运输车上,利用可视化等技术,可以实现对运输车的实时追踪;其次,在区块链技术的支持下,因为每一个节点都拥有一个分布式账本,所以可以进行多路协同,保证货运车辆的目的地准确,从而避免出现"动中通"之类的麻烦。虽然没有专门的仓库来维护交通工具,但通过区块链上的时间标记可以知道交通工具的故障具体发生在什么地方,由交通工具的仓库来维护。

(3)业务预置化。现在军队的物流服务都是层层上报,难以应对紧急情况,但通过区块链可以做到事前上报,预先做好预案,让物流服务变得扁平化。两个仓库之间的物资调拨,都要由上级批准,这也是军方集中式管理的一个特征,很难轻易改变。有了区块链,两个仓库就能预测出接下来要做的事情,并将这些事情汇报上去。经上级部门同意后,双方库均将同意的方案存入区块链。如果出现了紧急情况,必须要进行紧急处置,那么这两家仓库就会使用智能合约,按储存在区块链里的预先设定好的计划执行,这个时候两家仓库之间的交易就可以直接进行,无须等待上级的审批。在发生问题之后,还可以利用区块链技术的可溯源性,追查负责单位和相关人员。

(4)决策扁平化。将物联网技术引入军队后勤中,军队中的所有装备、人员、车辆等均可视为一个节点。所以,不但是仓库与仓库间可以采用区块链技术,在一些智能设备中也可以采用区块链技术来进行分布式决策,并自动得出总体决策方案。在这种情况下,每一台无人机都可以通过区块链来生成一种特定的交易,这个交易被整个网络的所有节点所证实,然后由其他的无人机来选择自己所赞成的交易。目前,"蜂群"作战的概念已经比较成熟,因此,利用自组织网络或分组无线网络对"蜂群"进行自组织、自适应动态重构,然后利用区块链技术对数据进行更新,并基于分布式决策进行协作,获得全局优化方案,这时,每一架无人机都成了一个边界代理,可以根据自己的感知进行决策,从而获得最优的全局优化方案。利用区块链技术,无须"蜂头"指挥,可实现无人机群的实时信息共享,从而提升整个机群的抗毁能力,加快智能决策的更新速度,并增加备份的冗余度,防止单个机群发生意外,进而影响机群的整体工作效率。

6.2.3 军事数据安全

军事信息安全在军事信息系统中具有非常重要的地位,它可以保护系统的软硬件,数据资源不会因为偶然和恶意的原因而被破坏、更改或泄露。其中一个重要的科学问题是,如何在网络中构建一个可信的实体,包括身份认证、访问控制、数据保护等。通过身份认证技术,可以对系统用户的身份进行验证,通过访问控制技术,合法用户可以根据其所拥有的权限来访问系统中对应的资源,而数据保护可以保证数据的可用性、机密性和完整性。充分地发挥出军队信息系统的作战指挥和综合保障效能,需要建立在用户身份合法、权限清晰、数据可信的基础上[16]。但是,随着科学技术的不断发展,军队的信息化程度越来越高,其所处的网络环境也越来越复杂。

在传统的信息安全技术中,通常采用具有可信的第三方背书的信任机制,例如利用第三方认证服务器对用户的身份进行验证,以中心架构为基础对用户的权限进行管理,以中心系统为主要存储器对系统的重要数据进行存储等。然而,这种集中式的信任方式难以兼顾分布式身份认证、安全透明的可信性访问控制和数据安全保护三大需求,容易产生单点失效、越权访问和数据滥用等安全隐患。

而区块链具有的开放共识、不可篡改性和可追溯性等特点,为实现多主体间的互信,提供了一种新的方法。如图 6-12 所示,将区块链技术引入军事信息安全访问控制应用场景中,可以实现访问控制策略分布式存储,每一个节点都会保存一份数据副本,对数据的访问请求必须得到全网节点的共识,从而可以防止越权访问。保障了使用者对自身资料的管理权,使使用者知晓其资料已被访问,增强了访问与控制的透明性;所有的访问都是通过区块链进行的,审查人员只要顺着区块链中的一个链接进行审查就行了。

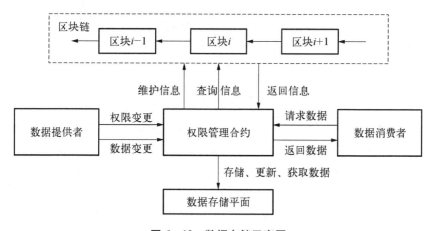

图 6-12 数据存储示意图

　　军事数据的生命周期是从各种战场数据生成开始的,经过了数据采集、数据传输、数据存储、数据分析与利用、数据共享和数据销毁等多个过程,每个过程中都会有不同程度的安全威胁。其中数据的采集、传输、分析和利用等方面的安全问题尤为突出,见图6-13。数据采集是军事数据建设的第一步,其主要目标是将战场态势等信息转换为数据,即采集方对用户终端、智能设备、传感器等产生的数据并进行记录和预处理。在采集数据时,可以根据网络带宽、采集精度等因素,或将采集到的数据直接上传,或通过压缩、变换和加噪等处理后再上传。一般情况下,真正的数据一旦被收集起来就不会再由生产者来掌控了。然而,由于军事行动的对抗性质,使得战争资料的真伪问题成为敌我双方博弈的主要对象。所以,数据收集的安全性与真实性是数据安全管理的首要环节。

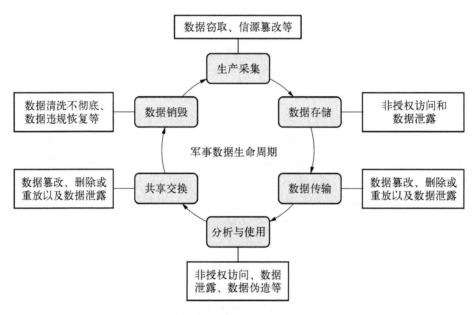

图6-13　数据生命周期管理

　　数据传输是将收集到的海量数据通过收集装置传送到一个大型的中央数据中心的过程。在数据传递过程中不但存在数据泄露、篡改和未经授权的访问等问题,还存在数据流攻击和多源异质数据关联分析等问题。因此,迫切需要一种有效、安全的数据传输方法来保障数据的完整性与保密性。数据分析利用是指从集中式数据中心获取、读取、分析和处理数据的过程,是挖掘数据价值的一个重要环节。随着数据的不断积累,这些重要的数据往往会被集中在一个大的数据中心,而这些有价值的数据很容易被不法分子利用,从而遭受来自外部的黑客攻击、内部人员的窃取以及不同利益主体的越权使用。为了解决这些问题,迫切需要在数据的可信性采集、数据的安全传输与共享、数据的访问控制、数据的行为存证等方面取得突破,建立一个安全可信的数据安全管理体系。

6.2.3.1　军事数据存证

一些重要的军事数据,如核心电子文件、系统关键日志、C2(命令与控制)指令、敏感数据等,其记录的完整性与真实性就显得尤为重要,它们都是在军事活动中产生的、有重要保存价值的原始信息,具备原始性、真实性、法律效力等特征。当前,在利用这些核心数据时,还面临着以下问题:

(1)核心数据是极易变的,在储存、流通、处理等方面极易受到攻击,有被篡改的危险,且很难确保其真实性;

(2)核心数据是集中存储的,具有单点失效的危险,而且一旦被毁,很难进行有效的修复。

区块链本身就具备存证功能,将存证和区块链结合起来,构建了一种以区块链技术为背书的信任机制,保证了数据存储和流转的可靠性。通过在各种军用信息中心间建立通信网络,可以使各个信息中心成为一个区块链节点,从而形成一个区块链网络。在现有系统中引入区块链技术,实现对所需存储的数据进行自动上链,以保证数据源的可信性。同时,基于区块链的不可篡改、一致透明等特点,保证数据在网络上的传输与处理,使得网络上的数据可以被多方确认,从而保证网络上的数据的原始性与真实性。

6.2.3.2　军事数据协同

在军队工作中,往往涉及许多不同的领域,所生成的军队数据往往要求各方协作,并进行统一的编制。例如,装备的质量数据涉及从立项论证、研制生产、交付服役到退役报废等多个环节,涉及多个业务部门,所以需要对设计方案、试验结果、技术状态等大量数据进行全生命周期的管理。目前,各单位已基本实现了对各类设备的专业级信息化,设备的数据处理水平不断提升。但是,仍然存在着数据分散建设、多头管控等问题,使得数据很难达成共识,数据也很难实现共享。而且设备一旦发生质量问题,很难对其进行有效的追溯,也很难对其进行定性和问责。

区块链数据带有时间戳,由区块链节点共同记录,高可信、可追溯等特点使得区块链可应用于装备全寿命数据管理,如图6-14所示,装备主管单位、科研单位、生产单位、仓库、部队等组成装备区块链的节点,基于链下存储等关键技术,链下存储装备质量数据,链上存储数据指纹,实现上链数据全网验证、集体维护、不可篡改、可追溯,可有效地解决装备数据全寿命管理的"痛点"。

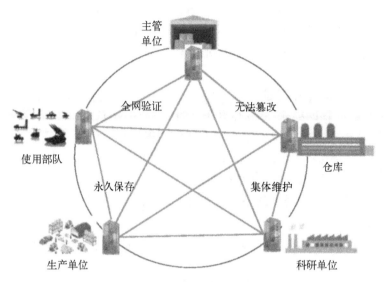

图6-14　数据全周期管理

参考文献

[1] Zhang S Y, Li Y J, Ge W C, et al. Military application of blockchain technology for future battlefield operations[C]. International Conference on Cloud Computing, Internet of Things, and Computer Applications (CICA 2022), 2022, 12303: 352 - 362.

[2] Althauser J. Pentagon thinks blockchain technology can be used as cybersecurity shield[EB/OL]. https://cointelegraph.com/news/pentagon-thinks-blockchain-technology-can-be-used-as-cybersecurity-shield[2019 - 11 - 02].

[3] Lilly B, Lilly S. Weaponising blockchain: Military applications of blockchain technology in the US, China and Russia[J]. The RUSI Journal, 2021, 166(3): 46 - 56.

[4] 孙煜飞,杨强,杨朝晖.区块链军事应用探析[J].指挥控制与仿真,2021,43(4): 76 - 80.

[5] 张玉洁,孙慧英.大数据和区块链技术下制造业供应链管理研究[J].中国集体经济,2023 (5): 101 - 104.

[6] 何俊林.区块链军事应用方兴未艾[N].解放军报,2020 - 01 - 07.

[7] Herlihy M. Atomic cross-chain swaps[C]. Proceedings of the 2018 ACM Symposium On Principles of Distributed Computing, 2018: 245 - 254.

[8] 刘奎.当作战指挥遇上区块链[N].解放军报,2020 - 03 - 10.

[9] 中国信息通信研究院.区块链基础设施研究报告[R].北京: 中国信息通信研究院,2022.

[10] 戴钰超,朱虹.区块链在美军多域指挥控制中的应用[EB/OL]. https://www.secrss.com/articles/14703[2019 -11 - 02].

[11] 孙国梁.浅析区块链技术对物流业发展的积极作用[J].物流工程与管理,2020,42(1): 1 - 3.

[12] 侯胜杰,徐明克,雷景皓,等. 元宇宙中军事装备数字资产管理架构[J]. 指挥与控制学报, 2022,8(3):286 − 293.

[13] 刘凌旗,陈虹,秦浩. 国外区块链发展战略及其在国防供应链领域的应用[J]. 战术导弹技术,2022(2):113 − 119.

[14] 孙煜飞,杨强,杨朝晖. 区块链军事应用探析[J]. 指挥控制与仿真,2021,43(4):76 − 80.

[15] 李永芃,张明. 区块链赋能智慧物流生态体系升级研究[J]. 企业经济,2021,40(12):144 − 151.

[16] 易卓,叶军,张国超. 基于区块链的军事数据安全治理框架[J]. 信息安全与通信保密,2022(2):81 − 90.

第七章
区块链+金融科技

　　时至今日,区块链这一现象级理念早已得到了众多政府、企业和机构的认可。尽管现在该领域还没有出现百度、阿里巴巴和腾讯这样的大公司,但可以肯定的是,随着更多公司开始探索和实践,区块链必然会给传统的金融业带来巨大的冲击。可以预见的是,在未来的某一天,随着大数据与人工智能的发展,区块链将成为互联网金融进入新纪元的关键。

　　随着互联网金融的兴起,金融科技也成了新的热点,而区块链正是金融科技的核心。中国的网络金融刚刚兴起之时,欧美各国还没有什么动作。在我国网络金融蓬勃发展的今天,欧美国家将金融科技输送到中国,为中国带来了一场新的金融革命。互联网金融与金融科技并没有太大的区别,但两者的关注点却完全不同的。互联网金融关注的是场景的变革,而金融科技关注的是技术的变革;再者,互联网公司具有场景优势,因此在互联网金融阶段,凭借着场景的优势,他们要比传统的金融机构略胜一筹。事实上,即使是互联网企业,也会有不同的经营领域,比如电子商务、社交网络公司等。他们在创造场景方面是最擅长的,这也是他们在金融领域的优势所在。任何一家网络公司都无法与之相比。

　　至于金融科技,主要集中在云计算、大数据、机器学习和人工智能等新兴技术上,如图7-1所示。技术是中立的意思是:技术企业虽然具有科技领先的优势,但是对他们来说,并不存在无法克服的技术壁垒;技术逻辑要与商业逻辑相结合才能产生价值,与技术公司相比,金融机构在商业逻辑上具有一定的优势,而且其经验的积累也是一个漫长的过程。如今有众多网络公司渴望招揽金融机构中的人才也就不足为奇了,毕竟现在是金融科技发展的初期,网络公司更需要懂商业逻辑的财务人员。近几年来,对于网络企业的商业竞争,各金融机构的反应大致可分为三种:一是无力挽回局面,沦为渠道;二是热烈的拥抱,全方位的对接;三是创建自己的情景,进行模式的创新。很多年前关于飞信和微信演绎的故事就是一个很好的例子,证明不要拿自己的短处去挑战别人的长处。由于在技术面前所有人都是平等的,金融科技对于金融机构来说是一个绝佳的机会。因此,华尔街对区块链的狂热程度超过了硅谷。华尔街的金融机构已经开始宣称他们是科技公司,或者很快

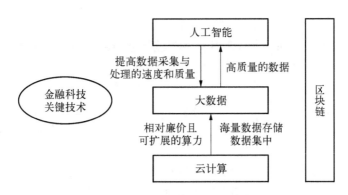

图 7-1　金融科技的关键技术

就会变成科技公司。

　　在金融科技中,区块链是最重要的一项。因为区块链技术在金融领域掀起了一场基础技术的变革。意大利是现代银行的发源地。之所以发源地在意大利,一是意大利是欧洲最早开展海洋贸易的国家之一,其海洋贸易的复杂性和高风险性决定了其对金融服务的需求;二是意大利人创造的复式记账法,使复杂的业务可以用会计方法加以衡量;在多个世纪以来,复式记账从未得到过显著改善。今天,区块链技术将成为人们在会计方式上的首次革命。区块链是一种分布式账本技术,它的出现必然会帮助所有有会计需求的企业降低成本、提高效率、更好地发展创新业务和服务。金融行业或将成为第一个受到冲击的行业,也或将成为第一个拥有利益的行业!

　　本章以区块链与数字货币作为切入点,主要讲述区块链技术对金融科技行业的影响,以及区块链在金融行业的应用实例。

7.1　区块链技术对金融科技行业的影响

7.1.1　区块链与数字货币

1.货币和货币体系

　　货币本身的发展可以追溯到两个源头:一是货币形态的演化;二是发展货币功能。就货币形态而言,到目前为止,我国的货币形态大致可分为"实物货币—金属货币—信用货币—电子货币"几个时期。从总体趋势来看,货币形态是随商品的生产和流通的发展而不断发展的。这一演化可概括为四个阶段。

　　第一阶段:在普通价值形态转变为货币形态之后,货币有一段很长的时间以物质形态为主,贝壳、布匹、牛、羊等都被用来作为货币。实物货币由于其自身的不可克服的缺点,在一定程度上会随着商品经济的发展而从货币历史中淡出。实物货币或者体积庞大,携带不便;或者质地参差不齐,难以分割;或者易腐烂,不易贮藏;或者尺寸不同,很难进行比较。在货物交换与交易日益发达的今天,金属货币代替了实物货币,这并不奇怪。

第二阶段:实物货币向金属货币转化。冶金业的兴起和发展为金属货币的普及奠定了物质基础。金属货币在价值上的稳定性和储存性等方面确实是其他实体货币无法相比的。

第三阶段:金属货币向信用货币形式转化。信用货币产生于金属货币的流通。早期的商业票据、钞票都是信用货币,信用货币从开始可以转换为黄金最后变成无法转换为黄金。在信用货币发展的进程中,因政府过度发行而引发的数次通胀,损害了其兑换性,但也推动了其发展和完善。20世纪30年代,随着各国相继废除了金属货币制度,不可兑换的信用本位制正式走上了货币舞台。

第四阶段:"电子货币"的现状和未来。电子货币是当代经济高度发展和金融科技创新的产物,它建立在电子和通信技术的快速发展之上,同时也是货币作为支付手段功能持续演变的一种体现,因此它在一定程度上代表着货币发展的方向。随着移动互联网、云计算、区块链等技术的不断发展,在全球支付方式发生了重大改变的情况下,未来货币的形式将会变得更加多样化和智能化。

"数字货币"已经不再是一种观念,而是一种越来越为人们所接受的现实。虽然当前数字货币的推出还面临着科技、流通环境、法律法规等一系列问题,但是它的吸引力是无法抵挡的。随着货币形态的演变,国际货币制度也随之变化。这不仅是由于社会经济政治等方面的发展和变革,也是与货币形态变迁相适应的。比特币等数字货币的兴起,给超主权货币带来了无限的想象空间。那什么是数字货币?

2. 数字货币

2014年,欧洲银行管理局(European Banking Authority)对虚拟货币下了这样一个定义:虚拟货币是一种价值的数字表示,不是由中央银行或某个公共权力机构发布,也不一定与某一法定货币有关联,而是被自然人或法人认可,用于支付手段,可以进行电子化转移、储藏或交易。从这个意义上看,它包含着三个方面的内涵:第一,它是对价值的数字表达,虚拟货币是一种有价值的商品,它是以数字的形式出现的。这与"记账单位"在货币观念中的地位相似,又可视为私有的钱或货物。第二,由于虚拟货币并非由央行或政府机关所发行(央行或政府机关所发行的一切货币,无论是物理还是数字形式,均属法定货币),因此虚拟货币并非法定货币。当前我国金融系统中的电子货币是法定货币,不是虚拟货币。虚拟货币并不必然是与法币相联系的,也就是说,虚拟货币并不能和法币形成一个固定的汇率。第三,虚拟货币可能具有"交换中介"功能,可以作为一种向其他主体提供商品和服务的支付工具,还可用于电子存储、转移和交易。不同类型的虚拟货币,其认可度和使用度各不相同。

数字货币是价值的一种数字表示,包含了由非中央银行或公共权力机构发行的数字货币,即虚拟货币,也就是由中央银行或公共权力机构发行的数字化法定货币。主要从信用制度的构建、信用制度的发行、信用制度的功能和信用制度的运作等角度对信用制度进行剖析[1]。就当前的情况来看,从生成方式上来说主要有四类:法币;比特币;众筹;资产锚。中央银行要发行数字货币,必须有国家或法定的授权,虽然目前还没有,但法定的授权在未来也会成为一种形式;比特币是计算的货币;以太币为代表的众筹是最有代表性的,假如以太币想要在区块链技术的基础上发展出一种通用的协议,即发表一份技术白皮书,并且募集到足够的资金来进行开发,就可以发行属于自己的"以太币"。它可以用来组建一个开发者社区,并将其应用在区块链上。许多代币的生成,都是通过在区块链上注册资产,以此资产为锚,发行各种不同的数字货币。

从信用的来源上来说,一种是法币,一种是私人货币。数字货币由中央银行发行,一般都是以政府为基础,而像比特币这种以区块链为基础的私有货币,则是以算法为基础的。以太币同样是一种计算货币,不过与比特币的区别就是以太币的特殊作用,随着以太坊市中智能合约的可用性不断提高,其价值也会不断提升。从作用上讲,数字法币发挥了传统货币应有的作用,起到了存储价值、衡量价值、交换价值的作用。而算法货币,也就是比特币,更多的是一种交易和支付的工具。由于比特币浮动太大,导致比特币无法成为一种保值存储方式。而众筹货币,则是用来进行多种公共交易的,比如以太坊,如果要进行公共交易,就需要使用以太币。而代币就是"锚","锚"的对象就是已经登记在区块链上的那些资产。比特币是基于公众的链条进行操作的;而像"以太币"这样的众筹货币,是通过一个统一的交易机制,通过一个"区块"进行运作;至于那些被称为"代币"的资产,便是基于区块链技术的商用用途了。由此我们可以看到,电子货币不仅具备了传统货币的全部或者是一些基本的作用,而且从某种意义上来说,电子货币的作用更加灵活和智能化。相对于纸质,电子货币有着明显的优势,其既能节约发行流通所带来的成本,又能提升交易或投资的效率,使经济交易活动更为便利和透明。另外,基于电子货币可以产生更多的程序和更多的功能。此外,央行推出的"数字货币"也能改善财政政策的连贯性与整体性。数字货币具备了跨越时空的特性,这也为其在国际贸易和货币流通中发挥作用带来了可能[2]。

3. 央行与数字货币

2009 年,从比特币开始,数字货币席卷全球。如果将数字货币的发展过程比作一个游戏的话,那么,比特币就是这个游戏的开始。也许中本聪自己也没有料到,比特币会因为一种投机性的炒作而走入大众视线。随着数字货币市场的逐渐冷却,人们对数字货币的认知和使用也变得越来越理性,这一点从各国中央银行从来不承认比特币,反而愿意尝试数字货币就能看出来。

例如,中国全年的比特币交易额在 2015 年达到了全世界的 70%[3]。中国的数字货币交易所在产品质量、安全性和用户体验等方面都远胜于其他国家的数字货币交易所。比特币在中国经过了"接受—认可—爆炒—下跌"的发展过程,目前人们对于其价值的认知正逐渐回归到一个理性的状态。

2013 年 12 月 5 日,央行等五个部门发布了《关于防范比特币风险的通知》[4],这段时间里,比特币的交易已经进入了白热化的阶段,各大媒体都对比特币进行了广泛的关注,这也让比特币的价格一路飙升到了 1 242 美元。"网络货币""未来趋势""数字黄金"等极具煽动性的宣传手段,对公众进行误导;此外,诸如融资融币与杠杆交易等高风险性的买卖,更是助长了对虚拟货币的投机心理。这一现象引发了中央银行的高度重视,并于 2013 年 12 月 5 日与其他部门联合下发《关于防范比特币风险的通知》,以遏制比特币的过度投机行为。这份通知中明确指出,比特币并不属于中央银行发行的货币,因此它不受到法律的保护。与此同时,还要求国内所有的金融机构和支付机构都不得开展与比特币有关的业务。此外还明确指出,要加强对互联网网站的管理,做好网站备案等工作,防范比特币洗钱风险。公告一出,比特币便开始了一波又一波的跌势。央行数字货币与比特币的特征对比如表 7-1 所示。

表 7-1 央行数字货币与比特币的对比

	央行数字货币	比 特 币
匿名性	可控匿名	账户匿名,交易信息公开
信用背书	中央银行	无
潜在发行量	可变	算法自身容量
价值波动	稳定	剧烈
发行	国家发行	矿机解算
管理模式	中心化	去中心化
技术架构	部分区块链	纯区块链

2014 年 3 月,央行出台了《关于进一步加强比特币风险防范工作的通知》[5],并在 4 月 15 日前对所有银行和第三方支付机构的账户进行了全面的冻结。这一举措意味着,在比特币网站上开设的金融机构账户将被视为非法,投资者将不能使用银行转账或第三方支付进行中国的交易。周小川于 2014 年 4 月 11 日在博鳌亚

洲论坛上表示：比特币本来不是央行启动的，也不是央行批准的一个币，我们谈不上什么取缔。正如集邮者所搜集的邮票，虽然有价格，但其本质上是一种收藏品，是一种可供买卖的财产。比特币也是如此，与其说是一种支付方式，不如说是一种可交易的资产。

由央行编制的《2013 年中国人民银行规章和重要规范性文件解读》指出，为防范投机、洗钱等虚拟商品风险，中央银行颁布了《关于防范比特币风险的通知》[6]。2014 年末，前中央银行副行长吴晓灵曾在一次国际金融论坛上谈到算法货币：与比特币相似的数字货币定义为算法货币。其算法货币理论的核心是：一是算法货币仅仅解决了信用问题，而缺乏与经济发展相匹配的供给调控机制，不能有效地解决币值的波动。二是对参与方是否认同以及币值是否稳定的问题提出了一种新的解决方案。在法律数字货币和可兑换的算法货币之间进行支付和结算时，要符合监管要求，要实现交易过程的可追溯性。就当前的分布式跨境支付的研发情况来看，它仍然只能成为现有国际清算体系未来的挑战者，在现阶段，将会是多种支付协议的研发和共存。利用信息技术来构筑价值传递网络，是一个值得讨论的问题。三是法定货币以外的货币都是私人货币，私人货币有实物和数字两种形式，数字形态的私人货币可以与法定的电子货币同时存在。

中国人民银行于 2016 年 1 月 20 日下午举行了一场关于数字货币、区块链等技术的讨论会，会后在央行的网站上发布了一份声明[7]。从整个声明中可以看出，中国人民银行对区块链和其他数字货币技术给予了高度认可，并称将会积极探讨由央行发行数字货币的可行性，第一次将数字货币作为中国人民银行的一项重要战略。这样的态度，无疑将大大推动中国数字货币与区块链技术的发展。央行所要研究的数字货币，首先，它是一种拥有所有法定货币功能的合法货币，其价值等同于流通中的现钞。其次，利用加密货币的独特技术（比如区块链）和交易方式（比如点对点直接交易），增加了金融交易的透明度，从而有效地预防洗钱等违法犯罪活动。它还能提高金融交易的效率和安全，减少交易的结算时间，减少交易费用和交易对手的风险。同时，这个数字货币系统将不会是一个完全分散的数字加密货币模型，而是一个全面革新的混合技术框架。

中国人民银行于 2016 年 12 月设立了数字货币研究所。2017 年底，中国人民银行与其他有关部门联合开发了数字货币。2018 年 3 月，中国人民银行行长周小川首次在一场名为数字货币与电子支付的新闻发布会上宣布了这一消息[8]。2019 年 2 月召开的中央银行货币和金银工作会议上提出，要进一步深化中央银行数字货币的研究和开发，推动中央银行数字货币的发展。2019 年 5 月，在贵阳举行的"2019 中国国际大数据展"上，由中央银行研发的面向"粤港澳贸易金融"的中国人民银行贸易金融平台 PBCTFP 正式发布，并成功落地。到展会结束时，已在 PBCTFP 上建立起了四个区块链应用，26 家银行参加，完成了 17 000 笔交易，交易额超过 40 亿元[9]。有分析认为,PBCTFP 是中央银行数字货币研究所对区块链技术的一次探索,其成功运行可以为行业内基于区块链的数字货币应用提供借鉴,表明中国在发展数字货币方面的审慎态度。

总体来说,央行对数字货币的态度从怀疑到否定再到逐渐认同,这一变化实际上是把人们的关注点从比特币转向了使用区块链技术以及将来形式更加丰富的数字货币。央行对于电子货币的认识和解读越来越清晰,电子货币的发行也越来越有可能。数字货币与现行货币制度的结合,必将加快世界各国的数字货币发展进程。

7.1.2　区块链与货币创新

1. 无现金社会

目前,随着互联网时代科技的发展,支付系统这一金融基础设施的核心部分正经历着一场深刻的变革。在全球范围内,目前的现金使用率确实在不断降低。归根结底,还是因为电子支付、电子货币带来了更高的效率和更低的成本。当然,这也有助于实现"魔高一尺、道高一丈"的违法追踪与风险控制。凯捷(Capgemini)和苏格兰皇家银行(RBS)共同公布的《2015 年全球支付报告》提到,全球电子支付交易额从 2013 年的 7.6%上升到 2014 年的 8.9%,并创造了 3 897 亿美元的历史纪录。此外,根据 BIS 的资料,19 个最大的经济体系在 2014 年的流动现金结余占 GDP 的7.9%,而在 2010 年为 8.4%。当前,我国的非现金支付速度已经位居世界之首。近几年来,银行及非银行支付机构的电子支付发展速度很快,尤其是互联网经济的迅猛发展和智能手机用户的激增,使得我国成了世界上移动支付发展最快的地区,也是新兴支付技术应用的"热土"。比如,苹果的 ApplePay 手机支付系统于 2016 年 2月 18 日在中国上线,引发了业界、媒体以及"果粉"的热烈讨论。对于这一点,一方面,从需求的角度来看,由于网上购物和线下电子支付场景的不断完善,普通百姓更习惯于使用非现金的电子化支付方式。另一方面,从提供方的角度,新兴的电子支付技术已日趋成熟,各大组织也在不断推出符合其效益和制度要求的支付工具和方法。

新兴的电子支付方式,既可以取代传统的纸质货币,又可以依赖支付方式来满足经济上的弱势群体的金融需要。如肯尼亚 M-Pesa 移动银行,将其与居民汇款等最基本的财务需要紧密地联系在一起,充分展示了其效率高、成本低的特点,更好地满足了经济欠发达地区居民的支付需要。又如,2012 年美国联邦储备委员会的一份报告显示,仍有 11%的美国居民不能获得银行服务,11%的美国居民只能获得很少的银行服务,虽然相对于那些完全获得银行服务的人来说,这部分居民通常是处于弱势地位的,但是他们大多都有智能手机,而且他们也很乐意通过手机来获得银行服务和进行支付。从这一点上来说,在我国,除城市中的中低收入群体外,广大的农村地区应该是普惠金融的一个重要试点[10]。

在政策和技术发展的推动下,世界范围内的支付方式由传统的现金支付向电子支付转变是必然的趋势。早在2013年,挪威学者Trond Andresen就曾在一份工作报告中表示:实体货币不可避免地走向灭亡,这只不过是一个时间问题。当然,由于纸币还有很大的需求量,这个过程会很漫长。以美国为例,根据统计,50~100美元的交易中仅有16%使用现金,1美元以下的交易中有66%使用现金。从这一点上来说,无纸化的社会要求人们改变自己的支付方式,要求电子支付必须在低成本、方便和安全之间取得平衡。

2. 数字货币支付

电子支付方式的变革与货币形式的变迁密切相关。早些时候,央行举行了关于数字货币的讨论会,周小川接受了访谈。对于大众来说,数字货币是一个比较新鲜的概念,很快就在社会上引发了广泛的讨论。事实上,尽管数字货币在近几年已经成为一个在业界很受欢迎的全新概念,但是到目前为止,它的含义还没有一个统一的界限。若要追本溯源,就必须从"电子货币"这一概念入手。巴塞尔银行业监督管理委员会(BCBS)对电子货币的界定是:通过销售终端、设备等直接转账方式,或者通过计算机网络等方式实现交易的存储或预付款方式。1996年,国际结算银行(BIS)进行了一系列的研究之后认为,电子货币有可能对中央银行的货币政策产生影响,比如对央行控制的利率和主要市场利率的联系产生影响[11]。

从客观上讲,一方面,在很长一段时间内,央行仍保持着对货币发行的垄断地位,并基本上控制了主要的电子货币发行;另一方面,随着"货币"的可控性、可测性、相关性等特征的改变,其对货币政策的理论体系也产生了巨大的影响。当然,随着新科技日新月异,一些新兴的互联网电子货币也会逐步发展起来,并有可能摆脱央行的掌控。在新科技的影响下,货币到底为何物,其概念、种类、运行机制等都在不断地改变。其中,大额与小额、银行与非银行、中心与去中心形成了多种货币形态,并论述了货币转移对货币数量、价格、货币流通速度、货币乘数,以及存款准备金等制度的冲击。

在数字货币政策方面,一个重点是能够通过加密技术独立于央行,根据特定协议来发行并验证支付有效性的新型电子货币;另一个重点对已有电子货币的典型模式进行进一步的优化,通过引入新的技术,比如智能合约,同时维持央行对货币的适当控制。对我国央行而言,应更多地关注后一种货币政策。从现金支付发展到非现金支付,从传统的卡基电子支付发展到网基电子支付,从单纯的电子形式支付发展到智能编码支付,从支付工具层次发展到货币层次,可以说,新的科技正在持续地影响着我国的货币和金融系统。最后,它有可能带来更高的交易效率、更低的成本、更精准的政策执行、更有效的反洗钱等风险控制,从而对普通民众的生活产生深远的影响,也有可能让国家在全球货币体系变革中获得更多的话语权。当然,这并不是一件容易的事情,我们需要对其进行深入的研究和专业的宣传,将违法分子、投机者和"劣币"从数字货币中"挤出去"。

虽然很多国家都已经开始了数字货币的准备工作,也有一些国家已经开始了数字货币的发行,但是,其实施效果并不理想。在货币流通和支付的数字化趋势下,世界范围内对中央银行数字货币(CBDC)的研究已进入白热化阶段。各国/地区央行纷纷开始了对央行数字货币进行可行性讨论、研发或实证实验,我国的数字人民币布局也已取得了阶段性进展。一份由 BIS 于 2021 年初开展的央行调查显示,86%的央行对 CBDC 进行了积极探索,60%的央行对该技术进行了实验,14%的央行进行了实验。

在中国,数字人民币的建设已经有了一定的进展。2014 年,国家启动了数字人民币的准备工作。2019 年,国家加快了数字人民币的建设步伐。2020 年,中央银行数字货币研究所官方公布了第一个"四地一场景"的试点,其中深圳、苏州、雄安、成都,以及冬奥会的三个城市,已全部完成试点工作。2021 年,在全国范围内,上海、长沙、青岛、大连、西安 5 个城市以及海南省,"稳步推进 DCB 试点"工作已被列为中国人民银行十项工作的重中之重。

数字人民币的试点范围、试点场景和试点模式在逐渐扩大,其支付手段也在逐渐更新。在用户方面,它能为用户提供线上金融服务,比如贷款、理财、保险等。对公司而言,公司还可以为客户开发更多的增值业务,比如电子市场、供应链等。

需要指出的是,以支付宝、微信等为代表的电子支付已成为一项公益性的商品或服务,如果发生诸如服务中断之类的极端事件,将对人们的日常生活和经济活动造成极大的影响。这就需要中国央行作为一个公营机构,在其自身的职能范围内,为其提供与之相似的金融工具或产品,以备其对应的公共物品之用。在国际外汇市场上,美元的使用情况比其他任何一种货币都要好,2021 年国际清算银行的调查数据显示,美元的使用率为 88%,而人民币仅为 4%。

为了在将来的科技发展中取得领先地位,中国正采取各种不同的方式进行数字化,其中就包括人民币。中国也把数字人民币作为一个国际性的、独立于世界金融系统之外的货币,而且不只中国,世界上很多国家都已经把研究和试验数字货币放在了计划之中。美国的"数字美元计划"于 2021 年 5 月发表了一篇关于美国中央银行数字货币的报告,其中提到,数字美元将有助于美国保持其全球储备货币的位置。

一方面,我国央行在 2014 年成立了"数字货币研究专项",另一方面,移动支付在中国的广泛应用,其成熟的技术和用户消费习惯将大大降低其推广的困难。

突发的新型冠状病毒肺炎疫情也促进了数字货币的发展,在此过程中,人们对非接触式、非现金支付的需求急剧增加,使得越来越多的国家认识到一种类似于现金的、可普及、可承受范围广的电子支付手段的必要性。

在未来,国家间的竞争将不再是军事实力,而更多的是经济实力,电子货币将成为未来经济实力的最终体现。或许在未来的某一天,还会有另一次"支付大战",只不过这一次的规模与意义,要远远超过当初的支付宝与微信支付之争。

在图7-2中,我们可以看到除数字货币以外区块链在其他金融领域的应用。比如,在支付清算基础设施领域,环球同业银行金融电讯协会(SWIFT)作为一个银行使用的传统通信平台,已经受到了区块链技术的冲击,一些区块链初创企业和合作机构开始提出一些全新的结算标准,比如R3区块链联盟就已经建立了可互动结算的标准,到现在为止,全世界已经有将近50家大型银行和金融集团加入了R3区块链联盟。

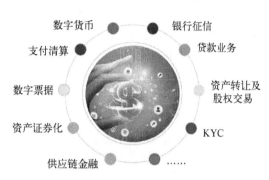

图7-2　区块链在金融领域的应用

区块链也可用于票据领域[12]。作为一种有价值的凭证,票据在流通过程中始终需要一个隐蔽的"第三方",以保证买卖双方的安全性和可靠性。例如,在电子票据交易中,交易双方实际上通过中国人民银行的电子商业汇票系统(ECDS)来进行信息交换和验证;在纸面票据交易中,买卖双方所信任的第三方是票据实物的真实性[13]。然而在区块链的帮助下,我们不需要第三方来监控和核实交易双方的信息,也不需要实体来证明我们的信任,我们可以"无形"地将价值点对点转移。另外,在实际的票据买卖活动中,经常会有一种票据中介,即通过双方之间的资讯差异来实现买卖双方的匹配。在使用区块链完成了点对点交易后,将取消票据中介原有的功能,并以参与者的身份进行重新定位[14]。另外,在构建我国的金融信用体系方面,区块链也起到了积极的推动作用。目前,无论是企业还是个体,对于商业银行来说,最根本的考量就是借贷主体本身所具备的财务信誉。银行将各个借款主体的还款情况上传到央行的征信中心,在需要查询时,经客户授权后,从央行征信中心下载参考。这就造成了信息不完备、数据不精确、效率不高、成本高等问题。其中,区块链技术以其自身的特点为依托,通过一定的算法将大量的信息自动地存储到每个计算机中,具有信息透明、不易被篡改和使用成本低等特点。商业银行通过加密方式保存和分享客户的资信信息。这样,客户在申请贷款时,无需向中央银行提交信用报告,即无中心化,放款机构只需查询区块链对应的信息数据就能完成整个信用记录工作[15]。

目前,IBM、摩根大通等大型金融机构还有联邦储备银行,都认为区块链是一种分散的、非中心化的机制,他们并不想制造一个彻底的破坏分子,他们只是想要抓住未来的不确定因素,从而在新体制中拥有一些发言权。

如果说传统（金融）机构是规则 1.0，互联网（金融）企业是 2.0，那么区块链就是 3.0。2.0 的互联网（金融）企业处在赚钱相对简单的黄金时期，本质上还是一种中介化的替代机制，仍然是对大数据的集中掌控。科技的迅速变化是惊人的，迭代从一代到下一代看起来是一瞬间的事。就像以前，没有人认为人工智能能够战胜世界级围棋高手一样，但现在"阿尔法"战胜了李世石，让所有人都看到了一列技术革命的"火车"正在向他们驶来。而当他们意识到科技就在他们的面前时，一切都已经过去了。因此，我们应该对新科技的挑战表示敬意，并加以探讨。

总之，区块链与数字货币所面临的重大挑战应引起足够的关注。区块链之所以具有活力，就是因为它掀起了对现有系统的冲击。但是，在初期阶段，除了观念的改变和宏观的把握，更重要的是培养专业的技术人才、扩大应用技术，以及落实实习计划。

7.1.3　区块链与共享金融

1. 共享经济

共享经济的思想贯穿于经济发展的历史进程和各个国家的实践。在初期阶段，共享经济的概念主要是针对市场经济国家在迅速发展过程中出现的收入分配问题，并尝试用优化和完善分配结构的方法，从根本上解决现代资本主义社会中存在的一些不平衡问题，从而缓解各个阶层日益突出的利益冲突。进入 21 世纪后，互联网信息技术对经济和社会组织结构产生了深刻的影响，对信息采集、处理和交换造成了深刻的影响，并对许多行业的生产和商业模式造成了巨大的影响。这既提高了过剩资源的使用效率和使用方式，又抑制了资源价格的过高上涨，提高了消费者的自主权，使人们在"拥有权"和"使用权"之间的交换中享有更多的经济利益。

从本质上讲，共享经济是技术发展的产物，其产权层次表现为拥有者为获得收益而临时转让使用权的租借经济，但该经济形态在互联网时代之前尚未形成。云计算、大数据、物联网和移动互联网等新兴技术极大地降低了租赁业的信息成本和不对称性，使得本来不可能实现的租赁业变得有可能。可以说，共享经济的最大益处是时间更节省、资源配置更优化、就业更具弹性。

一方面，共享经济对用户与从业者都是有利的，也有不少人觉得其发展潜力巨大。《零成本社会》一书的作者杰瑞米·里夫金（Jeremy Rifkin）认为，共享经济是一种新兴的、蓬勃发展的制度，它将改变很多大型企业的运作方式。另一方面，共享经济也对传统的商业模式和现行的制度安排提出了挑战，对已有的参与者的权益造成了损害，进而引发了一系列的社会问题。可以预见的是，共享经济将会迅速地对许多已有行业进行变革，比如快递业、家政服务业、教育行业、培训业、个人服务业、新闻业、租赁业、广告创意业、医疗业、个人旅游业、宠物寄养业等。

2. 共享金融

共享金融是在大数据的支撑下,通过技术手段和金融产品及服务的创新而建立一种以资源共享、要素共享、利益共享为特征的金融模式,使金融资源得到更加有效、公平的配置,促进现代金融均衡发展和彰显金融消费者主权,更好地服务于共享型经济发展的路径,促进经济社会的创新、协调、绿色、开放型发展。实现共享金融发展的基本动力,包括技术(新信息技术+新金融技术)和制度(新正式规则+新非正式规则)。这两个核心因素和根本动因,不仅带来了一种新型的金融创新方式(自主金融方式),也引发了对传统金融的变革和改进,还产生了两者的融合创新。应该指出,无论是在技术层面还是在制度层面,网络金融所反映的正是共享金融这一核心概念。回溯到最早的时候,推动金融改革的技术并不是因特网,可能是电报和电话等。源于草根的金融,在被大资本家的贪婪吞噬之前,总是带着一种共同分享的性质。

物联网或许可以取代现有的互联网,主流的信息技术也可能发生难以想象的演变,但金融的发展目标,仍然是如何进一步在金融运行中体现出个性与民主。它的本质,就是要让人看到它的"丑恶",让人看到它的"虚妄",让它成为一个"好金融",让它成为一个更好的社会。从这一点就可以看出,即使"互联网金融"这个词最终会消失在历史的长河中,但随着金融理性、道德和自律的成长,共享金融的生命力依然会持续。

3. 区块链助力共享金融

区块链作为一种去中心化的机制和信用共识机制,有助于推动共享金融模式的不断扩展和演变,从而推动已有金融产业链的每一个层面都能够进一步实现资源的共享、共赢。

从长远来看,由区块链技术推动的共享金融应当呈现以下发展趋势:

第一,实现金融终端机的资源和职能共享。从国家资金流量表(金融交易)来看,在非金融企业、金融机构、政府、住户这四大部门中,住户部门是典型的资金净流出,也是金融资源交易链条的起点。在目前的主流金融运作模式下,用户资金仅能从直接(银行)、直接(证券)、结构性(证券化)等途径流入一国"金融血管",然而,目前国内外对这一问题的研究较少。在这一进程中,用户部门常常没有什么实际的发言权,而仅仅是"厂商"向金融机构提供的"原材料"。在区块链推动的共享金融发展模式下,首先,作为金融产业链的上游,用户部门应当在金融产品和服务的供给中扮演更重要的角色,拥有更高的地位。借助互联网的力量,将金融业的产业链"前移",限制了主流金融业的"谈判权"。对于用户而言,这样做可以和财政部门"共享"权责。

第二,金融媒介和渠道的分享。随着网络技术的不断发展,大平台经济已经进入一个崭新的时代,在这个时代,越来越多的平台参与者加入平台经济中,对于供需双方以及中介双方都产生了更大的利益与价值。开放性的平台经济和封闭发展的传统金融行业本就是两个极端。平台经济和金融的发展,正是共享金融这一理念的最好体现。一方面,传统金融和非金融领域的界限变得更加模糊,主流金融组织"脱媒"的趋势越发明显,更多主体参与到金融产品和服务的供给过程中,并作为金融资源流动的关键媒介发挥着作用。另一方面,"金融厂商"向"金融平台服务商"转变的趋势也日益明显,平台经济的作用使得"自金融"模式具有了更高的运行效率与风险控制能力。尽管这些变化还处在起步阶段,但它们为传统金融中介与新兴金融中介之间的渠道共享提供了令人振奋的发展基础。

第三,财务上的消费和需求的分享。对金融消费与需求而言,面对日趋复杂化、多元化的金融链条,通过新技术、新体制的变革使其"拨云见日",以更加全面地参与到金融活动中去。一是在企业领域,小微企业是最"饥渴"的群体,在有限的资金支持下,小微企业的就业能力得到了极大的提升。共享财务的概念与模型,必须以建立一种可持续的财务"输血"方式为目标。二是资金的流向不是单向的,而是双向的,甚至可以说是多向的。在这一进程中,不仅要努力实现双方角色职能的分享与转换,而且要通过"共享"的方式,提升处于不同位置的企业与家庭在金融中介中的"谈判权"。三是以需求为导向推进金融创新,以技术可行性为支撑,使流水线化、标准化的"金融快餐"和"口味各异"的"金融快餐"并驾齐驱。

第四,共同承担及监管财务风险[16]。一方面,无法控制的风险和高昂的修复代价导致了现代金融系统中很多功能的缺失。比如,在小额信贷、普惠信贷等方面,由于信息不确定、信用缺失等因素,使得金融服务更加艰难,但若能在各机构之间建立起信息系统,合理分担风险,将有助于填补这些传统的"空白区"。又比如,系统和非系统的界限并不像课本上说得那么清晰,"动物精神"和"冰冷技术"并存,风险预期膨胀,恐慌蔓延,羊群效应,以邻为壑,这一切都会加速风险的累积。因此,在新技术提高对微观金融行为的识别能力,提高预测和评估不确定因素的精确性的同时,如何以一定的技术和制度安排来合理地分担和分散风险,而不是一样被人驱赶或者被人利用,是区块链共享金融促进金融稳定的一项重要举措。另一方面,通过对区块链技术和规则的研究,可以促进社会信用体系的发展,特别是对那些很难进入传统金融体系来积累信用的主体,通过参与共享金融实践,可以为其创造出金融信用基础。在"人人参与"新模式下,自我约束和他律性是能否持续参与的先决条件,并使传统金融监管所无法触及的"盲区"受到公共金融规则的约束,纳入新老两种监管方式的并存之中。

金融部门和非金融部门之间,从经济学角度和统计学角度都存在着相互依存关系,金融业的收益主要通过与实体行业的交易来实现,但在金融业势力膨胀、衍生品创新失去控制的情况下,会发生一些"自我游戏"的行为。在区块链辅助下的共享金融模式中,它着重于与实体部门实现双赢发展,具体内容包括:一是让多数微观主体能够充分地分享到经济增长和金融发展带来的好处,有利于优化实体经济的规模与结构,而不是加剧既存矛盾;二是防止企业内部结构不平衡,防止企业创新失控,正确处理好资金在实际经济领域的分配问题,政府应减少行政干预,注重市场运作机制的完善,注重行业自律的完善。总之,在新的金融共享思想的指引下,现代财务将由"脱实向虚"向"以实为本,以虚为本"转变。

7.1.4　技术创新与制度创新

1. 区块链与互联网

在厘清其技术内涵、技术路径及应用实例的基础上,对区块链进行深入分析与定位,并从历史演进的脉络中寻找其"应运而生"的内部支持因素。

梅兰妮·斯万(Melanie Swan)[17]认为:我们应当将区块链视为与因特网相似的东西,一种集成的资讯技术,它包括许多不同层次的应用,例如资产注册、清单编制、价值交换,涉及金融、经济、货币等各个方面,就像是实物资产(有形财产、房子、汽车)一样。但区块链的概念远远不止于此,它是一种对任何事物的所有量子数据(指离散单位)进行呈现、评估和传递的新型组织范例,而且还有可能将人类活动的协同提高到前所未有的规模。

另外,梅兰妮·斯万把区块链技术在现有和未来的创新中所产生的创新分成了三大类:① 区块链 1.0——货币(货币转移、兑换和支付体系);② 区块链 2.0——合同(在经济、市场、金融等各个领域都有广泛的应用,它的可扩展范围远远大于单纯的现金转让,如股票、债券、期货、贷款、按揭、产权、智能资产、智能合约等);③ 区块链 3.0——超越了货币、金融、市场,尤其是在政府、卫生、科学、文学、艺术、文学等方面,如图 7-3 所示。

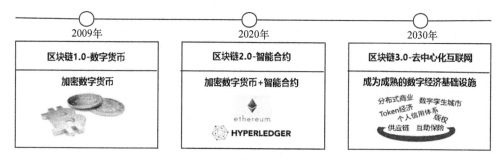

图 7-3　区块链技术的革新历程

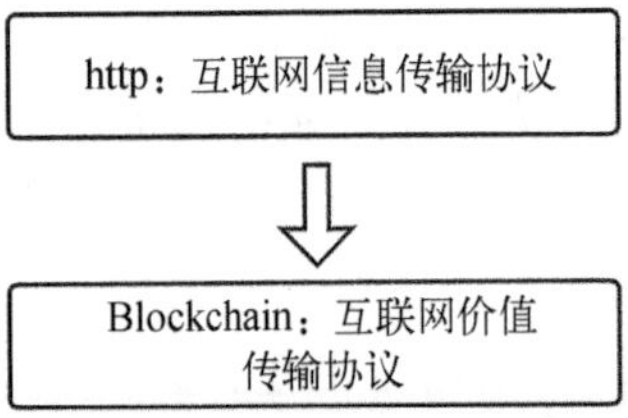

http：互联网信息传输协议

Blockchain：互联网价值
传输协议

图 7-4　信息互联网向价值
互联网过渡

可见,尽管区块链起源于比特币,但其应用范围却可以进一步扩大,其根本原因在于,它可以推动目前的信息互联网向价值互联网转型(图 7-4),为更多领域的金融和非金融创新提供基础条件。秦谊是德勤亚太投资管理公司的合伙人,他说:区块链可以改变金融业的运作方式,比如会计和审计,并催生新的业务模式;这是一项不断变化的新技术,要将其广泛用于商业领域,还需要数年的时间。但即便如此,为了避免错过这次机遇,所有行业的策略师、规划师和政策制定者,都需要对区块链进行研究。

2. 区块链技术与制度创新

1) 技术驱动下的金融创新

从技术的角度来看,新技术可以用大数据、云计算、平台经济、移动支付等通用的概念来描述,也可以统称为 ICT。ICT 是指信息、通信和技术三个英文词的缩写。人们普遍认为,ICT 是一种以宽带高速通信网络为基础,实现各种服务与信息的传输与共享,同时也是一种通用性较强的智能化工具。

以 ICT 为代表的新技术能带来哪些变化? 从宏观角度来看,主要表现在搜索成本、匹配效率、交易成本、外部性、网络效应等方面。在微观层面上,其对公司的信息管理、激励与约束机制、技术进步、公司治理环境等方面产生了一定的影响。

目前,关于技术对金融的影响,在国外最流行的概念就是 Fintech(金融科技),也就是随着科学技术和管理技术的发展,为了降低金融交易成本、提高金融交易效率,在金融交易手段、交易方法和物质条件方面发生的变化与革新。金融技术创新不仅是金融绩效提升的物质保障,也是金融绩效提升的内部动力。现代科技尤其是电子、计算机等现代金融技术的普及,使得金融体系和金融工具都发生了深刻的变革。可以说,科技对金融的影响已经持续了几百年,而不仅是现在。举个例子,19 世纪前半期,股票交易所采用的是经纪公司的信号站,他们用望远镜观察信号站上的信号灯,以获取诸如股价之类的重要资讯,再由信号站向下一个信号站传送。消息从费城到纽约,只用十分钟,速度之快,远远超过了马车的速度,这种变化曾经引发过一次不大的“炒股”热潮。直到 1867 年,美国电报公司才把它的第一台自动股票价格收报器和纽约证券交易所连接起来,它的便利和持续才深深地激起了人们对证券市场的浓厚兴趣。1869 年,纽约证交所和伦敦证交所实现了有线连接,使得证交所的消息能很快地传遍欧洲,纽约作为资本交易中心的地位更加突出。可以说,区块链对于金融的影响,首先就是沿着技术演变的轨迹逐渐发生的,而信息技术的发展也是区块链诞生的基础,现在区块链技术又促进了金融变革。

2）制度驱动下的金融创新

从制度的角度来看,没有制度的优化,就无法实现现代金融改革。比如,从普惠金融到共享金融,更多地关注了金融发展过程中所涉及的伦理方面的问题,并开始关注制度经济对金融发展的作用。最近几年,在经济和金融发展过程中,因为存在着许多矛盾,人们越来越关注伦理学的引入,即从伦理的角度对经济制度、经济组织和经济关系进行系统性的研究。从这个意义上说,市场经济与金融的运作,既有经济学的性质,也有伦理学的性质。一方面,普惠金融等国际体制因素是导致我国金融创新的重要原因。随着科技进步而产生的制度变革,将有助于促进可持续、协调发展和经济金融伦理的实现。举例来说,2012年一项联邦储备委员会的报告显示,11%的美国消费者无法获得银行的贷款,另有11%消费者享受的银行服务不足。随着智能手机的普及,他们更愿意使用自己的移动设备进行电子银行和支付。中国也存在着转型时期所具有的某些特征。比如,当前许多互联网金融模式属于一种特殊的监管套利创新,它具有短期的特点。当利率全面市场化、金融市场竞争更加激烈的时候,许多新的金融方式的生存空间将会被压缩,比如余额宝和欧美货币市场基金的网络发展趋势就是很好的证明,但这仅仅是一个方面,还有更多的新的金融方式需要我们去理解。

3）区块链兼具技术与制度驱动特征

区块链既是一种新技术的运用,也是一种在制度和规则层次上的创新。尽管外界普遍相信我国在IT和金融领域的应用已经走在了世界前列,甚至是"弯道超车",但事实证明,这一点还是太过乐观了。中国的真实科技水平与先进国家相比还存在一定的差距。不过,在区块链技术上,各国还是相差无几的。金融本质上就是一个以共享为基础的模型,而区块链技术更是将金融共享的深度和广度提升到了前所未有的高度,这就使得这方面的应用尝试显得更为重要。所以,对区块链的应用进行积极的探索和研究,将有利于推动国家科技实力向"新平台"方向迈进。而技术进步的基础是制度进步。从科学的角度来看,如果未来的科技发生翻天覆地的变化,人类的组织、管理、信息传递、资源配置都发生翻天覆地的变化,最终形成一种只存在于理想状态下的稳定有序的最优平衡,那时候货币和金融就失去了存在的意义,科技将会"颠覆"金融,"消灭"金融。这一过程中将会有很长一段时期,会有更多的过渡性改革,而这些改革的目的都是为了解决目前经济和金融运作中所面临的问题,而区块链也为这一类制度变革的探讨提供了一条切实可行的路径。

3. 区块链的价值内涵

基于以上分析,本章对"互联网+"背景下区块链的价值意蕴进行了深入的剖析。

区块链是一组特殊的规则,如分布式分类总账、智能数据库,也是一组巨大的、开放的、透明的、不容易被互联网改变的游戏规则。这一系列的游戏规则为何会在金融市场中发生变化？这只是因为，在现行的金融体制中，一些规则可能会有缺陷，也就是，在现行规则之下的一些金融活动可能会导致金融中介部门的话语权太大，可能会导致诸如企业和居民这样的个人的影响力太弱，从而导致许多问题的产生。比如，对金融消费者权利的保护将会是一个世界性的问题；对一些行业来说，金融创新可以变成赚钱的工具；融资成本过高，融资难，融资贵；由于信息的不对称，导致了各类金融服务的缺失。而像区块链这样的新规则，或许可以在一定程度上解决上述问题，让大多数人都能参与到规则的制定中来。在这一点上，区块链的重要性不言而喻。

首先，要实现区块链的价值必须面对三个问题：第一个挑战是怎样建立起一个区块链的基本规则。它是依赖于多数人投票的相对民主化机制，还是依赖于离线的公众权力与信誉的参与与支持？这个问题很关键。尽管在构建共享共赢式金融发展生态体系中，区块链规则有着广阔的发展前景，但也不能在最初规则确立的时候被少数人所利用，并从中获取非正当的利益。第二个挑战是新规则与已有规则之间的冲突与融合，即如何处理新老规则之间的"互适应"与"互改"的矛盾。第三个挑战是，在未来区块链中虽然规则由节点来维持，但每一个节点都需要人类的参与，所以没有人类参与就无法建立新的规则。在此基础上，结合行为经济学和金融学的视角，考虑非正式的规则对一些已有的正式规则的影响，进而研究非理性因素对现有规范因素的影响。如果这三个问题都能得到解决，那么在未来区块链将会成为传统金融市场的一个重要补充。

其次，区块链首先会对金融基础结构产生影响，继而会对普通的金融活动产生影响。财务架构主要分为核心财务架构和附属财务架构。根据国际上的主流观念，核心金融基础设施，也就是金融市场基础设施，它的主要内容有支付系统、中央证券存管、证券结算系统、中央对手方及交易数据库等。从理论上讲，它是一个比较宽泛的概念。

在以往，基础设施属于公共物品，由于其投资费用较高，收益不高，因此主要由政府和国有企业承担。然而从目前的国际形势来看，大规模的私人资本正逐步进入基础设施领域，新技术、新体制、新规则等都使得投资主体多元化的投资效率得到极大的提升。金融基础设施建设也存在着类似的问题，近年来出现了一系列新的制度，使得更多的公众可以参与其中，降低了成本，提高了效率，保障了安全。

美国联邦储备委员会就是一个很好的例子。2015 年早些时候，联邦储备委员会发表了一份关于提高美国支付系统有效性的报告，其中提到了许多能够提高美国支付系统有效性的新科技。比如，该报告建议今后可以推广的一种方法，即使是在金融机构之间，也可以通过公用 IP 网络进行直接结算，并利用共同的协议和标准收发付款。该报告指出，在金融机构之间，以公用 IP 网络为基础的分散式资讯体系架构,较之以中央式的放射式网络架构进行交易结算,更具潜力。为此,美国联邦储备委员会希望在中央总账系统中为各银行之间的清算提供一个统一的信息标准、通信安全,以及一个统一的记录系统。并在此基础上,提出了一套制度,以保证各参与主体可以在规定的时间内直接实施委托结算。由此可以看出,美联储想要推动这种分散的机制,以更好地发挥其在支付与结算系统中的功能,而且其将起到领导的作用。当然,在这份报告中美联储也否认了另外一种其今后会关注但目前尚未得到足够重视的方案,即数字价值转移工具,它被美联储定义为银行体系外的一些利用分布式机制进行价值转换的机制。综上所述,美联储对新技术给予了高度的重视,它更关心的是,如何在银行与金融机构系统之间起到一种类似于区块链的分布式新结算机制的作用,而美联储自身也想引领这一重要转变的趋势。虽然目前为止,市场上的自然价值转化还不足以让他们插手,但他们还是很担心。他们更多的是将类似于区块链的技术模式应用到传统金融支付体系中[18]。

再次,区块链的开发和应用,其核心在于记录价值和交易。从长期来看,价值区块链的运用是一个由货币经济向金融经济发展的过程。区块链技术起源于比特币,在电子货币层次上是一种制度创新。当然,相似的技术还包括许多其他基于分布规则的虚拟货币创新,其实质是注册值和交易登记价值与交易价值的比值。而像区块链这种一系列的规则,将会使其更好地从货币层次过渡到金融层次,也就是说,在将来,它将会是一项重大的挑战。区块链的技术规律对资产定价模式有没有影响?这将给金融市场的稳定带来怎样的影响?金融市场的不合理繁荣又该如何处理?传统金融市场的缺陷是否能够用这种方法来弥补?这是一个值得理论界深思的问题。

最后,新金融和传统金融之间的"代沟"可以用区块链来弥合。区块链技术正在对真实的生活产生影响和改变。现在一些人注意到,造成这一现象的原因除了人们对其内涵的认识和理解上的偏差外,主要有如下几个方面:第一,巨大变化给人心灵带来的冲击正在减弱。目前科技进步不断涌现,许多科技进步是边缘性的,对人类的生活产生了潜在的影响,许多人已经习惯了这种变化。第二,过去几年金融业自身已经被歪曲,人们对于金融业的发展已经产生了一种消极的看法。新科技能不能改变金融问题,并由此创造一个更好的社会呢?这一点,许多人都表示怀疑。第三,融资方式依赖。国内外的金融业都处于"人到中年"的"亚健康"阶段,很难一次"大手术"就能根治。如何在这一进程中不断完善制度,利用新技术、新机遇实现财务共享,是一项重要的课题。第四,在"商业经济"的年代,好东西未必就是成功的,成功的才是好东西,不管是组织还是公司都更注重追求短期利益,所以必须要想得更远一些。发展区块链并不意味着要以新金融颠覆传统金融体系,而是要将新金融体系与传统金融体系进行"代沟"的整合。第五,区块链技术还不够成熟,需要更多的技术突破。

　　总体而言,区块链技术并非"造反派",而是具有一定的历史逻辑,其核心在于引导和覆盖一套由新技术所支持的新制度,促进其与主流社会的融合,完善现行制度与规章的缺陷,建立一个共享、共赢的金融发展生态系统,以促进传统金融机构、新型金融机构以及用户的健康发展。对此,既要充分认识到区块链所带来的技术与规则的重大变化,又要对其所面临的风险与挑战保持理性的态度。

7.2　案例分析

　　越来越多的平台型企业和金融机构对区块链技术有了新的认识,在此基础上,以区块链底层逻辑、技术、算法、机制为基础对各类产品进行创新,将其运用到"区块链+财资"的多种场景中,已获得了实际效果,在实践中处于领先地位。

　　巴克莱银行与以色列的一家创业企业在 2016 年 9 月达成了世界上第一笔以区块链为基础的交易。此项交易是通过巴克莱银行的一个分支机构波浪(Wave)所发展的一个区块链平台来完成的,担保了价值约 10 万美元由爱尔兰奥努阿公司向塞舌尔贸易公司发货的奶酪和黄油产品。利用区块链技术,这个系统可以在 4 小时之内完成所有的业务,而以往要花上 7~10 天的时间。

　　传统的进出口贸易由于依赖于银行的信用证进行结算,因此,进口与出口的单据必须在两个银行与两个客户之间来回传递,过程繁琐,效率低。可以利用区块链技术将以前需要纸化传递的单据进行加密、记录,并将电子化的加密文件在多方之间进行传输,这个过程只需数分钟,整个交易流程能够在数小时之内完成。随着商业应用的普及,区块链将会对传统的信用证支付模式产生巨大的影响。首先从信用、票据领域开始,今后还将延伸到跨境金融[19]、供应链金融[20]、ABS[21]等领域。

　　最近,中央银行推出了一个以区块链为基础的数字货币系统,并通过了一系列的测试;百度与中国第一个以区块链技术为基础的资产支持证券项目合作;阿里巴巴的蚂蚁金服以 8.8 亿美元的代价收购了一家世界著名的汇款服务公司——速汇金;腾讯公司发布了《腾讯区块链方案白皮书》,这是一份来自腾讯公司的报告。随着腾讯金融"全牌照"的布局逐渐完善,腾讯理财的核心将是利用区块链技术挖掘自己的数据资源,构建自己的应用场景。

　　如图 7-5 所示,当前,区块链的应用已经延伸到了物联网、智能制造、供应链管理、数字资产交易、企业金融等多个领域,它将为云计算、大数据、移动互联网等新一代信息技术的发展带来新的机会,有可能引发新一轮的技术创新和产业变革。在金融领域中,区块链技术已在数字货币、支付清算[22]、票据与供应链、信贷融资、金融交易、证券、保险、租赁等细分领域中,从理论探索走向了实际应用。目前,在企业层面上,区块链技术主要用于企业之间的关联交易和对账;在物联网领域,利用区块链技术对设备的历史数据进行跟踪,并对设备与设备之间的交易进行协同处理,将用于分布式光伏、水电表、电子病历等大数据的记录、保存和管理。

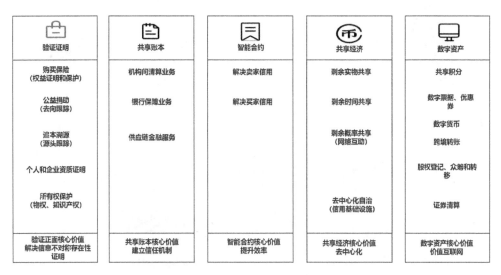

图 7-5 区块链的应用领域

1. 应用场景一:区块链+清算、结算

在清算与结算方面,各金融机构之间的基础设施架构、业务流程都存在差异,并且还会牵扯到许多需要人工操作的环节,这大大提高了业务成本,还容易导致错误发生。传统的贸易方式都是一笔一笔的账,做完了之后要花上不少时间和精力去核对。因为是从另一个人那里得到的,所以很难保证其真实性。

而在区块链中,数据是分散的,每一个节点都可以得到全部的交易信息,并且可以在发生变化时向全网发出通告,从而避免了被人篡改(图 7-6)。更关键的是,在共识算法的影响下,交易进程与结算进程是实时同步的,由上家发起的记账,需要得到下家的数据确认后才能进行交易。最终,在交易流程中实现价值的转移,也就实现资金的结算,提高了资金的结算效率,极大地降低了成本。在这个过程中,交易双方都能得到很好的隐私权保护。以微众为例,他们的合作模式就是共同放贷,因此资金的结算和清算非常重要。

目前,该公司已与华瑞银行合作,共同研发出一种可以在两家银行之间进行微粒联合贷款结算和清算的区块链应用系统。华瑞银行充分发挥了区块链技术的优势,在保证交易及存证的同时极大地提升其业务运作的效率。特别是在联合贷款方面,因为采用了区块链技术连接华瑞银行与联合贷款机构,使得其数据具有不可篡改和高度一致性的特点,从而极大地提高了联合贷款的效率,提高了联合贷款的自动化水平,使得原本的"T+1"数据能够被实时地提取出来并进行校正,从而更好地避免了贸易纠纷。

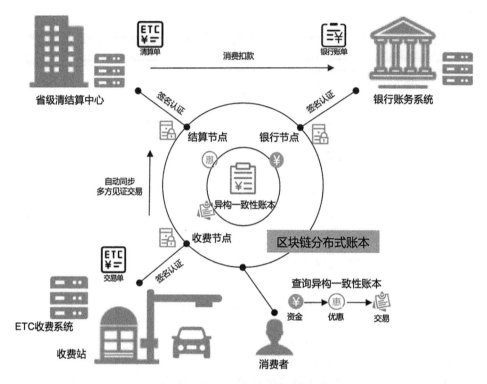

图 7-6   基于区块链的清结算系统

此外,华瑞银行还建立了基于大数据的信贷风险防范与模型实验室,并与相关数据提供商进行沟通与合作,实现了对数据的分析、建模、应用等全寿命周期的有效支持,为企业的信贷风险防范提供了有力的支持。

2. 应用场景二:区块链+跨境支付

在支付方面,通过使用区块链技术可以有效地减少金融机构之间的对账成本及争议解决的成本,进而大大提升支付业务的处理速度及效率,这一点在跨境支付方面的效果尤为突出。

目前在国际贸易中,每次转账都要经过多个中间环节,不仅耗时耗力,还需缴纳高额的费用,其费用与效率已成为国际贸易发展的"瓶颈"。在这种情况下,通过区块链的平台,不但可以避免使用中转银行从而减少中转成本,同时因为区块链安全、透明、低风险的特性,还可以加强跨国汇款的安全性,加速结算和清算的速度,从而大大提升了资金的利用率,如图 7-7 所示。未来,可以不通过第三方途径,通过区块链技术建立一种点对点的支付方式,该支付方式能够实现银行全天候的支付,实时到账,提现方便,并且无隐形费用,有助于减少跨境电商的资金风险,并能够满足其对支付结算的及时性和便捷性需求。

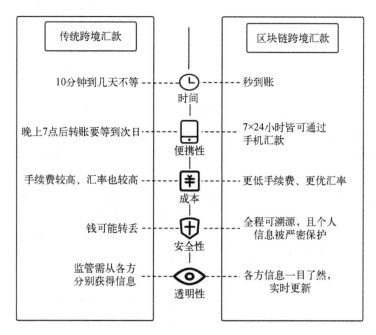

图7-7 传统跨境支付和基于区块链的跨境支付

据麦肯锡估计,如果将区块链技术用于 B2B 的跨界付款和清算,那么每个交易的费用将会从 26 美元下降到 15 美元。这减少的 11 美元费用中,75% 来自转账银行所需的支付网络维持费用,25% 来自合规、差错调查费和外币转换费用。

像瑞波(Ripple)、世可(Circle)这样的金融科技公司,一直在强化对区块链技术在跨境支付中的运用。Ripple 公司的交叉账目协定已经在世界上 17 个国家获得了支持。Circle 公司开发的 C2C 跨境电子商务平台目前已在全球超过 150 个国家运营,年交易额达十亿美元。该公司已从纽约州及英国联邦贸易管理局取得了电子货币许可证。

Ripple 公司的主业是协助银行便利跨国支付,它的核心产品就是跨账本协议(Inter Ledger Protocol)。Ripple 协议是一种以分布式开源互联网协议为基础的、以共识总账为核心的、以互联网为基础的即时支付与支付体系,是一种新型的、具有广泛应用前景的即时支付体系。Ripple 公司的分散财务技术可以让银行在跨地区进行即时的国际支付。

Ripple 是一家独特定位的掌握分布式金融技术的公司,它在发挥因特网的网络效果中扮演着重要角色。Ripple 公司为涉外付款的参与者们提供了一种更加有效的跨界付款方法:跨国大银行减少经营费用,提高跨国付款的市场占有率;使中小企业获得更多的现金,以获得更多的现金流,更多的新顾客;通过与其他三家公司的竞争,为世界范围内的流通资本提供有竞争力的汇率;对于个人和公司来说,支付的速度更快,成本更低,并且可以看到状态。

2016 年 Ripple 公司发布了一份题为"The Cost-Cutting Cast for Banks"(银行成本削减策略)的去中心化总账技术(DLT)调查报告,报告中清楚地提供了应用 Ripple 为银行带来的效益:在跨国付款时,采用 Ripple 网络和本地密码代币(瑞波币),与现在的银行比较,可以节省42%的手续费;如果不采用瑞波币,利用 Ripple 网进行国际付款,可以节约33%的成本。降低了65%的流动资金成本和48%的付款操作成本,同时降低了99%的 Basel Ⅲ(巴塞尔协定,即新的全球资本标准)的税收执行费。在该研究中,Ripple 还提出了一个设想:通过引进 XRP 做市商来减少 XRP 市场的波动性,预计在较低波动性的情况下,交易费将会减少60%左右。

国际金融集团(Circle International Financial,简称 Circle)是一家新兴的电子货币企业,它研发了一种新的比特币钱包,旨在让各国的电子货币在其背后的互联网上的交易变得更容易、更廉价。AppCirclePay 就是以比特币为媒介进行交易,以此来衡量其价值。而以比特币为媒介的 BitUSD、BitEURO、BitCNY 将会是一种高效的货币交易方式。

如今,Circle 拥有纽约州第一个数字货币许可证,以及英国 FCA 第一个正式电子许可证,这是比特币产业发展的一个重大转折点。在此基础上,Circle 搭建了比特币网络,美国和英国的用户都可以使用这个比特币网络,互相传送英镑或者美元。

Circle 目前已有150个不同的市场,每年的交易量达十亿美元。在还没有 Circle 业务的地方,顾客可以把自己的钱兑换为比特币,然后很容易就能兑换到自己的本币。针对目前比特币波动性较大的问题,Circle 计划利用比特币与法国货币期货市场的对冲,以达到比特币对法币的锚定。

3. 应用场景三:区块链+数字票据

在我国目前的票据交易中,存在着如下问题:首先,票据的真伪值得质疑,假票和克隆票大量出现;其次,付款不及时,在汇票到期时,汇票承兑人没有把款项按时打到汇票持有人的账户上;最后,因为票据的审核费用和监管对银行时间节点资产的规定,在市场上产生了大量的票据掮客和中介,这使得不透明、高杠杆错配、违规交易等问题屡见不鲜。通过区块链技术,可以避免"一票多卖"及"背书不连续"等现象,如图7-8所示,从而减少因制度集中度高而导致的经营与操作风险,同时也可以利用信息的透明性提高对资金需求的反应能力,从而控制市场风险。

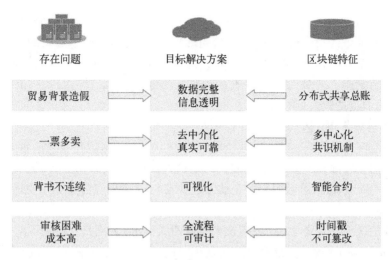

图 7-8 区块链在票据业务中的应用

利用区块链技术能够为票据业务构建出一种切实可行的交易环境,从而有效地防止信息的相互分割和风险的发生。在数据方面,可以有效地保障数据的真实性和完整性;从管理角度看,没有使用中心化系统或者强信用中间商来进行信息交流和身份验证,而采用通用的计算方法来处理信任问题;在业务过程中,既能体现出整个业务过程,又能体现出从签发到兑现的每一个过程,从而保证了业务的真实性;在风险控制方面,监管者能够成为一个单独的节点,参与到对监视数据的发布和流动的整个流程中,从而达到对其进行审核的目的,提升监管的效率,减少监管的费用。比如京东集团就是利用了这种技术,让交易和查询都可以用私人密钥来验证和加密。同时,对成员的级别、单据的价值进行了严格的审查,以防止被人篡改,从而提升了企业的经营效率,也大大降低了企业的信贷风险。

当前,区块链票据产品能够实现的功能有供需撮合、信用评级、分布式监管、数据存证和智慧交易等。

举例来说,美的属于一个家电企业,它拥有很多的关联企业,这些关联企业有供应商和经销商,它们之间会有很多的交易关系。但是我们都清楚,中小企业的融资是很困难的,因为企业不清楚这些中小企业的信誉如何,在卖出去之后能不能收到款项。所以他们要建立一个网络,将公司的一切资料都记录下来,包括公司的合约、仓库的发货记录,以及公司的资金情况。

美的公司就是通过这种方式,一个企业供货以后收到商业承兑汇票,然后在美的公司的平台上出售。将票据放到区块链上,可以将现金转换成区块链上的代币,买方和卖方用私钥签字,不可篡改地记录在区块链上,等于他们的交易合同在区块链上就签了,不需要纸张。它是一种无法被破坏的保存方式,商业通过该区块进行的贸易越多，它就会被更多地被记录下来。在下一次再贷款给那些公司的时候，美的就可以对那些公司进行评级，哪些公司的信用状况良好，哪些公司的信用状况较差。没有这个资料，贷款就很难获得。而这些公司只要按照区块链的标准来划分，就可以进行贷款。如果他们不能从其他地方获得融资，那么他们就只能从银行获得资金了，而这些资金，都是一笔不小的开支。

4. 应用场景四：区块链+供应链金融

在供应链金融领域，如图 7-9 所示，利用区块链技术可以整合供应链业务流程，对中小微企业进行信任渗透，将金融资产上链，可以使其可拆分、可流通、可贴现，从而提高资产的流动性，降低中小微企业的融资成本，使金融资源得到了更深层次的利用，具体如下：

在供应链金融业务上，区块链技术具有四大优势，分别是：解决了信息孤岛问题、传递了核心企业信用、智能合约实现了"四流"（商流、物流、资金流、信息流）合一、健全了企业征信体系。

（1）信息孤岛问题。因为在供应链的上游和下游牵扯到大量的公司，而每个公司都是独立经营的实体，因此他们之间的业务信息还牵扯到商业秘密，他们之间缺少信任，从而造成整个供应链中的公司之间不能实现高效的合作。同时，信息孤岛也会造成金融机构不能对业务信息的真实性、准确性和全局性做出判断，这就造成金融机构在对业务真实性的审核、背景调查等方面要耗费大量的精力。利用分布式账本技术、加密算法等手段，区块链技术将供应链企业纳入区块链底层平台之中，在确保数据隐私的基础上还可以实现链上数据的不可篡改、可追溯的属性，从而确保了商业信息的真实性、准确性和全局性，让金融机构可以对供应链上的企业进行信任穿透。

（2）对核心公司的信用进行传递。在传统的供应链金融系统中，因为每个公司都处于独立运作状态，所以金融公司不能准确地判定那些与核心公司背道而驰的供应商的订单是不是因为实际的商业需要而产生的，这就造成了核心公司的信用只能传递到一级和二级供应商，而供应链中的终端供应商则不能得到具有竞争优势的融资服务。用区块链将终端供应商链接到平台上，在链上实现了对商务订单的多方认证，并将对应的商务订单进行关联，可以自证商务真实性。此外，在链上还可以产生与商业相关的凭证，这些凭证还具备可拆分、可流转、可贴现等特征，从而将核心企业的信贷转移到供应链的终端。

（3）将智能合约整合"四流"合一。其中，以商流、物流、资金流和信息流组成的"四流"为核心。传统的供应链以合同来制约各成员的行为，从而导致了执行风险。在此基础上，借鉴智能合约，让商业活动在链条上生成，从而让商流上链；在此基础上，利用物联网技术，实现了对物流信息的集成；与物流集成相伴随的是，在商品和原材料交割的过程中，将在链条上完成商品归属权的交割、债权清算等，从而使信息流上链;同时,与银行的独立账户系统相结合,在所有权、债权发生转移、清算的时候,可以启动智能合约的自动执行,使账户资金自动支付,最终实现对资金流的整合。这样就构成了一个闭环。

(4) 完善公司征信制度。利用区块链平台的不可篡改、可追溯的特点,通过对企业的信用历史、履约能力进行分析,使监管部门可以对整体的营商环境有一个全面的认识,从而达到早期发现、早期防范的目的。在此基础上形成了一个完整的企业信用信息系统,对完善企业信用信息系统起到了重要作用。

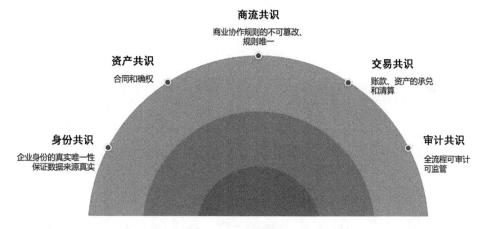

图 7-9　区块链在供应链金融中的应用

当前,区块链+供应链金融按照其发起主体可以划分为四种类型:① 区块链技术(或解决方案)提供商;② 技术企业及金融技术企业;③ 财务组织及财务服务提供商;④ 核心企业、仓库公司等。

腾讯、有贝、华夏银行于 2017 年 12 月 20 日在广东正式发布了由腾讯开发的基于区块链技术的供应链融资平台——星贝云链。华夏银行在同一时间向星贝云链发放了一笔价值百亿的授信额度。星贝云链是全国第一个以大健康为核心,与银行进行战略合作的金融平台,并在此基础上建立了一套完整的、以大健康为核心的供应链融资系统。

星贝云链与华夏银行、腾讯三方联手,在技术端、财富端、资产端以及基础平台上建立起了一套完整的供应链金融系统。腾讯将为星贝云链提供一项新的技术,并与其进行深入的合作。腾讯区块链业务负责人蔡弋戈表示:借助腾讯的区块链共享账本、智能合约等功能,确保了资金流向可追溯,信息公开透明,并实现了多方信息共享。在大数据交易信贷环境下,利用区块链实现资产确权、交易确认、记账、对账、结算等环节,并利用其强大的抗伪造性,避免了欺诈行为。华夏银行给星贝云链的授信额度足有百亿美元。对华夏银行来说,以产业链为基础的供应链融资方式,将有利于其在具有发展潜力的行业中发挥更大的作用。

"广东有贝进入供应链金融的最大好处,就是它拥有独特的行业数据沉淀,与外部数据高效的分享,以及对行业资源和交易场景的大量数据的积累。"益邦集团的主席和CEO牛永杰说。目前,在供应链融资方面有了很大的变化。从最初的"N+1+N"的供应链融资服务平台,到将供应链融资的线上化、协同化、智能化,再到现在的供应链融资服务,已经从最初的供应链融资服务平台,变成了将供应链融资服务与区块链相融合的线上、协同化、智能化,如图7-10所示。以大数据为基础的新型内嵌区块链技术模型从本质上解决了商务社会中最基本的信任问题。系统智能分析主动弥补产业链中的资金短缺,用资金的分配来推动产业链中的流通效率提高。

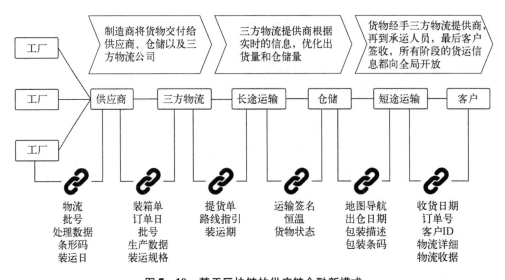

图 7-10 基于区块链的供应链金融新模式

当前,星贝云链可以为客户提供多元化的融资方式,包括以"物"的流动为基础的物权质押、仓单质押等,以及以供应链的信誉潜力和稳定为基础的订单质押、保兑仓等。在此基础上,其进一步根据行业的发展开展了更多的供应链融资业务。

5. 应用场景五:区块链+资产证券化(ABS)

利用区块链去中心化、开放性、共享性的特点,区块链证券交易系统能够提高证券产品的登记、发行、交易与结算效率,并能有效地保证信息安全与个人隐私,如图7-11所示。比如,百度财务就是利用大数据的风险控制,以及"黑名单"的筛选,找出了那些传统的风险控制方法很难找到的问题资产,然后再利用区块链的技术提高资产的筛选、评级和定价的能力,从而达到资产的透明化和可追溯责任的目的。

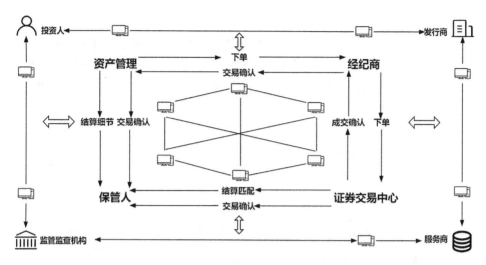

图7-11　基于区块链的ABS证券交易系统

　　例如,百度金融与佰仟租赁、华能信托等在内的合作方联合发行国内首单区块链技术支持的ABS项目,发行金额为4.24亿元。利用区块链技术,提高工程效率,安全,可追踪性。去中心化存储、非对称密钥、一致性算法等技术可以帮助构建一个具有去中介信任、防篡改、可追踪等特征的系统。由于目前参与金融机构的节点数量有限,百度对其进行了相应的改进,利用百度安全实验室提供的协议攻击算法和百度的极限交易系统,减少了交易费用,并结合人工智能、联盟链等技术,对ABS进行了全生命周期管理,利用授权管理和非对称加密,确保了数据的安全性。

　　6. 应用场景六:区块链+征信

　　征信市场是一个巨大的蓝海市场。传统征信市场面临信息孤岛的障碍,如何共享数据、充分发掘数据蕴藏的价值,传统技术架构难以解决这个问题。区块链技术为征信难题提供了全新的思路。首先,提高征信的公信力,全网征信信息无法被篡改;其次,显著降低征信成本,提供多维度的精准大数据;最后,区块链技术有可能打破信息据孤岛的难题,数据主体通过某种交易机制,通过区块链交换数据信息,如图7-12所示。实现这种高效的征信模式,还有业务场景、风险管理、行业标准、安全合规等一系列问题要解决。

　　目前,我国正积极将区块链技术探索应用于征信领域,包括新兴金融科技、新兴民营征信及保险在内的金融行业企业与机构,探索测试基于区块链的征信系统,意在解决传统征信业的痛点。整体来看,区块链的实践应用集中在解决信用数据的交易问题。

　　江西银通征信有限公司于2014年将区块链技术结合到征信行业中,深度研发云棱镜征信区块链系统。云棱镜征信区块链系统是一个去中心化信息共享共建式数据平台,以区块链的去中心化架构为基础,面向的典型客户为政府部门、运营商、互联网金融企业等。合作用户不再需要第三方信用背书,可以直接利用区块链中的信用信息。该系统融合了数据挖掘、区块链、生物识别、机器学习等前沿技术,能为互联网消费金融机构提供个人在线征信数据和报告服务,并提供开放 API 对接和反欺诈模型分析等服务。

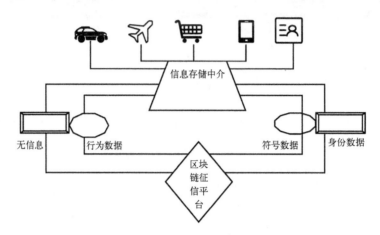

图 7 - 12　区块链用于征信数据的融合处理

区块链技术服务商布比于 2016 年与征信企业甜橙信用达到战略合作,旨在通过区块链去中心化的互助协作、全网记账体系,构建普惠式的征信体系,利用区块链的共识机制建立开放式的信用。双方设计的区块链征信解决方案是:存入区块链的数据部分公开可见,有需要的用户可以通过搜索找到需要的数据并向数据所有商购买。该方案将解决数据提供商之间信任难和交易难的问题,减少数据交易的程序和成本。

7. 应用场景七:区块链+资产托管

资产信托业务实质上就是委托人从受托人那里接受受托人对其进行的信托,既有有形的,也有无形的,并对其进行保管与保护。资产托管业务的主要程序包括:签订托管合同,开立账户,估值核算,资金清算,投资监督,信息披露,对账等,过程较为繁琐,并且被认为是整个托管业务中最大的参与者。在资产托管所存在的各种风险问题面前,不可否认的是,区块链技术的应用的确为资产托管产业链上的组织方式、交易方式、业务流程的变革提供了一项创新的技术支持。

中国邮政储蓄银行于 2017 年 1 月 10 日发布了一套以区块链为基础的资产托管体系,见图 7 - 13。中国邮政储蓄银行通过与 IBM 公司的合作,利用"超级账本"的优势,将区块链技术引入现实生活中,实现了对客户的信任。这是第一个将区块链技术应用于银行核心业务的成功实践。

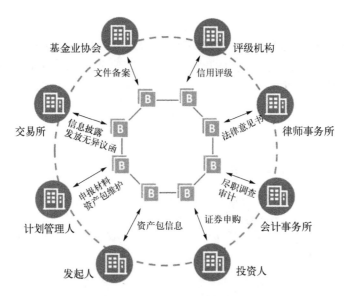

图 7-13 基于区块链的资产托管系统

一般情况下,托管业务的参与方不会只有一个,而是由多个不同的金融机构组成,如资产委托方、资产管理人、资产托管方和投资顾问。但是因为每一笔交易的金额都很大,而且涉及的人数也很多,所以每一方都需要通过电话、传真和电子邮件来验证自己的信用,这是一件非常耗费时间和精力的事情。

该区块链资产托管系统能够利用区块链的特性实现多方实时共享,避免重复的信用校验,据估计能够缩短 60%～80% 的业务环节。特别是智能合约的运用,使得只有当每笔交易在满足合同的全部条款时才能被执行,避免合同错漏,同时只要条件满足就能迅速达成交易。区块链的不可篡改特性使得交易能够保持信息的真实性以及账户信息的安全性。对于审计和监管方而言,区块链的使用能够简化监管流程,迅速获得需要的信息,并且根据已有信息及时干预监管,保证风险存在于可控范围内。

8. 应用场景八:区块链+用户身份/账户识别

在用户身份验证方面,由于各金融机构之间的信息交流困难,导致反复验证的代价高昂,同时也增加了用户信息泄露的风险。传统的顾客认证方法需要耗费大量的时间,且由于缺乏对顾客身份的自动认证技术,使得顾客认证工作效率低下。在传统的金融系统中,由于无法对用户的身份和交易进行有效追踪,导致监管部门的工作很难得到有效的落实。账号认证涉及对用户隐私的保护和对账号安全的保护,对账号规范化和加密技术的要求很高。每天有几十亿个用户,还有更多需要核实的账户,这就需要更高的自动化水平。同时,各种身份证明也是五花八门,难以分辨真假。

通过区块链技术,能够对数字化身份信息进行安全、可靠的管理,从而在保护顾客隐私的同时提升顾客识别的效率并降低费用。通过程序化记录、储存、传递、核实、分析信息数据的方式,区块链能够节约大量人力成本和中介成本,并且还能够提升数据的精度和安全性,使所记录的信用信息更为完整、难以造假。基于区块链的数字身份认证流程如图 7-14 所示。

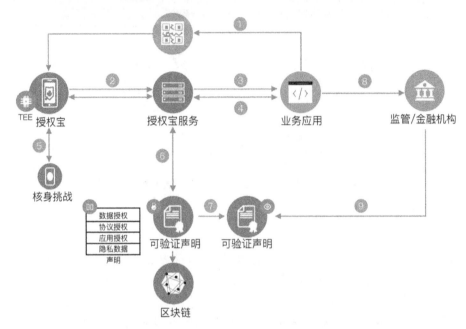

图 7-14　基于区块链的数字身份认证流程

IBM 与一家私人非营利机构 Sovrin 基金会联手,共同致力于以区块链技术为基础,在全球范围内构建一个分散式的中心化身份识别系统。

Sovrin 基金会主席 Phil Windley(菲尔·温德利)在接受路透采访时表示,IBM 公司会加入这个非营利组织并承担"创建者和管家"的双重身份,通过贡献硬件、网络和安全方面的专长来为个人用户和企业创建数字身份网络。在德国电信公司 Deutsche Telekom 旗下的研究和创新实验室的领导下,其他国际 IT 公司已经着手开始加入这个组织。温德利说:在网上生活和工作的方式与现实世界的生活、工作方式是完全不同的,Sovrin 试图通过创建一个全球数字身份识别系统来让网络世界像现实世界那样有真实感、互动感。

Sovrin 的使用者辨识网络利用分散式账目科技,或是区块链,来保证密码签署认证证书的安全性,并且借此来确认使用者的数字身份信息。IBM 区块链总经理 Marie Wieck 在一份声明中表示:我相信区块链是建立新型网络信任模式的新机遇,可以实现在没有中介的情况下,个人和组织可以安全地分享隐私信息和凭证。

参考文献

[1] 高杰,霍红,张晓庆.区块链技术的应用前景与挑战：基于信息保真的视角[J].中国科学基金,2020,34(1)：25-30.

[2] 刘哲,郑子彬,宋苏,等.区块链存在的问题与对策建议[J].中国科学基金,2020,34(1)：7-11.

[3] 陈博闻,朱元倩.从超主权稳定币看全球货币体系的再平衡——基于 Libra 2.0 的视角[J].金融发展研究,2020(6)：40-46.

[4] 陈逸涛,周志洪,陈恭亮.基于隐私保护的央行数字货币监管审计架构[J].通信技术,2019,52(12)：3032-3038.

[5] 冯梦婷.对央行数字货币研发的几点思考[J].中国货币市场,2021(3)：75-77.

[6] 李文红,蒋则沈. 分布式账户、区块链和数字货币的发展与监管研究[J]. 金融监管研究,2018(6)：1-12.

[7] 穆杰. 央行推行法定数字货币 DCEP 的机遇、挑战及展望[J]. 经济学家,2020(3)：95-105.

[8] 倪清,梅建清.当前数字货币管理存在的问题[J].上海金融,2017(11)：87-89.

[9] 丁邡,焦迪. 区块链技术在"数字政府"中的应用[J]. 中国经贸导刊,2020(8)：6-7.

[10] 郑志明,邱望洁. 我国区块链发展趋势与思考[J]. 中国科学基金,2020,34(1)：2-6.

[11] 姚前. 理解央行数字货币：一个系统性框架[J]. 中国科学(信息科学),2017,47(11)：1592-1600.

[12] 张蔚虹,李春钰,王禹心. 区块链赋能企业财务共享服务平台：票据管理[J]. 西安电子科技大学学报(社会科学版),2022,32(3)：1-8.

[13] 张涛. 基于区块链技术的数字票据平台研究[J]. 现代计算机,2021,27(29)：85-90.

[14] 上海金融学会票据专业委员会课题组.区块链技术如何运用在票据领域[N].上海证券报,2016-04-23.

[15] 蔡钊. 区块链技术及其在金融行业的应用初探[J]. 中国金融电脑,2016(2)：30-34.

[16] 朱建明,张沁楠,高胜. 区块链关键技术及其应用研究进展[J]. 太原理工大学学报,2020,51(3)：321-330.

[17] [美]梅兰妮·斯万.区块链：新经济蓝图及导读[M].韩锋译.北京：新星出版社,2015.

[18] 王强.银行网点过时了吗[EB/OL].https://opinion.caixin.com/2015-03-26/100794984.html[2023-10-22].

[19] 夏林峰,李卢霞,蒋映泉,等.区块链为粤港澳大湾区跨境金融创新开拓更大空间[J].现代商业银行,2022(14)：12-16.

[20] 李帅. 区块链技术下供应链金融策略研究的博弈分析[D]. 桂林：桂林电子科技大学,2022.

[21] 康思悦. 基于区块链技术的银行信贷 ABS 产品案例分析——以交盈 2018-1 为例[D]. 浙江：杭州师范大学,2022.

[22] 杨勇. 推进支付清算领域区块链应用[J]. 中国金融,2023(3)：76-77.

第八章
区块链+工业制造

随着网络技术的发展，人们的生活水平和生产力水平不断提高。在社会的发展与市场的个性化要求下，企业也抓住了网络的优点与特性，加速其前进的步伐。工业区块链的出现，不但标志着网络技术的革新，更标志着一个新的工业化时代的来临。

2019 年 10 月 24 日，中共中央政治局就区块链技术发展现状和趋势进行第十八次集体学习。习近平总书记在主持学习时强调，区块链技术的集成应用在新的技术革新和产业变革中起着重要作用。我们要把区块链作为核心技术自主创新的重要突破口，明确主攻方向，加大投入力度，着力攻克一批关键核心技术，加快推动区块链技术和产业创新发展。

我国已经具备很好的区块链的基础。在之前一系列的政策支持下，区块链技术和产业得到了快速的发展，并已经开始与各个行业进行深度的融合。现在最大的应用，就是在金融业。今后，其在教育、就业、养老、精准扶贫、医疗健康、商品防伪、食品安全、公益和社会救助等领域的应用价值将逐渐凸显。制造业是一个很大的市场，而中国最大的发展空间，就是在制造业和其他行业。

作为金融业的先锋，区块链技术为何能走到更远的地方，成为制造业的大舞台？在一次采访中，工信部信息化有关人员表示，区块链具有防伪造、防篡改、可追溯等特性，对于工业生产和管理有着非常关键的影响。

本章从工业区块链与工业互联网入手，主要讲述区块链对工业制造行业的影响以及当今发展现状，并结合具体案例进行区块链+工业互联网分析。

8.1 区块链对工业制造行业的影响

8.1.1 区块链对工业制造行业的积极影响

建设一个生产大国，必须实行创新驱动发展。加快建设以制造业创新中心为核心的全国制造业创新系统,不断突破制约制造业发展的关键性和共性技术,全面提高制造业的综合实力和国际竞争力,是促进我国制造业"爬坡过坎"、实现转型升级的重要战略出发点。

工信部始终致力于建立一个产学研深度融合的技术创新体系,并对此制定了一系列的政策和措施。具体内容有:以产业链为核心,对创新链进行部署,以创新链为核心,对以企业为主体、市场为导向的应用技术研究进行更多关注,将国家制造业创新中心作为支点,聚焦战略性、引领性、重大基础共性需求,构建出一个高效立体的开放型创新网络体系。加速建立系统化、系统化的创新体系,使我国在信息化方面的关键技术与装备实现有层次的跨越。对普惠性支持政策进行改进,对数量大面广的中小企业进行全面的支持,以提高其创新能力,并培养一批核心技术能力突出、集成创新能力强的创新型领军企业等[1]。

《"十三五"国家信息化规划》(2016)将区块链作为一项重要的战略和前沿技术列入我国的重要战略。2018 年 6 月,国家发改委发布了《工业互联网发展行动计划(2018—2020 年)》,提出要推动以区块链为代表的新型的、面向未来的、面向工业互联网的、具有重要意义的产业技术和产业政策的研究和探索。

在传统的区块链体系中,所有的参与者都是根据预先制定的协议来进行数据的储存。由于区块链具有防伪造、防篡改、可追溯的技术特征,它可以帮助企业解决制造业中的设备管理、数据共享、多方信任协作、安全保障等问题,这对提高工业生产效率、降低成本,提高供应链协同水平和效率,并推动管理创新和业务创新具有非常重要的影响[2]。

以区块链为代表的技术革新受到了各国的高度重视,并逐渐在制造业中得到了应用。马云在给股东们的一封信中,建议利用区块链来推动制造业的变革;福布斯也曾经发表文章,预测到 2025 年,利用区块链带来的经济附加值将达到1 760 亿,到 2030 年将达到 3.1 万亿美元,而最有可能产生经济价值的地方就是制造业。

那么,区块链在制造业能做什么?

例如,要生产一架飞机,就必须要有成千上万的零件,而区块链技术能够让生产商快速、精确地掌握这些零件后面的大量信息。根据一份国际报道,欧洲的空客公司,已经开始使用区块链技术,对供应商和零件的来源进行分析,减少了零件维修的时间和成本。

现在,在新的情况下,顾客对定制化的产品与服务有了更高的要求,同时,为了缩短创新周期与预期上市时间,也给企业带来了改变和压力,再加上顾客、工厂、厂商因为全球化而分散在世界各地,这一切都在加快了区块链技术在制造业中应用的趋势。

在定制化生产中,区块链不但能够帮助企业快速地满足消费者的需求,也能够帮助小微企业在制造领域中迅速地开拓出市场[3]。在"人口红利"消退的背景下,传统制造业的规模化发展已无法再维持,目前公认的"多品种、小批量"的"柔性制造"已成为智能制造发展的主流。事实上,在将来"弹性制造"并不只是"多品种"和"小批量"的问题,它是一种更具灵活性的生产模式。换言之,就是要根据产品的功能来划分,将产品进行模块化的设计和生产,尽量增加制造的标准化和灵活性,这样不仅可以满足小批量、定制化的制造生产需求,还可以满足大规模定制的生产变革,这样才能真正实现柔性生产。

以小企业为例,他们不需要工厂、不需要店铺、不需要产品设计人员,只用共享工厂和柔性制造就能满足顾客的要求。但是,如何在工厂、设计师和原材料供应商之间进行有效的运作,这就需要一种经过多方认可的互信机制。而区块链和预测式分析等技术,能够帮助企业在进行定制化生产的过程中,迅速地提高业务运作的效率和透明度,从而让企业在市场竞争中获胜。而随着企业规模的不断扩大,供应链间的高效协作就更需要区块链技术的支持[4]。

随着市场需求的不断变化,供应链面临着信息不透明、价格套利、工期延误等问题,供应链上各成员企业都要求有一份不能更改的文件来确认和验证专有制造技术等知识产权,同时还要对支付过程进行监控,以防止利益冲突。

另外,产品的设计、制造、制造、采购和验证等环节,都是由多个机构共同参与的,而这些机构之间的互信,则需要通过审核、认证、合约谈判等流程来建立。生产商投入了大量的时间和资金所构建的可靠的供应链,必须有一种可靠的机制来维护。在数字化和全球化的背景下,通过共享生产平台,消费者可以在不需要任何实物资产的情况下,与经过认证的制造商直接联系,从而降低了购买成本,并为制造商提供了更多的销售渠道。平台还可以充当消费者、制造商、服务供应商等所有平台参与者的数据中介,所以,为供应链成员提供信任机制的区块链技术自然是必不可少的,如图 8-1 所示。

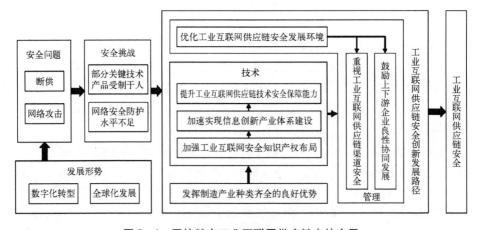

图 8-1   区块链在工业互联网供应链中的应用

世界上的先进国家和地区也都把目光集中到了制造业上。《德国联邦政府区块链战略》对"区块链"和"工业4.0"的综合运用给予了大力支持,欧盟在《区块链现在与未来》中对"区块链"在制造领域的运用进行了深入的研究。目前,世界上一些大型企业已开始将区块链技术应用到制造领域。

工信部信息化和软件服务业司有关负责人也说[5]:国内部分企业也已开始探索区块链在制造业领域的应用落地,当前主要应用场景有防伪溯源、产品全生命周期管理、供应链管理、协同制造等。但总的来说,因为它使用范围比较广,所以它在制造行业中的运用还处在初级阶段。

另外,通过发展区块链,可以推动产融融合,为实体经济带来金融活水,推动大中小企业融通发展。比如,以区块链技术为基础,研发供应链应用解决方案,可以解决供应链上存在的信息孤岛问题,将核心企业信用释放到整个供应链条的多级供应商,提升全链条的融资效率,降低业务成本,丰富金融业务场景,从而提高整个供应链上资金运作效率。

区块链使金融业对制造业提供了更大的支助[6],主要表现为几个层面:一是,利用分布式账本技术,实现了各参与方对所有非商业秘密的数据进行备份,从而有效地消除"信息孤岛"的现象;二是,利用可流通、可融资的数据,将其作为一个重要组成部分,与多层次的供货商进行关联,从而有效地解决了其信贷无法对其进行有效管理的难题;三是,在该框架下,该信息体系能够对各环节的行动起到制约作用,并能将有关的交易数据集成到链上,以证明其真实的交易活动;四是,引入了智能合约,当合约履行条件达到时,可以实现合约的自动履行,从而避免了合约履行的风险;五是,将区块链技术与供应链相融合,为供应链中的"贷款融资难"提供了一个很好的途径,从而达到降低成本、提高效率的目的。

从工业互联网本身的特性来看,基于授权的联盟链在不同的行业中有着不同的适用范围。在技术层面上,其技术特征包括:共享统一账本,灵活的智能合约,达成机器共识,保障用户的私密性。

1. 共享统一账本

交易的历史和之后交易的资产状态都以链的方式保存在共享账本中。每个数据块的哈希都是下一个数据头,这样就互相连接起来了。因为每个节点以及具有存储账户权限的有关各方都拥有同样的账户数据,所以哈希校验可以很容易地使账户数据变得很难被篡改。每一笔交易的记录都会被记录在账本上,而每一笔交易,都是由发起方签名,并经过背书策略验证,达成共识后写入。

2. 可定制智能合约

智能合约用来描述多方合作中的交易规则、交易过程。规则和过程将以编码的方式被部署到有关参与者的签署节点。智能合约会受到内部和外部事件的驱动,这取决于代码需求。

3. 机器共识机制

在分布式网络中,各个区块链节点会根据透明的代码逻辑、业务顺序以及智能合约,来对所收到的交易进行执行,最后,在各个账本中,会产生一种依赖于机器和算法的共识,从而保证所记录的交易记录和交易结果在全网都是一致的。机器一致性可与大型机器通信(mMTC)的无中心体系结构相匹配,有助于无中间媒介的新型应用模式和新型商业生态的形成。

4. 权限隐私保护

区块链网络中的所有人员、设备、物品、机构,都是被允许进入该网络的。隐私保护对共享账本的适当可见性进行了保障,这样就可以只让有一定权限的人才可以读写账本,执行交易和查看交易历史。与此同时,还可以保证交易的真实可验证、可溯源、不可抵赖和不可伪造。

而区块链技术则是解决个人信息隐私问题的有效途径。在当今的"第四次工业革命"时代,数据正变得非常宝贵,对其进行有效的、协同的交流也变得日益重要。然而,随着物联网技术的不断发展,大量的数据将来自无人值守的终端,这就要求物联网终端配备一台"事物分类账本",以追踪机器间交易中的有用信息。在以区块链为基础的多种体系对信息进行保护的情况下,放款人和大型企业可以放心地将资本投入供应链中,即"供应链融资"和"数据担保"。在此基础上,基于区块链技术,可以实现对数据的收集、建模和统计,进而实现数据驱动的商业决策。因为区块链记录了每个节点的流程,所以他们能够提供准确的、可检验的数据,来决定从顾客行为到风险的各个方面。

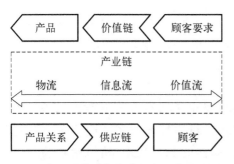

图 8-2　商业角度的工业制造过程

从商业的观点来看,从图 8-2 可以看出,工业制造过程主要与产品链-价值管理、价值链-业务管理和资产链-运营管理三个过程有关。其中,产品链的目标是在更短的创新循环中推出更多样、更为复杂的产品。区块链所带来的个人激励和协作分享能够让更多的设计者加入进来,并在高效的组织下让工业设计变得更为迅速。为了对市场的需要做出迅速反应,价值链将供给与生产联系在一起。区块链能够使供应链各个合作节点的商流、物流、信息流和资金流变得透明可靠,进而提升整体生产过程的组织效率。资产链运营管理的目的,主要是为了让工业产品在投产运行后能够更好地进行营运,从而提升客户黏性,延长其有效使用寿命,直至报废回收。在相同的商品之间，实现信息的相互信任，可以极大地提升行业的整体服务水平。

从法律法规的视角，互联网交易具有可追溯、不可篡改、不可否认、不可伪造等特点，能够通过"连接"实现人、企业、物之间的相互信赖，给人、企业、物等提供一种全新的组织形式与业务模式。在监管部门以联盟节点的身份获得审核权限的方式进行干预时，因为联盟内相关节点的能见性，所以监管部门可以很容易地进行柔性监管。利用区块链技术在工业互联网中的应用，能够在核心企业内部（从设计，到生产、销售、服务、回收的上下游的数据共享价值链），工业企业之间（生产运营经验分享的价值链），工业互联网平台之间的互信共享和价值交换。在网络化生产时代，利用各种相关的信息进行可靠的共享，对工业企业的设计、生产、服务和销售进行全方位的提升。

从产业生产过程的视角来说，在日常生活中，区块链的作用并不显著，但在产业中，它的优越性将得到最大限度的发挥。基于互联网、大数据和物联网等技术，实现个性化和定制化的工业生产。产品可以根据需要进行弹性调整，摆脱大批量产品的束缚。比如，在NIKE的许多专卖店里，顾客可以在网上根据自己的需要来定制自己想要的鞋，然后再根据自己的需要，来进行设计。

在整个工业的供应链中，每个环节都可以被看作是一个点，消费者是，设计是，原料供应商是，工厂是，经销商也是。各个节点之间可以进行数据的分享与传输，让整个链条中的各个节点都能事先做好相应的准备。从消费者开始，最后回到消费者，这样就构成了一个完全的市场循环，但这个循环可以大大缩短。

除了实现信息的共享，还可以利用在线合同的方式，将这几个点联系在一起，并对其进行严格的条款控制，比如账期、供货周期等，从而从根源上消除企业资金流运行的障碍。

从企业的生产经营的观点出发，对每个"点"进行更细致的挖掘。以上所说的消费者是"点"，从另一个方面来说，每个消费者，每个人的需要，都是一个"点"。同样的道理，每个原料供给方都是一个节点，每个加工方都是一个节点。每个节点都可以通过"一对多"的方式进行扩展，比如，一个原材料供给方可能与多个加工方相联系，而一个加工方可能与多个分销商相联系。以此为基础，建立起一条庞大的供应链，并在此基础上进行计算，最终确定出一条完整的产业链，并为每一条产业链分配工作。各节点按照工作任务及联机合约的规定进行生产活动，见图8-3。从本质上来说，将各点全部打通，可缩短供应链流程，减少库存、资金占压、供应周期以及大量业务人员的作业，节约成本，提高效率。

从另一个方面来说，人才是整个产业的核心，而人力资源配置的缩减，就相当于"去中心化"了。

怎样才能限制每一个点都进行正确的交易？这就是"去中心化"。每个节点

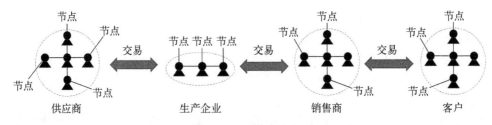

图8-3　去中心化体系

的交易,都会通过网络进行实时记录,在隐去身份的同时并且对用户进行开放,这样就能确保用户的信息不会被篡改,从而确保用户的隐私。而且,区块链技术本身也有"征信"的功能,只要违反了规定,就会被强制执行,无法更改。而系统平台,也会根据这些人的行为进行处罚。

最后,从生活角度出发来看看区块链+工业制造行业在生活中的影响。点对点支付,就是将一个人或者一个群体的资金转移到另外一个人或者一个群体身上。例如,个人(甲)对个人(乙)的支付,也可以是公司(A)对公司(B)的支付,也可以是个人(甲)对公司(A)的支付。表面上,它与目前的情况相同。而在区块链里,点对点的支付或证明都会被公开,并且隐藏自己的身份。

这么做的主要原因是区块链的另一个特点——去中心化。

现在的支付方式都是以货币为基础的,比如支付宝与微信。至于钱,那就是国家的事情了。在中国,货币是受中国央行控制的,它的资金流动和信用记录也是受央行控制的。就像是每次点对点的交易,都会将消息传递给"中心",然后又回到"点"一样。尽管借助网络技术能够在"点"上实现"中心"的监控与统计。如果通过互联网制作一个完整的体系和制度,每个点对点的交易可以直接受到管理,"中心"只需要同步每个点的信息即可。

每笔交易都可以看作是一个区块,每一块都能清楚地记录下每笔交易的内容以及款项的流向。再把这些模块串联在一起,组成一个巨大的"网",每个"网上"的节点都一目了然,把它们汇总起来,就能体现出"中心"的价值。

数字经济的大潮已经开始,区块链和工业互联网这两种新一代的信息通信技术,都在促进各个行业的转型过程中起到了重要的作用。而当区块链与工业互联网结合起来之后,毫无疑问会产生一种叠加的乘数效应,给更多的传统行业、传统工厂的数字化转型提供新的解决方案,并注入新的强大的动力。

8.1.2　我国工业制造应用发展现状

2018年,我国的工业产出保持稳定,中高端制造业增速加快,企业效率不断提升,产业发展的质量不断提升。然而,单位工业效率与发达国家相比仍有很大的差距,这主要表现在:资源、能源的利用效率偏低,在生产运营过程中还面临着诸多的安全、环保问题。如何积极、高效地运用现代信息技术来应对传统产业生产过程中所面对的管理决策难题，促进工业化与信息化的迅速融合，实现生产、管理与营销模式的转型，已成为我国高端制造业发展的重要课题。

8.1.2.1　发展路径

进入工业4.0时代，其意义早已超越了产品和制造本身。它更多地体现为，企业在其可能的最大生态影响范围内，对成本进行精确控制，按需、快速、个性化地完成定制生产，并逐渐提高其市场竞争力[7]。

1. "细微化"要求

精确生产需要每一个环节都对生产、成本和质量进行严格的控制。这必然会促进传统产业的转型，也就是企业从"大而全"到"小而专"。在传统工业中，一个过程可以被"颗粒化"，变成多个过程。每一个制造单元仅仅专注于提高这一"细微"过程的专业性和广度，从而在国际市场上提高自己的竞争力。例如，传统的电源插座制造，以往常常是一家厂家从设计到生产原材料到部件生产再到装配全部完成；而在精密制造的"微粒度"生产组织下，制造工序又分为插头设计和模具制造、插头制造、组件组装等多个阶段，每一个阶段都由一个单独的企业或车间来完成。而每一家企业，都在自己的细微之处展现出工匠精神，尽量将设计、生产、质量控制、成本和生态建设都做到最好。

2. "广泛化"布局

"细微化"的产品愿景，更是促进了企业顾客生态的"广泛化"。在大多数行业中，产量都是赢利和竞争的根本。在制造单位细化的演化过程中，一方面，因制造粒子的细化，使企业能够对需求进行"分层"，即需求导向，从而实现对全球需求的个性化。另一方面，他们也意识到，光靠现有的客户群是不够的，企业需要较大的客户基础和较广的客户覆盖，才能平衡少量大客户带来的生产周期波动风险，并使得企业的需求量有长足稳步的增长。

3. 品牌商的崛起

智能制造的表现，常常表现在建立一个极具国际竞争力的品牌上。一个好的品牌，既能得到相对较高的产品溢价，又能提高市场份额。对于品牌商来说，最大的挑战来自他们在产品开发上的创新、技术壁垒和他们产业链的生产组织能力。同时，企业又是市场"感应器"，通过市场反馈系统第一时间感知到市场的变化，并将信息传递给自己的企业，进而传递给下游的供给方。就像之前的产品"微粒化"一样，为了满足消费者的"长尾效应"，以及个性化的需求，品牌也在不断向更多的市场细分。

在当前的产业发展中，"网络生产"或者"云化生产"在许多方面都给整个产品的生产和制造过程带来了新的挑战[8]。

（1）高协调性：与过去的大而全的生产相比，细微化的生产单位间的协调更加迅速和准确。生产中的一个环节、供给问题，都会牵一发而动全身，波及整个产业链。

（2）工业安全：包括多种制造设备在内的高协同制造单位，其可信的身份识别、可信的身份管理和可信的访问控制是实现多主体合作的前提。

（3）信息共享：因供应链上、下游企业间的生产协作效应，使得供应链上、下游企业对信息分享的需求前所未有的迫切。信息分享可以帮助快速组织生产，减少库存，物流联运，控制风险，控制质量等。

（4）"跨界"的资源整合：随着行业生态的日趋复杂和多元化，过去单一产业链上一两个龙头企业就能轻松应对的问题现在却越来越难以应对。而要破解这一"瓶颈"，就必须要有"界外"公司作为"润滑剂"和"催化剂"主动参与。例如，在金融方面，高科技企业和制造业之间要有更深层次的融合。

（5）最大化"标准化"：将生产过程细化到最低限度，使生产过程从"非标化"走向"标准化"与"精细化"。不仅仅是指制造过程，还包括包装、运输、维护、维护、贸易等。

（6）柔性监管：对政府监管部门来说，目前的监管形势空前复杂。如何利用新技术实现"柔性""隐形"的导向性监管，是当前我国企业安全生产与行业支撑面临的一大难题。

将区块链技术运用到工业制造领域，可以让有关参与者以更加安全、可信、准入的方式共享数据、流程和规则[9]。与其他的应用相比，工业应用的流程十分复杂，涉及的产业也很多，除了人、机构以外，还有一些特别的地方，其中还包括了工业设备。在这个过程中，除了人员和组织的身份之外，还必须要有一个区块链的身份，这样才能保证工业应用的安全性。因此，在工业安全的基础上，产生了设备身份管理、设备注册管理、设备访问控制和设备状态管理等应用场景。在设备、人、机构都有了身份之后，就可以利用一致的智能合约（智能合约代表了集中协调好的生产组织逻辑，通过分布式的一致来执行）和分布式账本来描述对应的生产过程，使得其过程变得更加透明，进而提升生产组织的效率。在此基础上，利用区块链的透明特性，通过对"大脑"的协同作用，实现对供应链可视化、工业品运输监控、分布式生产和维修作业订单的有效控制，进而提升企业生产流程的运行效率。

8.1.2.2　面临的挑战

尽管区块链技术的特性可以很好地解决工业互联网发展中所遇到的问题，然而两者的融合依然会遇到很多的困难，可以概括为以下四个方面[10]，如图 8 - 4 所示。

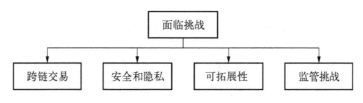

图8-4　区块链结合工业互联网面临的挑战

1. 跨链交易

当前,各种区块链的应用都与其对应的区块链相伴而生,而每一个区块链自身又构成了一个区块链孤岛,这就使得区块链的发展面临着巨大的挑战。而在未来的区块链发展中,最重要的就是要解决信息互通以及跨链交易的原则性。

2. 安全和隐私

尽管区块链是一种新型的技术,但诸如路由劫持攻击、智能合约漏洞攻击、DDoS攻击、成员推断攻击等一系列的安全与隐私问题仍然存在。而这种危险正是影响到整个区块链生态的不安定因素。

3. 可拓展性

当越来越多的应用进入区块链中时,其处理能力、存储能力和传输能力将受到限制。如果这个问题得不到很好的解决,就很难将其推广到工业级水平。

4. 监管挑战

上述三个问题主要集中在技术层面,而其更大的问题是如何从法律层面对区块链技术进行规范。特别是在区块链和工业互联网相融合的模式下,要对内部执行的法律效力进行确认,对其进行定义,对其违法行为进行界定,对联盟链的内部运作活动进行管控等,这些都要求由主管部门制订出一套具体、明确的法律规定,并予以严格实施。

在我国,创新是发展的第一动力,也是实现现代化的关键。当今世界,新一轮的科技革命与产业变革正在如火如荼地展开,而以信息化与制造业为主要特点的智能化快速发展,新的产业形态与商业模式正在不断地产生。在工业互联网的发展过程中,区块链一定会成为必不可少的一项技术,两者的融合一定会创造出一个新的工业互联网生态,从而为经济的平稳发展提供更多支持。

8.2　案例分析

在"中国制造2025"被提升到国家战略层面的背景下,以"中国制造2025"为核心的产业网络正受到人们的广泛重视。在工业互联网的应用场景中,数据由智能设备上传到云计算(数据库),由此实现了数据的收集、共享、分析,并为不同的系统和设备的协同工作提出了一个决策方案。现在,在工业互联网中,生产、制造以及供应链等多个领域中,经常会牵扯到多个公司以及多个厂家,这些都是由多个角色共同合作来实现的,因此,这些角色之间会产生不信任以及潜在的安全问题,比如数据泄露、行业隐私等。为避免数据信息被恶意篡改,确保数据信息的流动具有更高的安全性,需要借助区块链和工业互联网的结合。

将工业互联网和区块链技术相结合,在工业上的应用主要表现在网络化、智能化、数字化三个方面:

(1)网络化。随着越来越多的设备接入网络,对设备的大规模访问和身份识别管理成了行业中的一大隐患。其中,设备的身份识别、身份管理和访问控制是设备间协同工作的基础,也是设备间信息交互的重要环节。将区块链应用到工业互联网中,首先要对所有设备收集并上传的信息进行处理,然后才能对设备与数据进行关联,最后实现可信、难以篡改的溯源查询。

(2)智能化。以区块链的特性为基础,在多主体、多环节的供应链中,实现工业互联网的智能化协作变得尤其重要,所以,提高信息共享和协同作业能力是最关键的。通过信息的共享,可以实现供需对接,加快生产速度,减少库存,跟踪物流,控制质量等。一个环节的生产和供应出了问题,就会影响到全局,因此,与区块链技术相结合的智能应用是必然的。

(3)数字化。随着工业互联网的不断升级,对标准和规范的需求也越来越高,因此,对产品进行标准化,并为用户提供多样化的服务,成为发展趋势。区块链正是能够充分发挥自身的特点,在共享账本和共识机制等技术优势的基础上,构建出一套规范的协作流程和技术标准,并在工业互联网的各个领域中进行广泛渗透和融合创新,提升工业各环节生产要素的优化配置能力,提高协作效率,降低成本,真正实现资源共享,以数字化标准来对每个节点进行规范,进而实现全流程管理。

区块链与工业制造行业将会在平台保护、标识解析、协同制造、供应链金融等领域中进行融合发展[11]。

1. 基于区块链的工业互联网平台数据安全防护方案

工业互联网平台作为实现工业企业智能转型的关键环节,可有效整合大量的工业装备和系统数据,实现对业务和资源的智能管理。然而,在建立工业互联网平台的过程中存在许多安全问题[12]。例如,所采取的网络安全措施与互联网信息技术领域一样,无法从根本上保证数据的安全性与完整性。防火墙与门禁系统使用了传统的工控网防火墙与门禁系统,在数据访问时,由于受到了来自工业协议的恶意代码的攻击,平台不能很好地处理这些攻击。此外,对于边缘层终端设备的安全性问题缺乏足够的重视,使得在终端设备受到恶意攻击和破坏的情况下,其数据安全性得不到保障。在工业互联网的应用中,数据的安全性是重中之重,需要确保其应用数据的完整性和不可篡改性,并防止数据的泄漏。而利用区块链技术,则可以很好地解决这一问题。图 8－5 给出了一个基于区块链技术的工业互联网平台的解决方案。

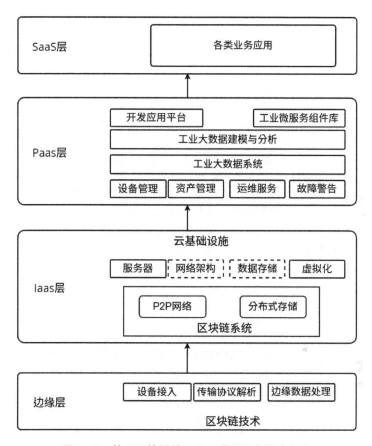

图 8－5　基于区块链的工业互联网平台解决方案

区块链技术被广泛地用于工业互联网的边缘层和 IaaS 层,而在 IaaS 层,基于区块链的 P2P 和分布式存储技术可以取代 IaaS 层的网络和数据存储。而在此过程中,从边缘层收集到的数据会以交易记录的形式保存到区块链的账本中,从而实现数据的不可篡改性,确保了数据的存储安全性。基于区块链的工业互联网平台数据处理流程被划分成了以下 6 个部分:工业数据采集、网络隔离与数据缓存、数据打包签名、边缘层数据处理、节点共识、存储数据。具体内容如图 8－6所示。

而在这些过程中,涉及数据收集、数据打包签名、节点共识、数据存储等。在工业终端对数据进行收集的时候,每一个工业终端设备都有自己的身份地址,而区块链系统会给每个设备分配一个身份证明,通过区块链的身份权限功能,可以防止数据采集设备的随意访问,并且无法被恶意替换。在进行数据打包签名的时候,利用区块链系统的SDK接口来对缓存中的数据进行加密。利用打包签名,可以增强终端访问装置的安全性,并对数据进行有效控制。在服务器节点共识方面,利用区块链中的共识算法,并针对工业互联网的特点,使用容错类型或排序类型的共识算法。在数据的存储方面,利用了区块链中的分布式存储技术,使得每一个服务器都拥有一个完全的备份,这样可以避免当一个服务器受到攻击时,造成大规模的数据泄漏,以确保其核心数据的完整性。

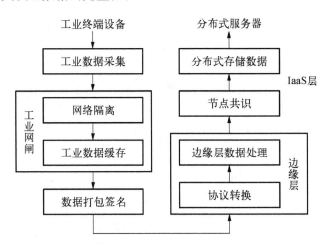

图 8 - 6　基于区块链的工业互联网平台数据处理流程

2. 基于区块链的标识解析系统

在工业互联网中,通过特定的规则对不同的产品进行编码是一项非常重要的环节。识别分析系统是利用编码,实现对对象的定位、信息查询等功能。在标识分析的基础上,还有诸如产品跟踪这样的增值业务。举例来说,船舶企业利用标识解析系统,将船舶的设计方、材料供应方、制造方、租用方、使用方、保险方等上下游企业联系在一起。在该系统上,各方可以对船只及其配套设备的各种信息进行查询,从而对其设备的工作与使用状况有一个全面的了解,并将监控的数据反馈给上下游企业,从而对设计、材料选型、制造过程、销售运营手段等进行改善,获得细致到元器件级别的全生命周期管理的效果。如果大多数企业都采用自身的标识分析系统,那么不同的标识分析系统就像是孤岛一样,很难方便地进行精细的设备追溯和全生命周期管理。目前大部分企业的标识解析系统并没有与其上、下游的生态相连接,如何构建一个统一的标识解析系统,成为当前工业互联网发展的关键问题。

目前,在工业互联网中,标识体系有许多种,其中一种就是借鉴 Internet 上的域名解析体系。在此基础上,提出了一种由一个中心点(多个根节点)向其下的多个顶级节点进行映射的方法。如果根节点删除映射,或不支持至顶级节点的映射,则不能存取此顶级节点以下的子节点。这种"单边治理"和"中心化"方式虽然容易管理,但也存在着根节点权限太大、经常被访问、系统容易受到威胁等缺陷。在工业互联网的背景下,采用这样的标识体系是有风险的。而区块链所具备的去中心化、共享账本和不可篡改等特征,能够很好地满足在工业互联网环境下构建标识解析系统的需要。如图8-7所示,将统一的标识解析体系作为一个账本,由各个节点共同维护。一方面,它降低了根节点的权限,降低了根节点出现故障或被攻击时带来的系统损失,另一方面,也减少了对根节点的访问,降低了根节点的能耗。目前,已有一些以区块链为基础的 DNS 域名系统在世界范围内启用。在我国,随着国家工业互联网政策的出台,我国工业互联网标识登记数量已超过 16 亿,以区块链为基础的标识解析系统具有广阔的发展前景。

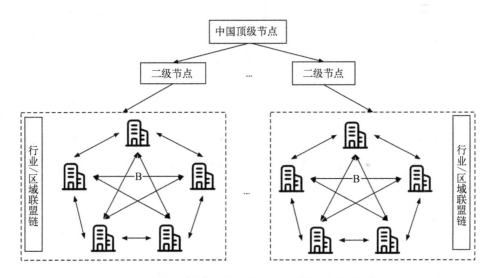

图8-7　基于联盟链的行业/企业联盟节点共治架构

3. 基于区块链的协同制造平台

采用精益生产的方法,可以提高企业的整体竞争力。采用并行制造的方式,组装厂能够有效地提高产品的产量。但是,一家企业经常会缺少与之相对应的技术能力,或者缺少感知客户多样化需求与市场变化的手段,无法满足精益制造、柔性生产或并行制造的要求。在这种情况下,企业之间的协作就显得尤为重要[13]。

但是,跨企业之间的合作也会产生一些新的问题,例如,如果对订单的期望超过预期,就会导致存货成本的上升,需要工厂重新启动,或者是不能按时发货。一个反映企业间、企业与客户之间实时供需的交流平台——协同制造/资源共享平台,能够解决这个问题。而平台上企业间的需求、交易数据的可信度,是构建该平台的关键。区块链所具有的去中心化、不可篡改、共同维护等特点,能够很好地满足这个平台的需求和交易数据的可信性。在区块链中,将客户的需求、企业的库存、企业的制造能力、客户企业间的交易、企业与企业间的交易都记录下来,用智能合约来约束链中的各个参与者的行为,用真实的需求、交易来对平台上的数据进行更新,最后完成交易。在此基础上,利用区块链技术构建的协作制造/资源共享平台,通过对订单的信任和分解,将分散的生产企业聚集在一起,按需进行生产,从而达到提高生产效率和降低库存成本的目的。

在工业生产过程中,为了实现信息的安全共享,需要使用相关的信息进行加密。可以利用访问控制技术、数据属性基加密算法来实现信息的安全共享,如图8-8所示。基于可视化访问标识的数据访问控制方法旨在突破传统访问控制方法的局限性,解决工业生产过程中多源异构数据的安全共享问题。基于属性的加密算法,又称 ABE,它和访问控制技术的有机结合,使数据的安全得到了很大的改善。数据属性和加密算法的遍历原则是:接收访问控制技术发出的数据共享安全序列,当数据共享的接收端的用户属性和密文属性的重复率超过设定的共享标准时,数据共享才能向接收端共享。在工业生产中,基于数据自身的特性,将其与共享接收方的信息相融合,以此为基础,基于数据加密密文,结合数据所需的存取结构,生成用于数据安全共享的加密密文。在利用共享方式产生加密密文、密钥的同时,还必须将解密密钥和密文同时删除,从而实现数据共享。

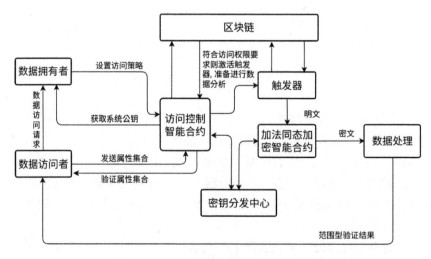

图 8-8　工业制造数据安全共享加密流程

4. 基于区块链的供应链金融

工业互联网不但渗入了工业领域的各种细分领域,还渗入了其他领域,如金融领域。金融企业运用资本的力量,帮助工业企业获得更先进的设备,选择更好的材料,应用更优秀的技术等。但投资也有风险,财务部门需要考虑的是怎样降低风险、保证该产业的正常运转。而工业企业的生产经营数据则可以起到一定的借鉴作用,当一家企业的生产经营数据呈现出向上的趋势时,说明其运行状况良好。在一家工业企业还没有信息化之前,其各类生产经营数据由人工采集上报,存在误采集、上报错误、统计错误甚至是数据造假的可能性。

在工业互联网时代,可以利用设备对公司的生产运营数据进行采集、上报和整理,从而大大降低了人为操作所造成的误差的概率,也提高了公司的生产运营数据在金融行业中的可信度。但是,在这样一种情形之下,金融行业获取工业企业生产经营数据的来源仍然是单一的——来自该工业企业。一方面,金融行业不能够获取到该工业企业所处行业的总体形势,有可能该工业企业的良好或者不好只是一时的,整个行业都处在下降或者上升的状态。而在另外一个层面上,工业企业仍可以选择对自己有利的数据,或者采用对自己有利的言论来对金融产业进行误导,个体公司仍有很高的不可控风险。

在金融行业中,对这个工业企业所在行业中的上下游公司进行分析,并对其整个供应链的发展情况进行分析,从而将一个单一公司不能控制的风险,转移到整个供应链中来。同时,对一个单一公司的资金管理,也可以转化为对其供应链中的各个公司的资金和物流进行管理。这样可以更快速灵活地为中小企业融资,为他们的发展做出贡献。在此过程中,关键是要保证供应链上的生产运营信息的可靠性。区块链技术利用智能合约和不可篡改性,提高了供应链信息的可靠性。只有对交易的人、机构、物都赋予一定的身份,经过验证才能进入区块链中。具体系统架构如图8-9所示,在该系统中,所有的交易者都通过智能合约来完成自己的交易,并且所有的交易都是不可被篡改的,并且所有的交易都是通过所有的参与者来完成的,从而提高了整个链条上的交易的可靠性。此外,对于大型高价值装备,如工程机械、船舶、汽车等,以租代售方式也逐渐形成了一种经营模式。在这种情况下,装备的制造方、出租方、租赁方以及金融机构等都会涉及装备的生产企业。将参与者的交易数据记录在区块链中,与此同时,利用信息化手段,将设备数据也一同记录到链中。利用对链中数据进行整体观察和分析,这不但可以让我们对设备的状况和使用情况有一个清晰的了解,从而可以及时发现异常的交易并消除欺诈行为,还可以指导金融企业对供应链的资金与物流进行理性的投资和管理。

5. 区块链+机理模型共享

工业互联网平台层的机理模型、数据模型、业务模型(如资产管理模型、产品研

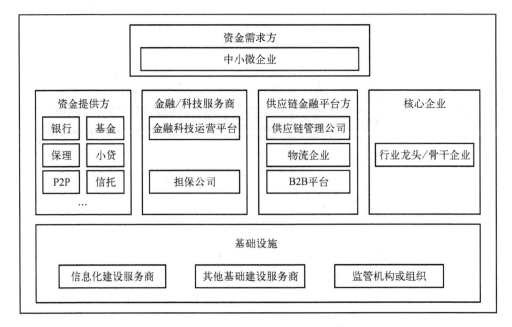

图 8 - 9   基于区块链的供应链金融系统架构

发设计模型、过程管控模型、运维模型、工艺模型、资源配置模型等)的构建,都需要对多家企业、多条生产线和大量生产设备的基础数据进行大范围的收集和沉淀。一方面,由于通用工业互联网平台(除了单个企业的专用平台)的安全和敏感问题,大部分企业都不愿意将其核心数据上传到平台层面。而另一方面,大家也看到了机理模型、数据模型、业务模型的沉淀和运用,在优化工业制造、物流、工艺改进、资源配置、品控等方面,都有着巨大的优势和必要性。因此,在工业互联网的体系结构中,必须有一种能够支持分布式模型计算、机器学习的网络结构,并通过模型数据共享的收费机制和激励机制,鼓励参与方一起建立工业机制模型[14]。

让我们来想象一个略微不同的新模式,即用户可以通过自己已有的技术(如浏览器、手机等),更容易、更高效地进行机器学习。在人工智能民主化的基础上,将分散的、协同的人工智能引入区块链中,见图 8 - 10。

在此框架下,参与方可在公链上持续协作地训练、维护模型,构建数据集,并可免费使用。该框架适用于人们日常生活中遇到的各种人工智能辅助场景,如人与人交互、游戏、推荐等。

在此基础上,利用区块链技术实现了两个目标:一是给予参与者一定程度的信任与安全性;二是可靠的激励机制,激励参与者提供数据以提高模型的性能。对于现有的 Web 服务,用户不能百分百确定要和什么进行交互,即使他们的代码是

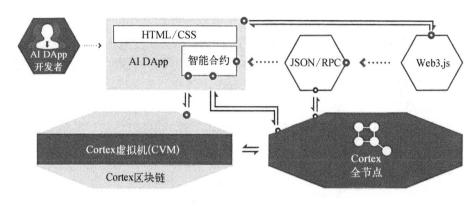

图8-10　基于区块链的机器学习模型

开源的,而且运行模型经常需要专用的云服务。

　　而在区块链+机理模式的解决方案,则是把这些公共模式纳入智能合约中,并在区块链上编写代码,以保证协议条款的一致性。在此框架下,模型的更新可以通过链上的方式(仅通过较低的交易费)完成,也可以通过链下的推理(不需要交易费)完成。

　　智能合约是不可更改的,并且很多机器都不能评估它,这就有助于确保一个模型可以完成它所规定的任务。智能合约具有不变的、永久的记录,它可以确保计算的可靠性,并为做出贡献的好数据提供激励。在支付过程中,信任是很重要的,特别是在一个会用奖励来鼓励人们积极参加的制度里。而且,世界各地都有数以千计的去中心化机器,例如以太坊等区块链,因此很少会出现根本无法使用或者离线的情况。

　　区块链网络的运算成本,将机器学习模型寄存在一个公开的区块链上将会花费一次性部署费,一般只有数美元。从这一点开始,任何人,不管是使用这个模型的人,或者是其他的参加者,都必须支付少量费用,这个代价又一次与所完成的计算量成正比。

　　例如,在此基础上建立一种能区分影片评价中积极情感和消极情感的Perceptron模型。从2019年7月开始,以太坊更新这个模式需要花费大约0.25美元。已经有了扩大该框架的打算,这样大部分的数据提供商就不需要为此付费了。举例来说,如果这些数据是利用了第三方的技术(比如游戏),那么在奖赏阶段,贡献者可能会得到补偿,也可能是第三方提供的数据且为他们付费。为了降低计算量,我们采用了像Perceptron和NearestCentroid这样的高效率的训练模型。此外,我们也可以利用这些模式来进行链外运算的高维表示法。更为复杂的模型可以通过从智能合约到机器学习服务中调用API来整合,但是理论上,这些模型应该在智能合约中充分地暴露出来。

　　通过区块链,研究人员可以很方便地了解到这些模型中的参数。新生成的信息(如新单词、新影片名称、新照片等)可以被用来托管的现有模型进行更新,而不需要考虑本身的更新能力。为使人们能够更好地提供新的数据,研究者们从游戏化、市场预测和连续的自我评价三个方面提出了不同的奖励机制。

　　1)游戏化

　　正如在 StackExchange 网站,当其他人确认了他们的信息后,这些信息的贡献者也能得到积分和勋章。这里只依赖于参与者对共同利益(改善模型)的合作意愿。

　　2)基于市场的预测

　　评估一个特定的测试集合时,当参与者改善了模型的表现,他们就会得到奖励。利用预测市场框架对模型进行协同训练与评价的主要研究内容包括基于众包预测问题协同机制与消除私有数据市场框架。

　　在这一框架下,以预测为基础的市场激励由三个步骤组成:

　　(1)在承诺阶段,提供商必须为捐助者下注,并分享充分的测试集来验证其有效性。

　　(2)参与阶段,参加人员提供了一小部分的训练数据样本,以弥补他们可能存在的数据不确定性。

　　(3)在奖励阶段,当智能合约证实了它与承诺阶段所提供的证明相一致时,提供商显示了剩余的测试集。

　　根据他们在改善模型方面所做的贡献给予奖励。如果该模式在测试集中的表现较差,则那些提供了“不良”数据的受试者将会损失他们的资金。

　　3)持续进行的自我评估

　　参加者对好的数据进行了有效的验证,并相互支付。在本例中,已有的模型将被部署,该模型已经使用了某些数据。想要更新模型的投稿人提交资料,其中包含特征 x、标签 y 和存款。如果在规定的时间内,目前的型号仍然符合类别,那么客户将会退还定金。

　　现在假定数据经过验证是“良好”的,而贡献者已经得到了评价。如果贡献者添加了一个“不良”数据(也就是一个不能被证实是“良好”的数据),那么这个贡献者的存款会被没收,并且会被分配给一个“良好”的贡献者。这种奖赏制度可以帮助阻止恶意输入的“不良”数据。

　　基于模型共享视角的分布式协同人工智能框架为训练区块链环境内、外模型构建提供了一套完整的公共数据集。目前,这个框架主要是为小模型设计的,这些模型能够被有效地更新。随着区块链技术的进步,人们期望在人类和机器学习模型之间提供更多的合作应用,并且研究者希望看到将来在扩展到更复杂的模型以及新的激励机制方面的研究。

6. 区块链+安全认证

美国发布的《2016—2045 年新兴科技趋势报告》显示,即使是最保守的估计,到 2045 年,互联网接入设备将会达到一千亿个以上,其中包括手机、可穿戴设备、家电、医疗设备、工业检测设备、监控摄像头、汽车、衣服等等。当前,我国的工业互联网正向更高层次的发展,越来越多的工业智能装备(如传感器、DCS/PLC、网关、I/O 模块、边缘服务器、微数据中心等)将被纳入该系统中。但是,这也导致了生产装备的双向安全保护问题,尤其是以 DCS/PLC 为基础的生产线控制系统,如果发生了网络安全问题,将会对公司造成无法估计的经济损失。

在此基础上,利用基于区块链技术的分布式数字身份认证系统,利用边缘计算中心作为企业、人员、设备等接入的校验与安全校验节点,实现人员与设备、设备与设备、服务器与服务器的双向身份验证,如图 8－11 所示,从而极大地减少边缘层界面数据泄漏和设备控制带来的安全风险,实现数据私有化访问。

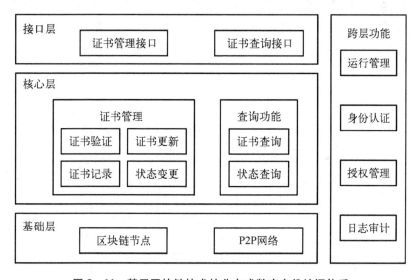

图 8－11　基于区块链技术的分布式数字身份认证体系

在传统的边缘计算中,每一个终端设备都没有身份验证系统,没有信任机制,因此,恶意终端能够任意访问,传播病毒、软件攻击信息,造成物联网的运转陷入停滞,严重影响人们的生产、生活。区块链能够利用边缘计算,为其下的每一个终端设备发放数字证书(公私钥),在收到数据的时候,需要对数据的身份证书进行验证,在经过了身份验证之后,数据才能被用于边缘计算,并进行数据上传。在此基础上,利用边缘计算提供的区块链存证服务,实现对附近云端网络的数据处理与存储,减轻云端网络下的带宽与存储压力,避免长距传输的安全隐患。服务数据可直接存储于边界节点,减少了额外平台与服务系统间的数据连接开销。对于小文件、普通图片、短视频等小规模的数据,可采取全数据存证(全量上链);在海量数据的情况下,如长视频、高清视频、高清图片、海量文件等,可以根据业务需求,通过数据摘要和特征存储(摘要上链)两种方式实现。在区块链网络中,只有对数据的总结和特征值的信息,而没有对原始数据进行记录,对应的边缘节点可以按照服务的要求对原始数据进行存储。

7. 区块链+生产线品控

当前,将区块链技术应用于农产品追溯,在供应链追溯等领域中已经非常成熟。通过使用区块链数据防篡改的特性,构建出商品的生产、流通和消费的真实性验证网络,可以对商品的品牌价值进行有效提升。同时,将区块链技术应用到制造业的质量检测协作效率优化、产品质量控制以及减少故障发生等领域,也存在着强烈的内在要求,尤其是在工厂分布的生产和质量检测的环境中,以区块链为基础,可以构建出高质量、可靠的质控评估网络。

利用在工厂边缘计算中心嵌入区块链分布式计算节点,在不需要对生产数据进行全量上传的情况下,可以实现各项运维、品控指标的分布式选举,具体情况如图 8 - 12 所示,为多生产线、多厂区和多企业的最优质量优化提供实时、动态的数据支撑。

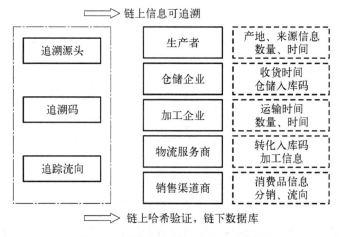

图 8 - 12　基于区块链的品控追溯流程

利用区块链技术的数据防篡改特征,为产品质量故障、事故等数据提供无隐瞒、透明化的生产报警,构建起责任界定和定损索赔的自动机制。一条生产线的质量控制问题,可以在区块链节点的帮助下,自动地、防篡改地将信息传递给供应链上、下游、监控节点,并根据需要,将预警信息传递给其他流水线。在此基础上,利用区块链品控预警技术,满足了产品的高品质、低延迟、自动化、低成本、抗伪造等需求,实现了产品的高品质、高可靠性和高安全性。

当然,与供应链中的货物追溯相比,工业中的零件和产品的追溯要更加困难,将区块链技术应用到工业中的产品质量追溯上,目前还处在一个初级的研究阶段,一些大型的制造业企业正在对一些地方的工厂和生产线进行试点。

分布式认知工业互联网是一种能够使工业互联网向全价值链管理转变的形式,它将区块链下的分布式协作能力、隐私计算下的数据保护能力、知识图谱下的认知智能能力相结合,具有如下显著特征:

(1) 分布式企业之间的合作,数据存储;

(2) 将工业数据安全地上传平台,实现了对数据的多方隐私计算;

(3) 公司、行业和行业的知识图谱;

(4) 共享资源、关联业务互导,挖掘增值价值;

(5) 商业模式创新,降本、增效、提质、绿色。

在此基础上,基于层次解耦结构的分布式认知工业互联网,实现了工业过程中物理实体和数字空间的全面连接、精确映射和协同优化。通过柔性、精准的分层解耦设计,使其能够在渐进式、成本可控的基础上,实现核心的数字化能力,从而促进企业的经营能力与过程的优化。一方面,支撑计划、供应、生产、销售、保障等全流程全业务的互联互通;另一方面,针对单环节的关键场景,进行深度数据分析优化,进而实现全价值链的效率提升和重点业务的价值挖掘。最后,企业持续建立和加强的数字化能力,将会继续驱动其业务乃至整个企业的转型发展,并带动整个行业的数字化转型。

8. 区块链+制造业服务业

美国的皮尔逊公司(Pearson Electronics)是一家高精度宽频变流器的龙头企业,在高精度宽频变流器设计、制造等领域处于领先地位,目前正致力于研发一项基于物联网、区块链等技术的新型设备,以实现对设备内部数据的读取、存储、计算、支付等功能的实时监控。工业企业可以随意使用各种立箱机、封口机、码垛机等设备,而无须花费大量的金钱去购买,只需支付制造服务费用。

在国内,大多数的工厂都需要向设备供应商采购设备,然后再组装、试运行和使用,这些都要由工厂来承担。但是,如果是一家既需要生产线又没有资金的公司想要直接购买设备,无疑是一件非常困难的事情。另外,即使是购买了设备,并且完成了生产线的升级,也不能保证这台机器一直都有生产任务。如果这台机器一直处于闲置状态,就会造成厂商生产力的浪费。因此,在需要用到设备的时候,怎样才能方便、迅速地获得生产力,而在设备空闲的时候,又怎样把设备提供给其他工厂使用,就成了提高工厂企业生产效率的一个关键问题。而采用基于区块链的生产线租赁是一种理想的解决方案,区块链是一种安全且防篡改的分布式记账技术,在租赁设备记账方面具有重大的意义,机器厂商将可以据此实现生产线的智能租赁,如图 8-13 所示。由于取消了设备的预付款,生产商就可以把钱花在其他方面,比如新产品的研发上,从而使他们的经营变得更有弹性,在业界获得更大的竞争优势。

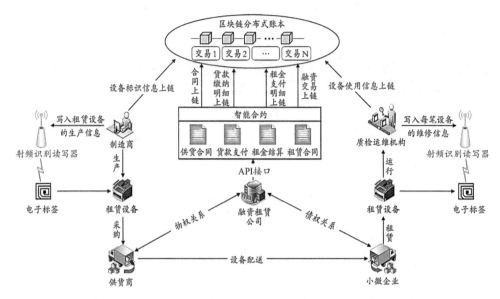

图8-13　基于区块链的机器租赁系统

参考文献

[1] 郭毅夫.区块链赋能供应链金融发展创新[J].时代经贸,2023,20(3):67-69.

[2] 苏小芳,李兴旺.区块链技术在我国主要领域的创新应用[J].现代商业,2022(34):133-136.

[3] 蒋伟进,周文颖,李恩,等.基于区块链技术的云制造服务架构及共识算法研究[J].物联网学报,2023,7(1):159-173.

[4] 张雨东,刘孝保,刘鑫,等.基于区块链的多工序协同制造模型[J].农业装备与车辆工程,2022,60(12):144-149.

[5] 孙瑶瑶.基于区块链的工业物联网设备加工过程溯源系统的设计与实现[D].山东:青岛科技大学,2022.

[6] 朱建明.区块链技术及应用[M].北京:机械工业出版社,2017:25.

[7] 工业互联网产业联盟.工业互联网平台白皮书[EB/OL]. https://www.aii-alliance.org/resource/c331/n63.html[2023-10-12].

[8] Nakamoto S. Bitcoin: A peer-to-peer electronic cash system[EB/OL]. https://bitcoin.org/bitcoin.pdf[2023-10-12].

[9] Wood G. Ethereum: A secured ecentralised generalized transaction ledger[J]. Ethereum project yellow paper, 2014, 151: 1-32.

[10] He D, Ma M, Zeadally S, et al. Certificateless public key authenticated encryption with keyword

search for industrial internet of things[J]. IEEE Transactions on Industrial Informatics, 2017, 14(8): 3618 – 3627.

[11] Wu B, Li Q, Xu K, et al. Smart Retro: Blockchain based incentives for distributed IoT retrospective detection[C]. 2018 IEEE 15th International Conference on Mobile Ad Hoc and Sensor Systems (MASS), Chengdu, 2018: 308 – 316.

[12] 徐恪,徐松松,李琦.基于区块链的去中心化可信互联网基础设施[J].中国计算机学会通信,2020(16): 29 – 34.

[13] Sisinni E, Saifullah A, Han S, et al. Industrial internet of things: Challenges, opportunities, and directions[J]. IEEE Transactions on Industrial Informatics, 2018, 14(11): 4724 – 4734.

[14] Li Z, Kang J, Yu R, et al. Consortium blockchain for secure energy trading in industrial internet of things[J]. IEEE Transactions on Industrial Informatics, 2017, 14(8): 3690 – 3700.

第九章
总结与展望

　　随着网络的迅速发展,人们已经从工业社会进入了信息社会,而区块链技术的诞生,则将网络技术推向了一个新的层次。区块链概念最初是在著名的开放源代码的 BRC 计划中提出的。在比特币项目的产生和发展过程中,它吸收了来自数字货币、密码学、博弈论、分布式系统、控制论等多个领域的技术成果,而它的核心支撑——区块链技术则是一个值得关注的创新成果。随着区块链技术的出现,现实世界中的实体货币的虚拟化成为现实,与此同时,货币本身的价值基础也在持续地演变,从最初的实物价值发展到如今对科技和信息系统的信任价值。当人们把比特币看作一项具有广泛影响的社会学实验时,从其最重要的设计中提取的区块链技术为人们提供了一种构建更有效、更安全的未来商务网络的可能性。事实上,大家早就认识到与会计有关的技术是资产管理的重要组成部分,而非中心化或多中心化的分布会计技术,在当今开放的、多维化的业务模型中具有重要的作用。对于这样一个分布式记账系统来说,区块链是一种非常切实可行的技术,已在金融、贸易、征信、物联网等领域崭露头角。

　　自 2020 年开始,世界范围内的数字经济发展速度明显加快,以 5G 和区块链为代表的“新型基础设施”建设正在全面展开,区块链与物联网、大数据、云计算、人工智能等前沿科技进行了深入的结合。同时,各个国家的中央银行数字货币的发行也是迫在眉睫,区块链的应用场景越来越多,它对商业变革和经济发展进行了全方位的赋能。

　　区块链被认为是下一代互联网,“互联网+”是各行各业实现商业模式创新与组织变革的源泉和动力,将助力经济实现数字化转型,并打开新的增长空间。区块链不仅在金融、能源、工业制造行业大放异彩,区块链技术也逐渐深入我国国防安全领域,区块链技术与军事应用结合打造的去中心化的指挥控制体系也被广泛应用于无人化战场。

9.1　区块链发展的制约因素

9.1.1　区块链发展的挑战

区块链的发展是一个缓慢成熟的过程,目前仍然面临如下挑战:

第一,技术上的难题。区块链技术的历史并不长,联盟区块链更是如此,因其处于 1.0 的阶段,要想在技术上有所突破,还得等很久。

第二,监管方面的问题。正如之前所说的"币圈"与"链圈"之间的差异,目前各个大国对于数字货币都保持着警惕,并采取了严格的监管措施。不过从另一个角度来看,对于区块链这一技术,各国政府还是相当支持的。

第三,商用场景的选型。并不是每一种商业环境都适合区块链,到底哪一种环境才能真正将区块链的功能发挥出来、才能产生真正的价值,这些都需要经过长时间的摸索和检验。

为了更直观地看到区块链在未来的发展挑战,进一步从军事信息系统应用入手进行分析。如图 9-1 所示,在军用领域,蒙代尔不可能三角形具有很难同时兼顾安全、高效和分散的三位一体的特性,因此它必须以一种折中的方式才能让其他两个都满意,这就是三元悖论。总体来讲,军事区块链的发展必须植根于民用区块链关键技术的突破、应用的不断成熟和生态的不断完善,同时,必须结合军事应用自身特点和要求,突破专用关键技术。

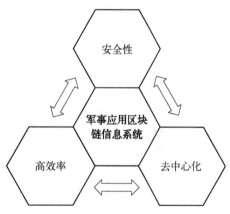

图 9-1　军事应用区块链具备蒙代尔不可能三角

1. 适应作战需求的共识机制

区块链共识机制的核心在于在多个参与者的协作下达成一致,进而实现权利的合理配置,但已有的共识机制很难同时满足大范围网络拓扑结构下的低时延和高吞吐量需求。BFT-DPoS 共识机制是一种专门为商业分布应用而设计的区块链操作系统,在理论上可以支持每秒一百万笔的交易速度。应用 BFT-DPoS 共识机制的系统的出块时间预计为 0.5 s,但离实用还有很长一段路要走。当战争规模较大、参战要素较多的情况下,要保证基于区块链技术的作战指挥维持敏捷、高效,尤其是在战术级和平台级,作战态势信息、战场感知信息更新速度要求进入"秒杀"时代,必须设计能够保障高强度、高效率、大规模作战体系的共识机制,以满足战争需要。

2. 适应高保密需求的安全机制

因为使用场合的局限性,大多数军事区块链的规模都不会太大,某些专门用于军事领域的区块链节点的数目要比以互联网为基础的民用链少得多。因此很容易面临达到节点总数50%的攻击,军用区块链的安全面临很大的挑战。在战斗中,如果敌人将大部分的计算资源都集中起来,进行一次大型的网络攻击,那么就有很大的概率可以获得超过一半的算力,从而修改数据或造成不必要的分链,导致后勤或装备数据泄密、无人平台执行错误指令等危险后果。为实现军事区块链的安全与数据保护功能,需设计具有高强度的密码算法与安全协议。在此基础上,需重点研究面向军用应用的密钥安全存储和保护技术、零知识证明技术和安全多方计算技术,进一步确保军用数据安全。

3. 适应装备发展的链下扩容技术

在目前的区块链技术中,每个完整的节点都需要对所有的账本数据进行实时同步,随着区块链长度的增加,会出现更多的数据重复存储,达到数据抗毁性和增强鲁棒性的目的。随着数据块数目的增大,系统的冗余程度越来越高,不但要占用海量的存储资源,还要增加能量消耗,这就对小型战斗单元(或武器平台)的存储、通信、计算等性能提出了更高的要求。要提高其存储、网络通信能力,势必增加负载,这与武器装备的轻量化、小型化发展背道而驰。因此要解决军事区块链链上容量、计算力有限的问题,可以通过将部分链上动作移到链外来提高军事区块链的效率,例如通过研究状态通道、闪电网络等链下扩容技术来提高军事区块链的计算与存储可扩展性。

4. 不同军事应用的跨链交易技术

区块链在军事应用上的前景较为广泛,必然存在因不同军事需求而建立的区块链,例如军事后勤领域因内外网隔绝和保密需要,普遍认为需要设置内网私有链和外网联盟链。而多个军事区块链项目之间进行跨链交易或数据互通是区块链在军事应用过程中可能面临的挑战。通过对公证人机制、哈希锁定、分布式私钥控制、跨链智能合约框架等关键技术的深入研究,实现跨链数据交换,提升跨链数据交换的安全性和可靠性。

9.1.2 区块链落地应用的限制

区块链在币圈里已经有了很大的发展,最受欢迎的就是发币和发资产。但是,至今真正能被称为“撒手锏”的只有两个,一是比特币,二是以太坊。从整体来看,区块链的热度已经开始降温,不管是从监管,还是从全球各方面的情况以及各国政府发表的讲话来看,都应该更加重视区块链的应用。币圈也许会有更多的管制和约束。

　　区块链到目前为止还没有一个明确的定义,美国国家标准技术研究院(NIST)虽然也在研究,但只是在白皮书中给出了一个冗长的定义。事实上,区块链的实质就是分布式的有限状态机(FSM),加上不可篡改的状态文件。

　　在这种情况下,分布式的有限状态机就是接收来自外界的指令,并对其进行修改的有限状态机。比如在 ATM 上,把一张银行卡放进去,然后输入一个命令,就能把钱取出来,这就是有限状态机。

　　区块链会记录下这个状态,因此这个状态档案是不能被修改的。严格地说,这是一个开放的系统,其熵值在不断降低。由热力学第二定理可知,在一个闭合体系中,其熵值是不断增大的。而区块链的目的就是要确定这些状态,达成一致,因此,它其实是一个可以降低熵的开放系统。

　　在以太坊的黄皮书中,对区块链有一个很严谨的定义,使用一系列的数学语言。在以太坊之上,区块链是一个相对理想的状态,它是完全去中心、可信、安全、公正、保护隐私、高效率、可问责、可以建立自治的组织和社会。自区块链诞生以来,一种新的概念就是去中心化的应用。它同时运行在去中心化的多个网络节点上,但没有任何一个节点或者机构拥有或者控制该应用,其运行的结果是由共识来确认的,通常是开源的应用。

　　以太坊的目的就是建立一台永远不会停下来的去中心化应用程序的世界计算机。一共有三个方面:一是去中心化的计算,通过智能合约来实现;二是去中心化的存储,分布式的存储 Swarm 项目;三是去中心化的通信。

　　以太坊关于区块链的设计思想很理想,但是很难实现,主要原因是:传统的技术主要目的是提升生产效率,而区块链主要目的是改善生产关系。

　　将云计算模式与区块链这种去中心化的应用进行比较[1]。云计算其实就是将一个服务器虚拟成多个虚拟机,之后,将虚拟机构建成一个资源池,将任务切分给资源池中的多个虚拟机,让它们并行地来执行,并将并行的结果返回给客户,因此它可以将一台机器变成多台,具有很高的效率。而区块链和云计算不一样,所有的任务都要在每个节点上独立地执行,并且要达成一致,一致的结果还要复制到每个节点上。就像是将网络中的所有节点都转化为一台服务器,然后依次完成一项任务,也就是将多个节点转化为一台计算机,这样的话,效率较低。

　　不过,在分布式系统中,有很多不可能的三角形,也就是三个困难的选择问题,就是想要同时达到三个目的,却又不能同时达到。在经济学中,有一种叫作蒙代尔的不可能三角形,它的意思是说,一国的货币政策无法在保证资金自由流通的前提下保持相对独立。计算机分布式系统里 CAP 原则,指的是一致性、可用性、分片容错三个原则。在一致性理论中,当异步通信出现错误时,无法找到一种确定的算法来求解一致性问题,这就是 FLP 理论。在区块链这个不可能三角,去中心化、扩展性和安全性三者取其二,不可兼得。

9.1.3 区块链技术发展的制约因素

目前区块链技术的局限性,就是要保证一个分布式系统让所有的节点都保持一致。限制区块链技术发展的因素[2]主要有以下10个方面。

(1)性能限制:区块链把多个节点变成同一个节点来用,效率会很低,任何一个交易都需要拿到所有的节点上面去达成共识,性能受到限制。

(2)扩展性限制:导致扩展性限制的原因与导致性能限制的原因类似。

(3)易用性限制:很多区块链的平台应用需要非常高的技术门槛,导致其易用性受到很大限制。

(4)兼容性、跨链互联限制:区块链现在有很多不同的链,它们之间没有办法跨链互联,导致兼容性比较差。

(5)存储限制:区块链节点的数据每时每刻都在增加,有存储的限制。

(6)严格的数学证明:许多区块链白皮书并没有对其进行数学上的证明,尤其是关于共识算法,并没有对其一致性进行严格的数学证明,以确保其共识算法可以在一定的时间内安全地实现一致性。

(7)缺乏形式化证明:大部分的智能合约都没有经过形式化验证,一旦出现漏洞就会被攻破。像 TheDAO 这个项目,由于智能合约存在漏洞,导致 BUG 被攻击者钻了空子,最终导致了硬分叉。而采用形式化的方法,则能有效地解决这一难题。

(8)同步限制:当区块越来越多时,网络上的节点也越来越多,难以快速同步。

(9)治理限制:传统的治理模式是集中化的、反匿名的,这无疑与区块链去中心化的本质特点相悖。两者之间的矛盾成为区块链技术发展的阻碍。

(10)软件升级限制:软件升级一般都会形成分叉,包括软分叉或者硬分叉,硬分叉的影响更大。

9.1.4 下一代区块链发展的重点难点

未来驱动区块链发展向 3.0 时代的,是下面这 10 点[3]。

(1)性能和扩展性:每秒的交易数,能够支持的节点数,这是性能跟扩展性方面的一些要求。

(2)链上的安全性:区块链上承载的都是资产,所以安全性至关重要。

(3)隐私保护:区块链不同于传统的技术,是一种去中心化的技术,可以保护用户的个人隐私。

(4)数据真实性:在区块链上,数据是不能被篡改的,但在将链下的数据写到链上的时候,如果链下的数据是虚假的,那么这些被上传到区块链上的数据就成为不能被篡改的虚假数据,它的价值比原来可以被修改的数据还要低,因此,如何确保这些数据被真正地上链,也成为一项很关键的需求。

(5)密码安全:一个区块链的安全性在很大程度上是以加密为基础的,加密技术在不断地进步,因此,一个非常关键的问题就是如何阻止黑客对其进行破解,以及如何确保私人密钥的安全。

(6)兼容性、跨链互联:随着越来越多区块链平台的出现,兼容性跟跨链互联亟待解决。

(7)有用工作量证明:比特币的工作量证明很浪费资源,需要更好的工作量证明机制保证共识的安全,同时这些工作也能提供价值。

(8)身份认证和权限管理:在许多公司中,尤其是在联盟链和私有链的情况下,身份认证和权限管理都是必不可少的。

(9)治理和监管:如何才能让区块链的规则和参数变得更公正、更民主,这才是最关键的。

(10)防止中心化:防止中心化,这里面包括算力的中心化、记账的中心化以及中心化的演变,是一个很重要的因素。

区块链 1.0 以比特币为代表,它是一个可编程的数字货币,实际上是用一个非图灵完备脚本引擎来控制 UTXO 交易的执行。

区块链 2.0 的代表是以太坊,它实际上代表可编程金融,和比特币不同,它从单纯的资产交易的 UTXO 状态,提升到世界状态可编程智能合约的支持。

区块链 3.0 可以通过智能合约做到可编程的组织、可编程的社会。作为第一个面向企业级应用的开源分布式记账平台,它与其他公开的区块链有着明显的不同。实际上,超级账本中的工程都是以框架为基础的,更适合于企业开发,比如分布式账本技术框架、智能合约引擎、客户端开发库等。超级账本作为面向企业的分布式账本,它必须要具有一定的企业特性,例如身份认证、授权、加密传输等,同时还会对数据处理提出新的需求,所以在企业中使用的大多是联盟链和私有链。超级账本的一个显著特征就是添加了一个网关控制,它实质上增强了对入口的安全性和保密性的要求,同时也增强了可信度。3.0 版本的超级账本体系结构可以将其理解为一系列的框架,并进行二次设计,使其能够满足各个领域的需要,还具备了"可插拔式"的共识机制,也就是说,这种共识机制并不是一成不变的,可以由使用者来选择。尽管以 EoS、Hyperledger Fabric 等为代表的一致性协议已经获得了多个国家的承认,并且已经在很大程度上改善了系统的性能和功耗,但是对单个合同编程语言的支持和区块的大小仍然制约着它们的适用范围[4]。

在区块链发展的前 3 个时期,其实际运用还面临着一些问题,如实际运用程度不高、交易确认时间长、多链融合弱、存储空间大等。因此,在下一步的发展中,区块链 4.0 必须要解决一些现实中存在的问题,比如效率低、能耗高、隐私保护困难、监管困难等。而且在未来的发展上要更具融合性。换句话说,中心化与去中心化的关系很有可能将两者结合起来,使监督更加便利,并为分散的应用提供充分的便利。而区块链 4.0 也将与超级计算、人工智能、大数据采集和分析等领域进行深入融合,构建一个虚拟空间的现实社会,一个高效、开放、共享的高度信任的社会。

复式账本(DelChain,DEL)将开启区块链 4.0 的时代,DEL 将以其技术的革新与提升为基础,围绕"区块链+产业发展""生态建设""多生态融合"等主题,以"让区块链技术为社会与生活提供更多的支持,建立一个高效、开放、共享、高度信赖的社会"为最终目的,在各个行业中迅速建立起更高层次的区块链响应,协助企业把注意力集中在企业自身的经营上,使企业与消费者受益于多样化的响应,最大限度地发挥区块链的作用,从而进入区块链 4.0 的时代[5]。利用最先进的区块分片技术、链上容器技术、侧链技术和 DPoS 机制,DEL 可以解决区块链发展过程中存在的实用化程度低、交易确认时间长、多链融合能力弱、存储空间需求大等问题,从而实现应用快速落地、快速交易、多链融合、低存储需求。下面列出了 DEL 的四个主要功能和所需解决的问题。

(1)分片技术:将区块链网络分割为多个可进行交易的小型构件网络,从而达到一秒进行上千次交易的目的,从根本上解决区块的计算能力问题,并减少对块链存储空间的要求。

(2)链上容器:对任何一种语言都有完全的支持,构建出一个完全的、可以对任何编程语言与任何应用场景进行全面支持的区块链系统,并可以对应用进行一次简单的转换。

(3)侧链技术:通过 DelChain 侧链建立通道,使各区块链之间相互连通,从而达到对区块链的扩展。其中,侧链与主链是完全分离的,但是能够在各个主、侧链间进行相互操作,从而达到互动以及方便数字资产转让。

(4)DPoS 共识:DelChain 的 DPoS 一致性是一种保证电子货币网安全性的新一致性方法,它不仅可以有效地克服 PoS 价值分布时出现的"信任天平"偏差,而且可以有效地防止 PoS 价值分布时出现的偏差。

DelChain 是第 4 个版本的区块链,下一代的账本,它为将来的商务社区提供了一个良好的平台。DelChain 现在的主要网络是开放的,它也有自己的支付系统和节点。

9.2   区块链发展的政策建议

从 2019 年开始,中国的区块链行业就进入了一个快速发展的时期,国家和地方相继出台了一系列关于区块链发展的指引和支持政策。不少省份已经将区块链列入发展数字经济的计划之中,积极推动其在实际生活中的运用,并将其融入现实生活中去,严厉打击那些打着区块链的旗子从事违法活动的人[6]。

产业界持续推动区块链的落地应用,在金融、保险、食品安全、供应链管理、航运信息、慈善公益等方面展开了探索与实践,很多应用都取得了非常显著的成效,发挥了很好的示范带动作用。为集聚优势资源,更好地推动资源的协同协作,各地区块链园区及基地不断涌现,它们为区块链初创企业提供了良好的生存土壤,汇集了区块链技术、人才、资金等多方面资源。

在此基础上,要加强对行业发展的重视和指导,不断改善行业发展的生态环境。我国一直以来都在推动将区块链技术融入经济发展和社会管理之中,从中央到地方各级政府都在制定相关的政策,并对其进行广泛的推广。

上海同仁医院的职工餐厅里,一名医护人员利用中国邮政储蓄银行研发的电子"硬钱包",实现了自助点餐、消费和付款的一站式服务。此次试点是继深圳、苏州手机扫码、碰一碰支付之后,在上海第一次实现脱离手机的硬钱包支付模式,这丰富了数字人民币的落地场景。有数据显示,在全国范围内一共有6 700多个数字人民币试点场景,涉及生活缴费、餐饮服务、交通出行、购物消费、政务服务等方面。

区块链技术在安全性和可靠性方面具有很大的优势,而数字人民币采用区块链技术,实现了去中心化账本管理。说明我国政府对区块链这种高新技术的肯定,北京、上海、深圳相继发布了一系列的文件,希望通过这些文件来促进区块链技术的发展。

很多地方将5G、大数据、人工智能、区块链等核心数字技术作为重点,对国家和市级重点实验室、工程研究中心、技术创新中心等平台进行了大力扶持,加速发展新一代IT行业。大力发展5G、网络安全、大数据、区块链等重点领域,研究与开发其关键技术,对其在智慧城市建设、民生服务等方面的应用进行大力扶持,对其进行积极的推广,最终构建出一个具有良好发展前景的产业生态。

在国家政策与行业需求的指引下,产业界更多考虑了如何将区块链技术与经济发展和社会治理相融合,运用区块链技术对传统产业进行改造和提升,推动数字经济的蓬勃发展,并持续推进面向行业领域的落地应用,在一些领域中的应用效果非常明显。业界已由前期的"热闹",逐步回归到现在的强调应用、强调效果、强调积累。

随着时间的推移,区块链技术广泛应用于金融服务、食品安全、政务、供应链等多个领域,这为相关行业领域的创新发展提供了一条切实可行的途径。

在金融领域,众安保险公司与多个机构合作开发了一套以区块链为基础的分保业务体系,并获得了较好的使用结果。在食品安全方面,以区块链为基础构建了一个农业可追溯和销售平台,在58个肉类和蔬菜可追溯的国家工程招投标中,24个被企业竞标,约占40%以上的市场份额,同时在"第一届中国国际进口博览会"上开展了食材可追溯、供港蔬菜的区块链可追溯等项目,也都获得了较好的成果。在政府管理方面,重庆发布区块链政府管理信息系统,使政府在3个工作日内完成注册登记。在汽车整体供应链方面,由万向区块链与中都物流共同发起的运链盟已经为众多企业提供了超过百万元的资金支持。

伴随着对区块链的重视程度越来越高,全国范围内都在积极建立对区块链产业的定位和生态,我国的区块链产业创新生态建设已经基本完成。不完全数据显示,截至2020年,我国已有约38个区块链产业园,并在全国范围内形成了长三角、珠三角、环渤海、湘赣渝四个区域。目前,中国超过97家的研究机构,包括清华、北大、复旦等12所一流高校,已经成立了与区块链有关的学科,并在此基础上建立了区块链技术研究中心和研究院。

从行业服务机构的角度来观察,随着政策的推进,我国区块链行业服务机构的数目越来越多,它们涉及产业孵化与加速器、基础设施服务、投融资、产业孵化、区块链媒体、行业交流论坛与峰会等多个方面,并由此产生了多个区块链服务平台,特别是在金融行业,比如区块链产业金融服务平台、跨境金融区块链服务平台等。

业界专家认为,要想区块链产业规范化、可持续化,必须要有一个统一的行业标准。我国高度重视区块链标准建设工作,构建了多项区块链行业标准与规范,在加密算法和电子签名标准体系、底层框架技术标准等方面,已经获得了一定的进展,并且已经基本构建了标准规范。

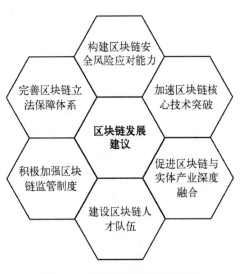

图9-2 区块链发展方向和建议

针对以上所描述的目前区块链技术的发展现状与趋势,本章总结了以下几点发展建议,如图9-2所示。

1. 构建区块链安全风险应对能力

一是提升对区块链安全风险的认知,并集中力量对其进行持续、常规的研究。根据区块链的技术特点和发展变化规律,对区块链技术、应用潜在风险,以及不断变化的攻击手段和方式进行持续跟踪和分析,研判安全风险发展趋势,提高安全风险防范意识。二是针对区块链技术、平台和应用生态,开展安全技术需求和安全标准的研究。对区块链技术、平台和应用生态所面临的最大威胁进行分析,给出与之对应的安全体系结构,并对各个关键模块进行具体的安全技术需求分析,最终构建区块链安全的标准体系。三是在此基础上开展区块链安全性的监控与应对技术的研究,探索从区块链的编码、运行、部署到管理等多个方面,系统地制定区块研究链的安全防范措施[7],其中包括对合约代码进行审计,对漏洞进行检测,对入侵行为进行分析等。

2. 加速区块链核心技术突破

一是整合产学研用等多种资源,支持高等院校及科研机构建立区块链创新实验室及研究中心,紧跟国内外区块链技术发展趋势,搭建基础区块链技术研发平台,促进其在不对称密码、共识算法、分布式计算及存储等方面的创新演化,降低其在实际中的应用难度。二是扶持开源区块链工程,指导企业更好地整合与应用区块链的共性基础技术资源,打造国产自主可控的区块链基础设施。三是增加对区块链和软件与信息技术服务业、互联网企业与科研院所等的协同创新支持,强化对区块链关键技术的研究与开发,促进区块链关键技术的突破。

3. 促进区块链与实体产业深度融合

积极开展区块链产业的试点示范工作,树立典型,产生示范效应,推动区块链技术与实体产业的融合发展。具体内容包括:一是在金融领域开展区块链技术的应用示范,在加密数字货币、跨境支付、票据管理和供应链金融等方面探索出一套安全、可信的解决方案,并在此基础上形成一批可复制和推广的典型案例。二是面向农业、能源、物流、制造业等领域,以产品溯源、确权认证和供应链管理等为切入点,开展专题研究,推动区块链技术在产业中的应用。三是在民生服务、社会治理等方面,通过实施区域示范项目,培养新的社会服务与管理模式、方法与手段。四是针对数据开放和交易、权力运行和监管、个人隐私和保护等实际问题,开展典型的区块链技术应用研究,构建可复制的、可操作的、可推广的区块链技术应用示范平台。五是推动产业龙头企业将区块链技术与现有产品和服务相结合,形成一套完善的区块链应用系统和产业解决方案,推动产业链上下游企业积极参与。

4. 建设区块链人才队伍

当前,我国区块链技术人才正处于极度缺乏的状态,迫切需要建立一套适合我国区块链技术人才的培训体系。一是针对区块链技术的发展与应用需要,构建深度与多渠道的区块链人才培养体系,鼓励普通高等院校开设区块链技术应用类专业,以区块链实验室、人才培训基地等为依托,加速对区块链技术应用类人才的培养。二是以科技园区和创业创新基地为依托,面向科研人员和大学生,尤其是高端人才,开展区块链技术孵化计划,加快区块链技术在实践中的应用。三是加强对高科技人才的培育,积极开展与国外知名大学、科研院所、知名企业的合作,为区块链领域培育高水平的人才。四是鼓励有实力的区块链公司、互联网公司、金融公司成立企业大学,利用这些公司在区块链和新兴信息技术方面的优势,加快培养区块链系统架构师、开发工程师、测试工程师等实用型技术人才[8]。

5. 积极加强区块链监管制度

在数字经济时代的浪潮之下,涌现出以区块链技术为基础的数字货币、区块链存证、农产品溯源、身份认证、护照办理、时间银行、政府管理、档案验证等创新应用,同时也出现了利用区块链与数字货币的技术特性或假借区块链的名义进行违法犯罪的问题。

对此,必须加强对区块链的监管。近年来,"区块链+监管=法律链"的新概念应运而生,倡导通过区块链技术实现监管。在此基础上,构建了一种新型的"绳网结构"模型,将不同用途的"链"连接在一起,构成了一张立体"网"。利用区块链相同属性数据的映射数学表达方式和映射模型,来解决区块链上的数据关联问题,从而构建出跨区域、跨场景、跨部门应用的立体空间。在该网络中,存在具有干涉功能的特殊节点,当其他节点出现问题时,作为特殊节点的司法部门能立即冻结账户和节点上的资产。更有甚者,在智能合约的辅助下还能实现自动冻结、自动履行和自动执行。这些节点就像是给监管者设置的"超级后门",让监管者可以用"上帝"的视角观察区块链的运作,让他们能够更快地监控区块链的运作,更好地监控目标。网络金融,尤其是某些 P2P 平台,参与人数众多,常规的监管手段很难起到有效的作用。而在这一过程中,国家既可以充当"特权节点",也可以充当"超级节点",将其纳入自己的掌控之中。

6. 完善区块链立法保障体系

法律可以为区块链的发展提供制度保障,消除阻碍技术创新的无序状态。由于区块链是一种新型的技术,在法律上还存在着一些缺陷,因此需要制定一些新的法律或者规则,使其具有合法的地位,使其更好地发挥出自己的优势。2018 年 9 月,最高人民法院发布《最高人民法院关于互联网法院审理案件若干问题的规定》(以下简称《规定》),明确了基于区块链技术的电子证据只要满足真实性的要求,就可以被法院认定为有效证据。在过去,当事人需要对其私人获取的电子证据的真实性、关联性和合法性做出充分的陈述,但随着电子证据的技术化程度越来越高,在没有相关技术的情况下,证据的取证变得越来越困难。对于区块链证据来说,它的真实性不需要其他证据补强,也不需要链式论证,它本身就代表了真实性[9]。然而,若无《规定》,区块链证据不具有合法身份,仍需与其他电子证据一样进行真伪鉴定,会消耗巨大的司法资源,而利用区块链进行司法存证的创新则显得无从谈起。另外,在使用区块链技术时,会在某种程度上与现有的法律法规相抵触,需要对其进行完善,以解决这些问题。例如,在区块链领域,智能合约是一种用计算机语言来记录并强制执行的合约。在满足一定条件的情况下,计算机生成的合约能够实现自动执行和监控,这与某些社会契约和合同法中关于契约主体和契约主体之间的行为约束关系的规定相抵触,导致传统契约法无法充分适应智能契约的应用环境。为此,有必要建立和健全相应的法律制度,以保证这一工作的顺利进行。特别要在数据开放、数据安全保护、数据存证、智能合约等方面制定相应的法律法规,构建出一个统一的区块链行业标准。

9.3 区块链发展展望

9.3.1 民用领域

区块链技术在民用领域的应用前景非常广阔,如图9-3所示。展望未来,区块链技术也必将在金融、物流、医疗、政务等领域带来一场技术革命,在数据安全、信息共享、信任建立等方面提供可靠、可信、安全的技术支撑。

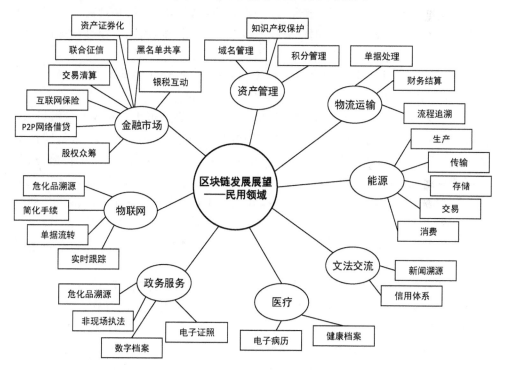

图9-3 区块链发展展望——民用领域

区块链数据具有时间戳,并且是由共识节点共同验证和记录的,所以它具有不可篡改、不可伪造的特性,这就让区块链可以被广泛地用于各类数据公证和审计的场合:区块链能够永久、安全地保存由政府机构核发的各类许可证、登记表、执照、证明、认证和记录等,并能够在任何时间点很容易地证明某项数据的存在和一定的真实性。

此外,区块链技术和金融市场的应用具有高度的关联性[10],一些大型银行、证券公司和金融机构,如 R3CEV 和纳斯达克,都在致力于该技术的研究和开发。通过区块链,我们可以在分散的体系下自动生成信用,从而建立无中心机构信用背书的金融市场,使得"金融脱媒"成为可能,它将颠覆现有的三方支付和资金托管等有中间环节的商业模式;在互联网金融方面,目前已有一些应用,如股权众筹、P2P 网贷、网络保险等;证券和银行业务同样属于区块链的重要应用领域。传统的证券交易需要通过中央结算机构、银行、证券公司和交易所等多重协同,而利用区块链自动化智能合约和可编程的特性,可以大幅度降低交易成本,提升交易效率,避免烦琐的中心化清算交割过程,从而实现便利快捷的金融产品交易。与此同时,基于区块链和比特币的实时支付特性,使银行可以较 SWIFTCode 系统更快速、更经济、更安全地完成跨境资金转移。

区块链技术可以应用于财产管理,对财产进行确权、授权,并对财产进行实时监测。在无形资产方面,利用时间戳技术以及不可篡改的特性,可以在知识产权保护、域名管理、积分管理等方面进行应用。而对于有形资产而言,可以将其与物联网技术相结合,为其设计一个唯一的标识,并将其部署到区块链上,从而形成数字智能资产,实现以区块链为基础的分布式资产授权和控制。

除了区块链+金融、区块链+物流、区块链+能源等最近大热的应用领域外,区块链在新型冠状病毒肺炎疫情期间也广泛应用于各种新的领域[11]。区块链技术被用于信息传递领域,可以有效辟谣,阻止虚假信息、阴谋论在网络上的传播,同时也能及时向社会公众公布疫情进展、防疫知识等信息。"区块链+信息传输"是推动多层次、多部门协同治理的关键技术。以往,政府发布的消息都要经过多个部门和单位的核实。利用区块链技术可以实现信息的快速验证,提高信息发布效率。而最重要的一点,就是在区块链上信息难以被篡改,能够追踪到消息来源和传递路径,一旦发生了什么事情,能够得到及时有效的解决。

区块链技术也被广泛应用于文化与法律传播。纵观过去,在文化产业中有许多问题是很难解决的,例如侵犯版权、泄露机密等。这些问题的存在,对文化产业的健康发展是十分不利的。而将区块链技术与文化产业相结合则能有效地解决上述问题,并对其进行规范。我们都知道,区块链和电子发票一样,都有自己的"时间戳"。当平台上的每个著作都被打上了一个时间标记,这表示这个著作权是由所有的人或机构来识别的。对此著作权的所有个人和组织的使用记录将被保留,并且是可追溯的。根据有关数据,现在有些平台和公司正在就版权登记、版权交易、版权案件的司法审判等进行探索。

在过去一段时间里,某些慈善事业的负面新闻时有曝出,令其可信度大打折扣。特别是新冠肺炎疫情的发生,使慈善事业的缺陷更加凸显出来。因此,运用区块链技术对传统公益组织运作模式进行改进已成为当务之急。传统慈善活动最大的缺点就是捐款不透明,为弥补这一缺陷,可以借助区块链技术的防篡改、去中心化、可追溯等特性,重新构建一种能够使公益活动过程中的相关信息透明化的信任机制。目前,"区块链+公益"已经在许多领域取得了成功,如建立了中国红十字会科技区块链研究中心。

有不少食品企业曾出现过不同程度的安全隐患问题。但是长期以来,无论是企业还是组织,都没有找到解决这一问题的有效途径。区块链技术的兴起为这一问题的解决提供了新的思路。在食品安全方面,区块链技术就像是一种商品包装上的条形码,对商品的品质起到了一定的保护作用,同时也确保了商品的可见度和可溯源性,从而能更好地维护消费者的合法权益,防止三聚氰胺奶粉、苏丹红鸭蛋等问题的再次出现[12]。目前,已经有一些类似于众安科技的"步步鸡"项目,将区块链技术应用到了食品安全领域。

基于不同的应用场景与需求,区块链技术发展出了公有链、联盟链和私有链三种不同的应用模式。公有链是指以比特币为代表的完全去中心化的区块链。而联盟链是一种半去中心化的区块链,它适合于由多个实体组成的组织或联盟,它的共识过程由一组预先定义的节点来控制。私有链指的是一个完全中心化的区块链,它适合于特定机构的内部数据管理与审计等。它的写入权限被中心机构控制,而读取权限可以根据需要有选择性地对公众开放。

在国家政策、基础技术推动以及下游应用领域需求不断增加等因素的影响下,我国区块链行业的市场规模持续增长。伴随着区块链技术的发展,区块链产业正在从 2.0 阶段走向 3.0 阶段,在金融、交通运输、物流、钢铁、医疗、版权保护等方面都有很好的应用前景。

2020 年 12 月 11 日,中央政治局会议上提出,在 2021 年要加强科技战略支持,激励科技创新,提升产业链供应链自主可控能力。党的十九届五中全会审议通过的《中共中央关于制定国民经济和社会发展第十四个五年规划和二〇三五年远景目标的建议》提出:加快数字化发展,推进数字产业化和产业数字化,推动数字经济和实体经济深度融合[13]。在这些技术之中,大数据、云计算、5G、区块链技术等数字技术正在被大量地运用到金融服务之中,这些技术已经变成了金融业转型升级的一个主要推动力。区块链是一种能够以较小的信任代价建立起合作伙伴关系的新型计算范式与合作方式,在当前的数字经济发展过程中发挥着越来越重要的作用,这对于推进国家的数字化转型、推进国家数字经济的发展、加速数字中国的建设具有重要意义。

区块链技术的实现已经成为不能否定的事实,所以在没有完全取代它(除了废除互联网)的情况下,目前的唯一选择就是使区块链技术与现实的中心化技术形成系统的补充。例如,中国以"微信"和"支付宝"为代表就是其"潜在表现"。通过与国家的整个中心化交易的系统联系,能够在整体经济体系内迅速地形成系统性的补充,并联合提升全国经济的交易率,从而促进经济的发展。伴随着 5G 通信等技术和线上支付行为的普及,区块链技术在国家层面的运用,已经成为增强国家竞争力的途径之一。总的来说,区块链技术的发展趋势还是非常好的,而且国家级的应用开发一定能够将这种技术的强大力量转变成实实在在的经济利益,给人们提供更多的福祉。

尽管区块链目前的情况和未来的发展都表现出良好的势头,但是由于其是一种技术性的工具,它不可避免地受到了"工具理性"的限制,因此在今后的研究中,它不可避免地会面临一些潜在的技术风险。这样的安全隐患不但表现为技术上的冲突,还表现为"黑客""白客"等常见的问题;从本质上讲,它也是一种实体经济和虚拟经济的对应关系。换句话说,就是"物质与数据"之间有没有"实质性等价",这种等价量的计算,到现在都还没有办法精确地计算出来。虽然我们可以从总体上得到总量,但从数量上来看,我们所能做的也就是将数量限制在无限数上。所以在现实中进行等价运算仍然是一项困难的工作,特别是在变化不定的经济因素组成中,作为经济活动主体的人的交易属性不是恒定的,要想实现这一点,就必须找到风险控制的突破口。至于应用程序和系统的模块操作,目前的技术水平基本上可以达到部门的要求。

国际数据公司(International Data Corporation,IDC)发布的《2021 年 V1 全球区块链支出指南》表明,虽然 2020 年中国因为疫情等原因导致对区块链的投资出现了下滑,但是到现在为止中国依然是全球区块链市场规模第二大的单体国家。专家们一致认为,在接下来的三年时间里,区块链将会在实体经济领域得到更多的应用,并对构建数字中国起到关键作用[14]。

2019 年 10 月 24 日,习近平总书记在中共中央政治局就区块链技术发展现状和趋势进行第十八次集体学习时指出:"我们要把区块链作为核心技术自主创新的重要突破口。"而区块链行业的迅速发展,无论是在数量上还是在质量上,都给区块链人才带来了巨大的挑战。为区块链技术人员进行培训,是提高企业员工的就业率、促进行业发展的关键保证。同时,也要增强区块链的数据整合和监督能力,以更好地防范财务风险,更好地制订财政和经济政策,为实体经济提供更好的服务。放眼将来,我国的区块链产业或将在世界范围内处于技术开发的最前沿。特别是在加快"可信数字化"的过程中,可能会建立起一种全新的平台经济,从而打开一个新的共享经济的时代;推动金融业"脱虚向实",为实体经济提供更多的支持,构建更多的规范与规范,营造一个更好的发展氛围,为区块链项目深入服务实体经济提供有力保证[15];在加速我国数字化进程的同时,进一步服务我国实体经济,为数字中国建设提供有力支撑。

在将来,区块链应用产业将会完成由单一场景应用向跨行业场景应用的转变,区块链与物联网、大数据、人工智能的融合发展将会是一种趋势,区块链将逐渐从金融业向物联网、医疗健康等多元化领域渗透[16]。尽管在现阶段区块链产业与应用发展正面临着技术出现的时间还很短、产业规模还很小、应用大都还处在探索阶段、监管难度大和认知鸿沟等问题,但可以在战略制定上强化顶层设计,注重基础理论与技术研究,注重自主可控技术与产品研发,加速标准与规范的制定。在策略上,重视将区块链与"云大物移智"(云计算、大数据、物联网、移动互联网、智慧城市)等技术相结合,并与当前 IT 企业相结合。

可以细化区块链的发展趋势为以下四点[17]:

趋势一,随着新基建的发展,在新一轮的基础上,区块链将与其他新技术相结合,发挥出更大的作用。随着新基建的兴起,以区块链、人工智能、云计算等技术为代表的新型技术被划入了信息化的范畴,而随着"智慧城市"和"城市大脑"等国家重大战略的实施,其他技术与区块链技术相结合,已经是一种新的发展方向。

趋势二,政务、供应链、金融、数据等板块已成热点,并加快了落地速度。在 2020 年,由于疫情的影响,在全球经济体系中出现了多方协同场景下的增效问题。政务方面涉及跨区域、跨部门信息管理效率,在金融市场上资本及资金流动效率等问题引起了人们的热烈讨论。因此,"区块链+政务""区块链+供应链"和"区块链+金融"等板块的应用落地速度加快。

趋势三,一体机、底层网络设施以及区块链芯片等辅助设施得到了迅速的发展。《全球区块链产业全景与趋势(2020—2021 年度报告)》[18]指出,无论是一体机、区块链芯片还是底层网络设施,都针对目前联盟链发展中遇到的难点,降低区块链使用门槛,提高区块链的稳定性。在此基础上,中国产业区块链的发展将会越来越快,越来越稳固,而与之相关联的行业也会因为其技术与设备的改进而产生巨大的变化。

趋势四,资本链条的初步形成,数字证券有望成为国际资本链的领导者。《全球区块链产业全景与趋势(2020—2021 年度报告)》[18]提出,推进实体资产的数字化可以促进资产降本增效,构建一个完善的标准化资产监管体系,来强化监督,进而构建一个创新的数字化生态。而在区块链技术的基础上,也就是在资产上链的基础上,它具备了公开透明可溯源、扁平自治提高效率和智能自动不篡改等优点。

展望将来,区块链必将是世界科技发展的前沿领域之一,为世界科技的发展开拓新的空间;在此基础上,区块链将会是一个新的创新和创业的温床,技术的结合将会为其发展开拓新的应用空间;区块链将被普遍应用于实体经济,并对构建"数字中国"起到关键作用;区块链将开创新的"平台",开创共享经济的新纪元;它将加快"可信数字化"的速度,推动"脱虚向实",为实体经济提供更多的资金支持;加强对区块链的监督管理、规范,产业发展基础继续夯实。

9.3.2　军用领域

从图 9－4 可以看出,区块链技术在军用方面有着广阔的发展前景。由于其具有去中心化、不可篡改和信息真实完整等特性,使得在军用信息体系中能够产生革命性的变化。如今,无论是军用无人机的操控,还是军用增材制造,抑或是军用产业链上的合约跟踪,都已被运用到了实际中。在未来,区块链技术也一定会给国防领域带来一次技术变革,它可以为军事网络信息安全、武器装备供应链信息管理、军事物流、军事情报等方面提供安全可靠的技术支撑。

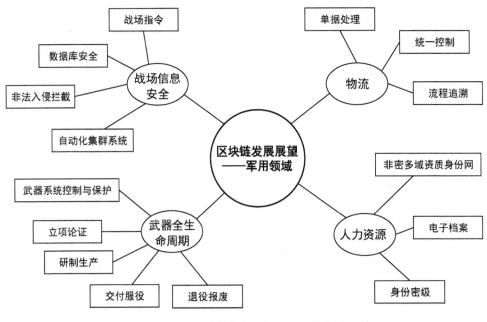

图 9－4　区块链发展展望——军用领域

区块链技术给军队智能化注入了新的活力,给国防领域带来了技术革命。区块链技术使用了加密的数据存储与处理技术,以数字货币作为激励机制,以及去中心化的网络结构,确保了信息系统和数据的可靠性、可信性和安全性,并且可以利用大数据、人工智能算法、超级算力等方面的发展,具有非常广泛的发展潜力。世界经济论坛达沃斯的一项调查显示,到 2027 年,全球 GDP 的 10% 将会存储在区块链上。放眼将来,区块链技术也一定会给国防领域带来一次技术变革,为军事网络信息安全、武器装备供应链信息管理、军事物流、军事情报等方面提供可靠、可信、安全的技术支持。

1. 区块链战场信息安全管理

最顶尖的黑客可以对军队的网络信息系统进行非法入侵,并通过清除授权记录来掩盖入侵踪迹;新的病毒会修改数据或者软件编码,造成类似"震网"病毒式的物理系统破坏,这就是不少国家遭受越来越多的网络攻击的原因。如果将区块链技术应用到国防领域,因为它能对数据库的动态进行永久记录,所以系统中每个部件的配置都能被记录,并在数据库中进行保护和不断监测。任何对配置进行的非法改变,都能在第一时间被发现,这将有效地阻止黑客的入侵。

许多国家认为,区块链在军用网络信息安全领域具有潜在的应用价值。2017年12月,美国总统特朗普通过了一项7 000亿美元的防务开支法案,其中就包含了允许在网络安全领域开展基于区块链技术的研究等内容。俄罗斯国防部相信,区块链将帮助军方追查黑客源头,改善资料库的整体安全状况,并在俄罗斯时代科技园区建设相关的科研实验室。此外,北大西洋公约组织正在研究利用区块链技术发展下一代的军用系统,从而使北大西洋公约组织的防卫平台变得更加智能化。

2. 区块链武器全生命周期管理

区块链的分布存储技术可以有效地减少数据集中式管理带来的安全隐患,为其在国防建设中的应用提供了广阔的空间。比如一件武器装备的数据管理,从立项、研制、生产、服役到退役,都需要对它的设计方案、测试结果、战技状态等数据进行详细的记录。当前,普遍使用纸质的或者是电子的记录形式,这些传统的保存和管理方法都存在着一些不足之处,如档案资料容易丢失、移交和交接困难、缺少有效的监督等。如果采用区块链技术,让上级主管部门、装备管理部门、装备使用者,甚至是装备制造商,都可以参与到装备战技状态的更新和维护过程中,组成一个分布的、受监督的档案登记网络,所有的人都可以得到一个完整的档案副本,这样就可以很好地解决上面提到的一些问题,增强档案的安全性、便利性和可靠性。

3. 区块链军事人力资源管理

区块链技术能够被应用到军队的人力资源管理中,利用区块链来对每一位军队工作人员的任职简历进行记录,从而形成一个不可篡改的个人电子文件,从技术上完全解决了传统军队人力资源管理系统中所存在的问题和积弊。

4. 区块链军事物流管理

利用区块链技术,可以有效地解决军用物流在包装、装卸、运输及拆解过程中存在的网络通信、数据存储及系统维护等问题。在军用后勤中,人员和物资是动态地、自主地进行组网的,形成了一个去中心化的点对点网络,不需要中心服务器,这种分布式的网络结构可以增强后勤的生存能力;在接入网中,各节点可以通过转接或中继来进行通信,从而提高信息交流的自由度;在各个模块中,将用户需求、仓储货物、装载运输、配送中转等物流链上的关键数据信息进行集中存储,从而大大提高信息的安全性;在整个网络中,区块链的维护接受全网节点监督,如果单个节点进行了违法的操作,不但会受到多数节点的拒绝和抗拒,还会相应地降低其信誉,从而确保系统能够有序有效地运转[19]。

区块链技术与供应链管理、智能交通等技术的集成应用和服务创新有望为智能军事后勤乃至军事物联网的发展奠定基础。美国国家制作科学中心与穆格公司共同出资研发了一套基于区块链的分布式事务处理体系，使国防部能够在安全的环境中评估区块链技术对武器装备老旧零部件增材制造和智能数字化供应链流程的适应性。穆格创新科技业务部门主管詹姆斯·雷根诺说，一个智能的数字供应链可以帮助降低战斗人员的后勤压力，提高战备能力和杀伤力。

此外，基于该技术的独有优点，也将为国家安全与军用信息资源的有效利用带来新的机遇。伴随着人工智能技术在算法创新、算力提升和数据挖掘等方面的飞速发展，区块链技术将会呈现出更为广泛的应用，它将会在数据、网络、激励和应用等各个层次上为军队智能化注入新的活力，从而为国防领域的技术革命提供动力。

参考文献

［1］文楚霞. 基于云计算和区块链业务推荐方法及云计算系统：CN202210543963.0［P］. 2022 - 08 - 12.

［2］刘秋妍，张忠皓，李福昌，等. 5G+区块链网络分片技术［J］. 移动通信，2020，44（4）：41 - 44.

［3］仇新红. 区块链技术发展现状及前景探究［J］. 合作经济与科技，2020（6）：58 - 60.

［4］郭全中，袁柏林. 媒介技术迭代下的用户权利扩张——基于 Web 1.0 到 Web 3.0 演进历程中的观察分析［J］. 新闻与写作，2023（2）：77 - 85.

［5］叶琳，段梅，赵李洁. 区块链技术及产业发展现状与趋势分析［J］. 商场现代化，2020（7）：128 - 130.

［6］姚乐野，潘志博，李奕苇. 多层级视角下区块链技术发展的专利情报实证分析［J］. 科技管理研究，2022，42（7）：171 - 180.

［7］李步天. 区块链跨链技术的发展与应用［J］. 数字技术与应用，2023，41（1）：16 - 18.

［8］覃惠玲，覃思师，周春丽. 区块链与边缘计算在能源互联网中的融合架构［J］. 中国科技信息，2022（11）：83 - 84.

［9］陈洋宇. 区块链智能合约的立法考察途径［J］. 法制博览，2022（6）：13 - 15.

［10］黄诗晴. 区块链在供应链金融中的应用研究［J］. 中国储运，2023（1）：94 - 95.

［11］杨晶. 疫情防控领域区块链应用场景探讨［J］. 中国科技产业，2022（4）：68 - 70.

［12］管晓雯. 区块链技术在改善食品安全中的应用分析［J］. 现代食品，2022，28（4）：83 - 86.

［13］刘洋，李亮. 制造企业数字化转型：全球视角与中国故事［J］. 研究与发展管理，2022，34（1）：7.

［14］李东坡，罗浚文. 区块链助推数字减贫及农业现代化建设：架构与应用［J］. 东北财经大学学报，2021（1）：86 - 97.

［15］单志广，张延强，王丹丹. 深化区块链构建数据可信流通体系［J］. 中国信息界，2023（1）：40 - 43.

［16］王辉，刘玉祥，曹顺湘，等. 融入区块链技术的医疗数据存储机制［J］. 计算机科学，2020，47

（4）：285 - 291.

［17］何力,邹江,陈俞佳. 基于区块链技术的供应链金融实践应用［J］. 全国流通经济,2020(5)：
160 - 161.

［18］清华大学互联网产业研究院,区块链服务网络（BSN）,火币研究院. BSN 联合清华大学等
机构发布《全球区块链产业全景与趋势（2020—2021 年度报告）》［EB/OL］. https://www.
ndrc.gov.cn/xxgk/jd/wsdwhfz/202103/t20210301_1268640.html ［2021/3/1］.

［19］陆歌皓,李析禹,谢丽红,等. 区块链技术及其在供应链管理中的应用［J］. 网络安全技术与
应用,2020(5)：140 - 143.